# Photoshop 移动UI设计

主编 束平 赵佳佳 周婷婷

 北京希望电子出版社
Beijing Hope Electronic Press
www.bhp.com.cn

## 内 容 简 介

本书采用"基础认知→技能进阶→项目实战"的模块化架构编写模式。全书共分为8个模块,从初步了解移动UI设计基础知识,到掌握移动UI设计要素、图形图像操作技巧,再到UI图标、UI组件、APP界面、游戏UI以及小程序UI设计的实战应用,旨在帮助读者从零开始,逐步掌握使用Photoshop制作移动UI界面的技巧。

本书适合作为职业院校移动UI设计专业教材,也可作为移动应用开发以及相关领域工作人士的参考用书。

**图书在版编目(CIP)数据**

Photoshop 移动 UI 设计 / 束平, 赵佳佳, 周婷婷主编. 北京:
北京希望电子出版社, 2025. 6. -- ISBN 978-7-83002-924-1

Ⅰ. TN929.53；TP391.413

中国国家版本馆 CIP 数据核字第 2025XR7773 号

| | |
|---|---|
| 出版：北京希望电子出版社 | 封面：袁 野 |
| 地址：北京市海淀区中关村大街 22 号 | 编辑：龙景楠 |
| 　　　中科大厦 A 座 10 层 | 校对：颜克俭 |
| 邮编：100190 | 开本：787 mm×1 092 mm　1/16 |
| 网址：www.bhp.com.cn | 印张：16 |
| 电话：010-82620818（总机）转发行部 | 字数：379 千字 |
| 　　　010-82626237（邮购） | 印刷：北京天恒嘉业印刷有限公司 |
| 经销：各地新华书店 | 版次：2025 年 6 月 1 版 1 次印刷 |

**定价：79.80 元**

# 前言

在移动互联网迅猛发展的浪潮中，移动设备早已成为人们获取信息、沟通交流、开展娱乐与办公活动的重要载体。这一趋势也使得移动UI设计在现代设计领域的重要性愈发凸显。本书编写团队历经两年调研，深入研究院校教学与学生学习需求，精心开发出一套系统、全面的教程体系。该教程体系不仅结构合理、科学，还配备了大量丰富的实操案例。读者通过系统学习，既能对软件界面了如指掌，又能凭借案例实操锻炼设计能力，实现软件综合应用能力的全面提升。

在编写过程中，本书始终秉持"设计创新，项目引领"的原则。从学生的学习特点出发，以实际项目为导向，有效激发学生对软件课程的学习热情，帮助学生培养自主学习与创新设计的能力。本书共分为8个模块，涵盖了从Photoshop界面的基本操作到应用的各个方面。模块1主要介绍了移动UI设计基础知识；模块2主要介绍了移动UI的设计要素；模块3主要对图形图像操作进行详解，其中包括Photoshop软件应用的使用功能；模块4和模块5分别介绍了UI图标设计和UI组件设计；模块6至模块8分别介绍了APP界面设计、游戏UI界面设计和小程序UI界面设计应用案例。

本书具有以下特点：

（1）实用性强：教材精心编排实用的设计技巧，搭配大量案例分析，助力读者快速掌握移动UI设计的基本方法，精准把握行业标准。

（2）案例丰富：通过剖析真实且成功的移动UI设计案例，读者可全面学习和掌握不同类型应用的设计模式，快速找到针对性解决方案。

（3）学习门槛低：教材从基础知识讲起，内容由浅入深、循序渐进。对于零基础的初学者，也能轻松快速上手。

（4）注重用户体验：将用户体验视为移动UI设计的核心，从用户研究、交互设计，到用户测试等多个方面进行全面且深入的讲解。

移动UI设计是一个不断发展的领域，需要我们不断学习和实践。希望通过本书，读者能够掌握移动UI设计的核心知识，提升自己的设计能力，为移动互联网的用户提供更优质的产品和设计服务。

本书由盐城农业科技职业学院束平、赵佳佳、周婷婷担任主编。由于编者水平有限，不足之处在所难免，恳请广大读者批评指正。

编　者

2025年3月

# 目录

## 模块 1　走进移动UI设计之门

### 1.1　认识移动UI设计 ································· 2
1.1.1　什么是移动UI设计 ································· 2
1.1.2　移动UI设计和UI设计的区别 ······················· 3
1.1.3　移动UI设计的特点 ································· 4
1.1.4　移动UI设计的原则 ································· 5

### 1.2　移动UI设计流程 ··································· 6
1.2.1　用户研究 ··········································· 6
1.2.2　任务分析 ··········································· 7
1.2.3　设计草图 ··········································· 8
1.2.4　设计细化 ··········································· 9
1.2.5　用户测试 ··········································· 9
1.2.6　反馈和优化 ········································ 10
1.2.7　方案交付 ·········································· 10
1.2.8　方案实施 ·········································· 11

### 1.3　移动设备的主流操作系统 ························ 12
1.3.1　iOS系统 ··········································· 12
1.3.2　Android系统 ······································ 13
1.3.3　HarmonyOS系统 ································· 14

### 1.4　AIGC在移动UI中的应用 ························· 15
1.4.1　前期调研与竞品分析 ······························ 15
1.4.2　设计灵感与创意激发 ······························ 16
1.4.3　设计素材与资源生成 ······························ 17

### 1.5　常用的移动UI设计软件 ························· 18
1.5.1　界面设计类软件 ··································· 18
1.5.2　动效设计类软件 ··································· 20
1.5.3　交互设计类软件 ··································· 22

## 模块2 移动UI设计要素

**2.1 视觉设计要素** ............................................. 25
    2.1.1 色彩搭配 ............................................. 25
    2.1.2 字体与排版 ........................................... 28
    2.1.3 图片与质感 ........................................... 30

**2.2 布局与构图要素** ......................................... 32
    2.2.1 布局原则 ............................................. 32
    2.2.2 构图原则 ............................................. 33
    2.2.3 界面元素组织 ......................................... 34

**2.3 交互设计** ................................................ 36
    2.3.1 交互原则 ............................................. 36
    2.3.2 交互要素 ............................................. 36
    2.3.3 导航与菜单设计 ....................................... 38

## 模块3 图形图像操作详解

**3.1 基础操作与工具** ......................................... 41
    3.1.1 认识主流图像处理工具 ................................. 41
    3.1.2 辅助工具的使用 ....................................... 42
    3.1.3 文档的管理和编辑 ..................................... 45
    3.1.4 选择工具组 ........................................... 47
    3.1.5 绘图工具组 ........................................... 51
    3.1.6 颜色填充工具 ......................................... 55
    3.1.7 形状工具组 ........................................... 59
    3.1.8 切片与导出 ........................................... 61

**3.2 文字与排版** ............................................. 63
    3.2.1 创建文本 ............................................. 63
    3.2.2 设置文本属性 ......................................... 64
    3.2.3 栅格化文字图层 ....................................... 66
    3.2.4 文字变形 ............................................. 66

**3.3 图像色彩的调整** ......................................... 67
    3.3.1 曲线 ................................................. 67
    3.3.2 色阶 ................................................. 67
    3.3.3 色相/饱和度 .......................................... 68
    3.3.4 色彩平衡 ............................................. 69

3.3.5　可选颜色 ………………………………………………………………………… 70
　　3.3.6　去色 …………………………………………………………………………… 70
3.4　图像元素的处理 ………………………………………………………………………… 71
　　3.4.1　图像的尺寸调整 ………………………………………………………………… 71
　　3.4.2　图像的修饰 ……………………………………………………………………… 71
　　3.4.3　图像的修复 ……………………………………………………………………… 74
　　3.4.4　图像的非破坏处理 ……………………………………………………………… 76
3.5　图像后期制作 …………………………………………………………………………… 79
　　3.5.1　混合模式 ………………………………………………………………………… 79
　　3.5.2　图层样式 ………………………………………………………………………… 80
　　3.5.3　滤镜 ……………………………………………………………………………… 83
3.6　课堂演练：绘制应用图标 ……………………………………………………………… 88

## 模块4　UI图标设计

4.1　关于图标设计 …………………………………………………………………………… 94
　　4.1.1　什么是图标 ……………………………………………………………………… 94
　　4.1.2　图标在移动UI设计中的作用 …………………………………………………… 94
　　4.1.3　图标设计的基本准则 …………………………………………………………… 95
4.2　图标的类型与尺寸 ……………………………………………………………………… 96
　　4.2.1　应用图标 ………………………………………………………………………… 96
　　4.2.2　系统图标 ………………………………………………………………………… 101
4.3　图标的常用图形 ………………………………………………………………………… 105
　　4.3.1　圆形 ……………………………………………………………………………… 105
　　4.3.2　正方形、长方形 ………………………………………………………………… 105
　　4.3.3　三角形 …………………………………………………………………………… 106
4.4　图标的常见风格 ………………………………………………………………………… 106
　　4.4.1　线性图标 ………………………………………………………………………… 106
　　4.4.2　面性图标 ………………………………………………………………………… 107
　　4.4.3　线面结合图标 …………………………………………………………………… 108
　　4.4.4　扁平化图标 ……………………………………………………………………… 108
　　4.4.5　拟物化图标 ……………………………………………………………………… 109
　　4.4.6　轻质感图标 ……………………………………………………………………… 109
　　4.4.7　新拟态图标 ……………………………………………………………………… 109
案例实操：健康追踪应用图标的制作 ……………………………………………………… 110

# 模块 5　UI组件设计

## 5.1　什么是组件 ... 120
## 5.2　基础组件设计 ... 121
### 5.2.1　按钮 ... 121
### 5.2.2　文本 ... 122
### 5.2.3　图片 ... 123
## 5.3　输入组件设计 ... 124
### 5.3.1　文本框 ... 124
### 5.3.2　搜索框 ... 125
### 5.3.3　表单 ... 126
## 5.4　导航组件设计 ... 127
### 5.4.1　导航栏 ... 127
### 5.4.2　标签栏 ... 128
### 5.4.3　宫格 ... 129
## 5.5　显示组件设计 ... 130
### 5.5.1　徽标 ... 130
### 5.5.2　列表 ... 131
### 5.5.3　轮播图 ... 131
## 5.6　反馈组件设计 ... 132
### 5.6.1　对话框 ... 132
### 5.6.2　提示框 ... 133
### 5.6.3　加载指示器 ... 133
## 案例实操：加载动画的制作 ... 134

# 模块 6　App界面设计

## 6.1　关于App界面设计 ... 147
### 6.1.1　App界面的设计趋势 ... 147
### 6.1.2　App界面的构成 ... 148
### 6.1.3　常见屏幕尺寸分析 ... 151
## 6.2　闪屏页界面设计 ... 153
### 6.2.1　闪屏页的目的 ... 153
### 6.2.2　闪屏页类型 ... 153
## 6.3　注册登录页界面设计 ... 156
### 6.3.1　登录注册页的设计原则 ... 156

|  |  |  |
| --- | --- | --- |
| | 6.3.2 登录注册页的布局规划 | 157 |
| 6.4 | 首页界面设计 | 159 |
| | 6.4.1 首页的设计定位 | 159 |
| | 6.4.2 首页的布局规划 | 160 |
| 6.5 | 个人中心界面设计 | 162 |
| | 6.5.1 个人中心界面的类型 | 162 |
| | 6.5.2 个人中心界面的构成 | 164 |
| 案例实操：阅享云端App界面制作 | | 166 |

## 模块7 游戏UI设计

| 7.1 | 关于游戏UI设计 | 182 |
| --- | --- | --- |
| | 7.1.1 什么是游戏UI | 182 |
| | 7.1.2 移动游戏UI与传统游戏UI设计的区别 | 185 |
| | 7.1.3 游戏UI设计原则 | 186 |
| 7.2 | 移动游戏UI界面风格 | 187 |
| | 7.2.1 超写实风格 | 187 |
| | 7.2.2 涂鸦风格 | 187 |
| | 7.2.3 暗黑风格 | 188 |
| | 7.2.4 卡通风格 | 188 |
| | 7.2.5 二次元风格 | 188 |
| 7.3 | 移动游戏UI设计核心要素 | 189 |
| | 7.3.1 图标设计 | 189 |
| | 7.3.2 文字设计 | 189 |
| | 7.3.3 色彩搭配 | 190 |
| | 7.3.4 布局与导航 | 191 |
| 案例实操：国风游戏界面制作 | | 191 |

## 模块8 小程序UI设计

| 8.1 | 关于小程序UI界面设计 | 215 |
| --- | --- | --- |
| | 8.1.1 小程序的定义 | 215 |
| | 8.1.2 小程序的应用场景 | 215 |
| | 8.1.3 小程序UI与App的区别 | 218 |
| | 8.1.4 小程序UI界面的设计原则 | 219 |

## 8.2 小程序UI界面的基础元素 ............................................. 219
### 8.2.1 图标设计 ............................................. 219
### 8.2.2 文字设计 ............................................. 220
### 8.2.3 色彩搭配 ............................................. 221
## 8.3 小程序UI界面布局与导航 ............................................. 222
### 8.3.1 界面结构设计 ............................................. 222
### 8.3.2 界面布局设计 ............................................. 223
### 8.3.3 导航设计 ............................................. 225
### 8.3.4 内容区域设计 ............................................. 226
## 案例实操：个人中心页设计 ............................................. 228

# 参考文献 ............................................. 246

# 模块 1　走进移动 UI 设计之门

**内容概要**　本模块详细讲解移动UI设计的基础知识，涵盖定义、原则、设计流程、主流移动设备平台、AIGC技术的应用以及常用设计软件。通过系统学习，读者可全面掌握移动UI设计的核心要素，为未来的设计工作奠定坚实基础。

## 1.1 认识移动UI设计

在数字化时代，UI（用户界面）设计成为连接用户与数字产品的一个重要桥梁。作为UI设计的重要分支，移动UI设计随着智能手机的普及而迅速发展。

### ■ 1.1.1 什么是移动UI设计

移动UI设计，顾名思义，是指在移动设备上进行的用户界面设计。这些移动设备包括但不限于智能手机、平板电脑等便携式智能终端。以下是移动UI设计的主要组成部分。

**1. 布局设计**

移动设备的屏幕尺寸和分辨率各异，因此布局设计至关重要。设计师需要确保界面元素在不同设备上都能清晰、有序地展示，同时保持良好的可读性和操作便捷性。

**2. 图形元素**

包括图标、按钮、图片等图形元素不仅具有装饰作用，还能引导用户进行交互。如图1-1、图1-2所示分别为移动UI界面中的图标和图片元素。设计师需要精心挑选和设计这些元素，以确保它们与整体视觉风格保持一致，并符合用户的认知习惯。

图 1-1　图标元素

图 1-2　图片元素

**3. 色彩搭配和视觉风格**

色彩搭配和视觉风格对于界面的吸引力至关重要。设计师需要运用色彩心理学原理，选择适合目标用户群体的色彩方案，并创建具有辨识度和吸引力的视觉风格。

**4. 交互设计**

设计师需要确保用户能够轻松、流畅地完成各种操作，如点击、滑动、缩放等。如图1-3、图1-4所示分别为滑动交互前后效果。同时，还需要考虑用户反馈机制，如动画效果、声音提示等，以增强用户的沉浸感和满意度。

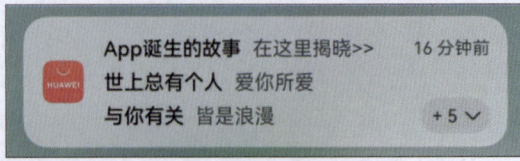

图 1-3　滑动交互前的效果

图 1-4　滑动交互后的效果

**5. 可访问性**

移动UI设计需要考虑到不同用户的需求，包括视力、听力等障碍用户。设计师需要采用无障碍设计原则，确保界面元素易于识别和操作，为所有用户提供平等的使用机会。

**6. 响应式设计**

随着移动设备的普及和多样化，响应式设计成为移动UI设计的一个重要趋势。设计师需要确保界面能够自适应不同屏幕尺寸和分辨率，同时保持一致的视觉和交互体验。

## ■ 1.1.2 移动UI设计和UI设计的区别

UI设计，全称为用户界面设计（user interface design），是指对软件的人机交互、操作逻辑、界面美观的整体设计。如图1-5所示为PC端小米官方界面。

图1-5　PC端小米官方界面

UI设计是一个综合性过程，它融合了多个关键要素，这些要素相互交织，共同塑造用户界面的整体体验。以下是UI设计中不可或缺的一些要素。

- **布局**：合理组织信息和功能，使用户能够轻松找到所需内容，从而提升用户的浏览效率和满意度。
- **图形元素**：按钮、图标、图片等视觉元素的设计至关重要。它们需兼具美观性与易识别性，确保用户能快速理解界面功能，提升体验的直观性与便捷性。
- **色彩和字体**：选择合适的色彩和字体，能够显著增强界面的视觉吸引力，同时准确传达品牌形象和风格，营造独特的视觉氛围。
- **交互设计**：定义用户与界面之间的互动方式，包括点击、滑动、拖拽等操作。良好的交互设计应流畅自然，即时反馈，使用户能够轻松上手并享受使用过程。
- **可访问性**：确保界面对所有用户友好，包括有特殊需求的用户。通过考虑无障碍设计，使界面更加包容和易用，提升用户满意度和忠诚度。

移动UI设计在遵循UI设计基本原则的基础上，更加注重界面在移动设备上的适配性、操作便捷性以及用户体验的优化。UI设计与移动UI设计比较如表1-1所示。

表 1-1　UI 设计与移动 UI 设计比较

| 项目 | UI设计 | 移动UI设计 |
| --- | --- | --- |
| 设备类型 | 通常针对桌面应用和网站，使用较大的屏幕 | 专注于智能手机、平板电脑等便携式设备，屏幕较小 |
| 交互方式 | 主要通过鼠标和键盘进行交互，支持复杂的操作和快捷键 | 依赖触摸手势（如点击、滑动、捏合等），操作简单、直观 |
| 布局设计 | 可以利用更多空间，布局相对复杂，支持多窗口和并排显示 | 需在有限空间内有效组织信息，通常采用简洁的垂直布局方式 |
| 响应性和适应性 | 设计相对固定，主要关注不同分辨率的适配 | 需自适应不同屏幕尺寸和方向（横屏/竖屏），设计更灵活 |
| 用户环境 | 用户通常在相对稳定的环境中使用，注意力集中 | 用户可能在移动中使用，环境多变，注意力分散 |
| 功能优先级 | 可以展示更多功能和信息，设计较为复杂 | 需优先考虑核心功能和关键信息，避免界面复杂 |
| 视觉设计 | 允许使用更复杂的视觉元素和细致的设计 | 使用更大的按钮和简洁的图标，适应小屏幕操作 |

## ■ 1.1.3　移动UI设计的特点

移动UI设计不仅关乎界面的美观性与实用性，更直接影响到用户的使用体验和满意度。其特点主要体现在以下几个方面。

**1. 高便捷性**

移动设备因其小巧轻便，成为用户随身携带的一个理想选择。这种高便携性使得用户能够在任何时间和地点轻松访问并使用各种应用程序。因此，移动UI设计需要充分考虑用户在不同场景下的使用需求，确保应用界面简洁明了、易于操作，以便用户在各种环境中都能快速上手并享受流畅的使用体验。

**2. 应用轻便**

移动应用程序安装包通常体积小、启动速度快，满足用户对高效便捷的追求。轻量级的应用不仅减少了用户的下载等待时间，还降低了设备的存储压力。移动UI设计可通过精简界面元素、优化资源加载等方式，进一步提升应用的轻便性，使用户迅速访问所需功能，提升使用效率。

**3. 交互丰富**

移动UI设计充分利用触摸屏技术，支持多种手势操作和触摸反馈，使用户与应用程序的互动更加直观和生动。设计师需深入了解用户的习惯和期望，通过合理的布局、动画效果和音效反馈等手段,打造引人入胜的交互体验。同时,考虑不同用户的偏好和能力,提供多种交互方式。

### 4. 响应式设计

移动设备市场的多样性和用户需求的个性化要求移动UI设计具备良好的响应性。界面需自适应不同的屏幕尺寸、分辨率和方向,确保在各种设备上呈现一致且优质的显示效果。响应式设计不仅关乎界面的美观性,更关乎用户体验的连贯性和一致性。这种响应性设计时可以通过灵活布局、自适应字体大小和图片缩放等技术手段实现。

## ■ 1.1.4 移动UI设计的原则

移动UI设计原则旨在确保移动应用程序的用户界面既美观又实用,同时提供良好的用户体验。以下是一些关键的移动UI设计原则。

- **简洁性**:界面精简,去除不必要的元素和功能,专注于核心内容。采用简洁明了的布局和直观易懂的符号,确保用户能够迅速上手并轻松使用。
- **一致性**:保持界面元素的一致性有助于用户熟悉UI并减少学习成本。设计时采用相同的颜色、风格和排版规则,并保持统一的交互模式。如图1-6所示为风格统一的美团金刚区图标。
- **可点击性**:确保可点击元素的大小和空隙适当,避免用户误触或难以点击。按钮和链接应显眼,易于点击。
- **可读性**:选用清晰的字体和适当的字号,避免文本内容过多导致阅读困难。同时,确保图标和符号清晰易懂,便于用户快速理解其含义。
- **反馈和指导**:提供及时的反馈和指导,以指导用户在应用程序中的操作和导航。通过弹出消息、动画效果等方式传达操作的状态和结果。如图1-7所示为反馈信息。

图 1-6 风格统一的美团金刚区图标

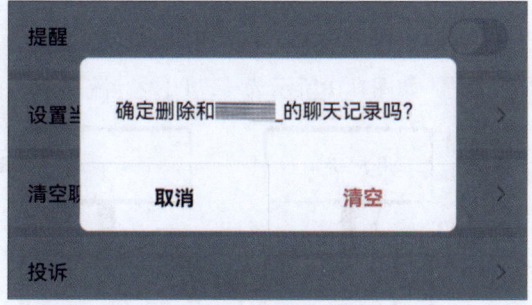

图 1-7 反馈信息

- **轻量级**:减少页面和图形的复杂度,使用简单的动画效果等,以提高应用程序的性能和响应速度。
- **可访问性**:关注无障碍设计,为用户提供可调节的字体大小、辅助功能选项等,确保所有用户都能轻松使用应用程序。如图1-8、图1-9所示为微信的长辈关怀模式设置前后对比效果。

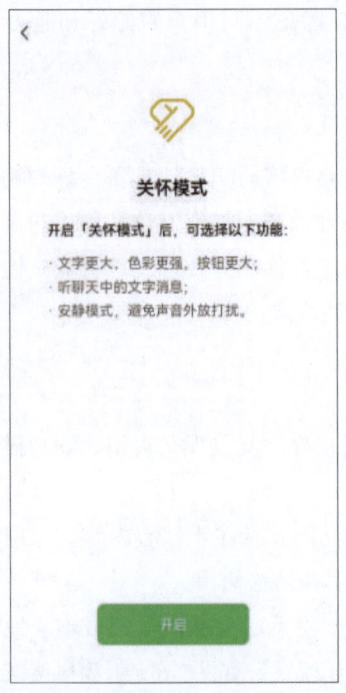
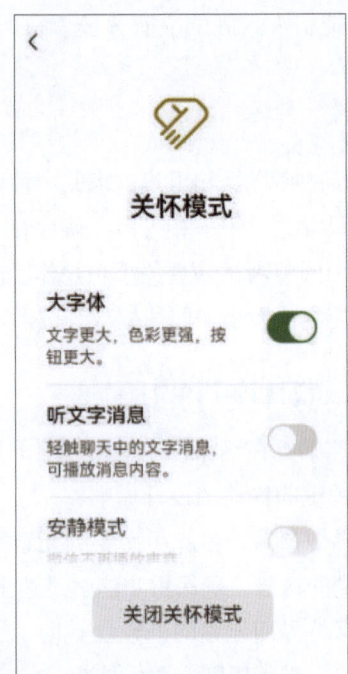

图 1-8　未启用长辈关怀模式　　　图 1-9　启用长辈关怀模式

> **知识点拨**　移动UI中的无障碍设计是指针对移动设备用户界面进行的设计优化，旨在确保所有人，包括有特殊需求的用户，如老年人、视力或听力障碍者等，都能方便、有效地使用移动应用或设备。这包括提高内容的可读性、优化触控目标的大小和间距、提供语音输入和输出功能、确保与辅助技术的兼容性等，以打造一个包容性强的用户体验。

## 1.2　移动UI设计流程

移动UI设计流程是一个从用户需求出发，经过多次迭代和优化，最终交付并实施设计方案的过程。如图1-10所示为移动UI设计流程示意图。

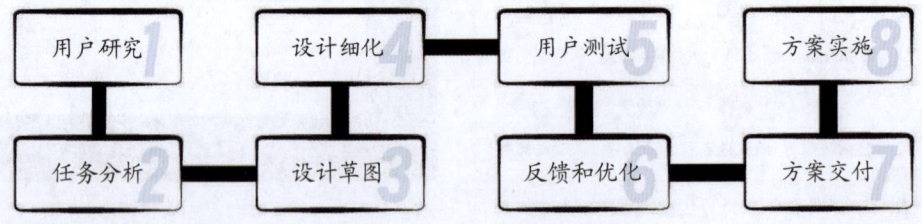

图 1-10　移动 UI 设计流程示意图

### ■1.2.1　用户研究

用户研究是移动UI设计流程的第一步，旨在深入了解目标用户的需求、偏好和行为。这包括进行市场调研、用户访谈、问卷调查、竞品分析等，以收集关于用户的信息。

### 1. 市场调研

市场调研涉及对行业趋势、用户需求和竞争环境的全面分析。其主要内容如下：

- **行业分析**：研究当前市场的整体趋势、发展方向和潜在机会，了解行业内的技术进步和用户行为变化。
- **目标用户群体**：识别并细分目标用户群体，了解他们的特征、需求和痛点。
- **市场规模与潜力**：评估市场规模，分析潜在用户的数量和购买力，为设计决策提供依据。

### 2. 用户访谈

用户访谈是一种定性研究方法，通过与目标用户进行一对一的深入交流，获取更深入的见解。其主要内容如下：

- **开放式问题**：设计开放式问题，鼓励用户分享他们的使用体验、需求和期望。
- **情境模拟**：通过情境模拟，了解用户在特定场景下的行为和决策过程。
- **深度挖掘**：关注用户的情感和动机，深入挖掘他们的真实需求和潜在问题。

### 3. 问卷调查

问卷调查是一种定量研究方法，通过结构化的问卷收集大量用户数据。其主要内容如下：

- **问卷设计**：设计简洁明了的问题，涵盖用户的基本信息、使用习惯、偏好和满意度等方面。
- **样本选择**：选择具有代表性的样本群体，确保调查结果能够反映目标用户的整体特征。
- **数据分析**：对收集的数据进行统计分析，识别用户需求的趋势和模式，为设计提供量化依据。

### 4. 竞品分析

竞品分析是对市场上的同类产品进行评估，以识别其优缺点和用户反馈。其主要内容如下：

- **功能比较**：分析竞品的核心功能、用户界面和交互设计，了解其优劣势。
- **用户评价**：研究用户对竞品的评价和反馈，识别用户满意和不满意的方面。
- **市场定位**：了解竞品的市场定位和目标用户群体，为自身产品的设计和市场策略提供参考。

通过用户研究，设计师可以建立用户画像，明确设计方向，确保设计满足用户的真实需求。

## 1.2.2 任务分析

任务分析是在用户研究的基础上，对用户在移动设备上的操作流程进行分解和细化。其主要内容如下：

- **确定主要任务**：识别用户在使用移动设备时的核心任务，这些主要任务通常是用户实现目标的关键步骤。
- **识别次要任务**：分析与主要任务相关的辅助性任务，这些辅助性任务虽然重要，但相较于主要任务优先级较低。

- **任务优先级**：根据用户的需求和使用场景，为各项任务设定优先级，以便在设计中聚焦于最重要的功能。
- **逻辑关系**：明确任务之间的逻辑关系，了解用户在完成任务时的顺序和依赖性。

通过任务分析，设计师可以明确用户在使用移动设备时可能遇到的困难和障碍，为后续的设计提供有针对性的解决方案。

### 1.2.3 设计草图

设计草图是设计师将任务分析结果转化为初步视觉形式的过程。在这一阶段，设计师会快速捕捉和记录设计想法，形成初步的设计构思和布局。手绘草图、数字草图等形式都可以被采用，关键在于快速、自由地表达设计创意。以下是绘制草图的一些关键步骤。

- **确定设计目标**：明确设计的目的和期望达成的效果，包括界面的功能需求、用户体验目标、品牌调性以及与整体产品战略的契合度。设计目标应具体、可测量，并能指导后续的设计决策。
- **收集参考资料**：收集与设计相关的参考资料，包括竞品分析、行业最佳实践、用户反馈和趋势研究等。这些资料不仅能激发创意，还能帮助设计师了解市场需求和用户期望，为草图提供灵感和依据。
- **手绘草图**：使用纸和笔进行手绘，快速记录初步的设计想法和布局。如图1-11所示为手绘草图场景。这一阶段注重创意表达，设计师可以自由地探索不同的设计构思和布局方案，注重创意表达和构思的多样性，而不必过于关注细节和完美度。
- **数字草图**：在手绘草图的基础上，设计师可以利用设计软件创建数字草图。如图1-12所示为绘制电子草图场景。数字草图便于调整和修改设计，同时也方便与团队成员进行共享和讨论。
- **反馈和调整**：在草图完成后，设计师应与团队成员以及利益相关者分享草图，收集反馈信息并进行必要的调整。这一过程有助于确保设计方向的正确性和有效性。

图 1-11　手绘草图场景

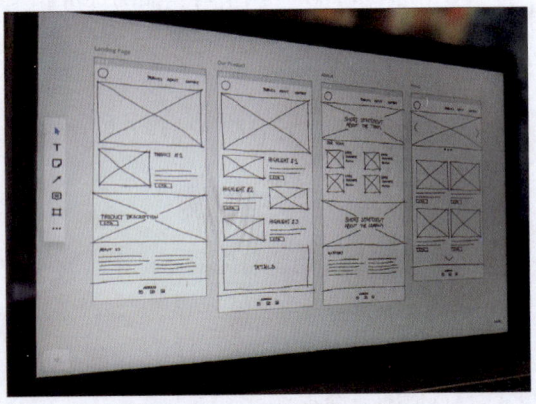

图 1-12　绘制电子草图场景

## 1.2.4 设计细化

设计细化是在设计草图的基础上进行的进一步工作。在这一阶段，设计师会对界面元素、交互逻辑、视觉效果等进行详细的优化和完善。以下是设计细化的几个关键步骤。

### 1. 界面设计优化

界面设计优化是设计细化阶段的首要任务。根据用户的使用习惯和视觉习惯，调整界面元素的布局，使其更加直观和易于操作。优化界面元素的尺寸和间距，确保在不同设备和屏幕尺寸上都能保持良好的可读性和美观度。确保界面能够适配各种设备和屏幕尺寸，提供一致且流畅的用户体验。

### 2. 交互设计优化

交互设计优化是设计细化阶段的核心任务之一。明确用户在使用产品时的操作流程，减少不必要的步骤，提高操作效率。设计清晰的反馈机制，如加载提示、操作确认等，帮助用户了解当前状态和操作结果。考虑可能出现的错误情况，并设计相应的错误处理流程，确保用户能够轻松解决问题。

### 3. 视觉效果调整

视觉效果调整旨在提升产品的视觉吸引力和美观度。根据品牌调性和用户偏好，选择合适的色彩搭配，确保界面既美观又易于阅读。选择合适的字体和排版方式，确保文字信息的清晰度和可读性。设计适当的动画和过渡效果，增强界面的动态感和趣味性，同时确保它们不会干扰用户的操作。

### 4. 设计规范文档

设计规范文档是设计细化阶段的重要输出之一。明确界面设计、交互设计和视觉效果等方面的标准和规范。整理并归纳设计元素（如按钮、图标、色彩等），方便后续的开发和测试工作。应编写清晰、详细的设计规范文档，确保团队成员能够理解和遵循这些规范和标准。

## 1.2.5 用户测试

用户测试是移动UI设计流程中至关重要的一环。在这一阶段，设计师会将设计原型提供给目标用户进行测试，以收集用户对设计的反馈。测试形式可以包括可用性测试、满意度调查和任务完成时间等。通过用户测试，设计师能够深入了解用户对设计的看法，发现设计中存在的问题，并为后续的优化提供依据。用户测试的几个关键步骤如下。

- 确定测试目标：在进行用户测试之前，设计师需要明确测试的目标，比如评估界面的易用性、功能的有效性或用户的整体满意度。
- 选择目标用户：确定测试的目标用户群体，确保参与者能够代表实际的用户群体。这有助于获取更具针对性的反馈。
- 设计测试方案：制定详细的测试方案，包括测试任务、测试环境和时间安排等。确保测试过程能够有效评估设计的各个方面。

- **执行测试**：在实际测试中，观察用户的操作过程，记录他们的反馈和行为。可以通过录音、录像或观察记录等方式收集数据。
- **分析反馈**：收集测试结果后，设计师需要分析用户的反馈，识别出设计中存在的问题和不足之处。可以使用定量和定性的方法进行分析，以便全面了解用户体验。
- **优化设计**：根据用户测试的结果，进行相应的设计优化。针对发现的问题进行调整，以提升用户体验。
- **迭代测试**：在优化设计后，进行后续的用户测试，以验证修改的有效性，并持续改进设计，确保最终产品能够满足用户需求。

## 1.2.6 反馈和优化

在用户测试阶段结束后，设计师会深入分析用户在测试中提出的意见和建议，以及观察到的用户行为和测试结果数据。这一反馈与优化流程具体包含以下几个关键步骤。

- **整合反馈**：将用户的反馈进行分类和整理，识别出最常见的问题、用户关注的重点以及具体的意见和建议。
- **优先级排序**：根据问题的严重性和对用户体验的影响程度，对识别出的问题进行评估，以确定优化的优先级。
- **设计迭代**：在原有设计基础上进行迭代，尝试不同的解决方案，确保这些方案能够有效解决用户反馈中提到的问题。
- **再次测试**：在完成设计优化后，进行新的用户测试，以验证改进的有效性，并收集用户的进一步反馈。
- **持续改进**：用户测试是一个循环的过程，设计师应持续关注用户反馈，定期进行测试和优化，以确保产品始终满足用户的需求。

## 1.2.7 方案交付

当设计经过多次迭代和优化后，设计师会将最终的设计方案交付给开发团队。这一流程主要包括以下几个步骤。

### 1. 准备交付材料

- **设计文档**：提供详尽的设计文档，涵盖设计理念、设计原则、界面布局、色彩搭配、字体选择、交互逻辑等关键信息。
- **设计稿**：提供高分辨率的设计稿，包括各个页面、组件和功能的详细设计。
- **交互原型**：如果可能，提供交互原型，展示设计的整体效果和交互流程。

### 2. 与开发团队沟通

- **设计评审会议**：组织一次设计评审会议，邀请开发团队的主要成员参加。在会议上，设计师应详细介绍设计方案，包括设计目标、设计亮点和关键交互等。同时，也要听取开发团队的意见和建议，以便在设计实现过程中进行必要的调整。

模块1 走进移动UI设计之门

- **技术可行性讨论**：与开发团队讨论设计的技术可行性，确保设计方案能够在现有的技术框架内实现。如果设计方案中存在技术难题，设计师和开发人员应共同寻找解决方案。

### 3. 交付材料审核

在正式交付之前，设计师应仔细审核交付材料，确保设计文档的准确性、设计稿的清晰度和交互原型的完整性。同时，可以邀请开发团队对交付材料进行预览，以便提前发现并解决可能存在的问题。

### 4. 正式交付

将审核通过的交付材料正式交付给开发团队，包括设计文档、设计稿和交互原型等。交付时，设计师应提供清晰的交付清单，确保开发团队能够方便地获取所需的材料。

### 5. 后续沟通与协调

在开发过程中，设计师应与开发团队保持密切沟通，及时解答开发团队在实现设计过程中遇到的问题。如果开发团队需要对设计进行微调或优化，设计师应积极响应并提供必要的支持。

## ■ 1.2.8 方案实施

方案实施是移动UI设计流程的最后一步。在这一阶段，开发团队会根据设计方案进行开发，将设计转化为实际的移动应用。以下是关于方案实施阶段的详细阐述。

### 1. 开发实施

开发团队根据设计文档和交互原型开始实际编码工作。这一过程主要包括以下两个方面。
- **功能开发**：实现应用的各个功能模块，确保按照设计要求进行编码。
- **界面构建**：将设计稿转化为用户界面，确保视觉效果和交互逻辑与设计方案一致。

### 2. 协作调整

在开发过程中，设计师与开发团队保持紧密的沟通与协作。主要活动如下：
- **设计支持**：设计师随时提供必要的设计指导，解答开发人员对设计的疑问。
- **问题解决**：共同解决在实现过程中遇到的设计和技术问题，确保设计意图得到准确实现。

### 3. 初步测试

在开发的各个阶段，团队应进行初步测试，以确保功能正常。主要内容如下：
- **功能测试**：验证各个功能模块是否按预期工作。
- **用户体验评估**：初步检查用户界面的可用性和友好性，确保用户能够顺利地进行操作。

### 4. 最终测试与发布

一旦开发完成，设计师和开发团队将进行最终的测试和发布准备工作。具体步骤如下：
- **全面测试**：进行全面的功能测试和用户体验测试，确保应用符合设计要求。
- **设计复核**：确认应用的视觉效果和交互逻辑与原始设计保持一致。
- **上线准备**：准备上线文档、用户手册等，确保用户能够顺利使用新应用。
- **正式发布**：将应用发布到各大应用商店，供用户下载和使用。

## 1.3 移动设备的主流操作系统

移动设备的主流操作系统包括iOS、Android和HarmonyOS。

### ■ 1.3.1 iOS系统

iOS是苹果公司专为iPhone、iPad等设备设计的移动操作系统，它以其流畅的用户体验、高度优化的性能和强大的生态系统而著称。如图1-13所示为iOS系统的移动设备。其特点如下：

图 1-13 iOS 系统的移动设备

**1. 封闭的生态系统**

iOS采用了一个高度封闭的生态系统，苹果公司严格控制硬件和软件的开发与分发。这种封闭性确保了应用程序的高质量和与硬件的完美兼容，为用户提供了稳定、安全和流畅的体验。

**2. 流畅的用户界面**

iOS的界面设计简洁而直观，图标清晰、布局合理，使用户能够轻松上手并快速找到所需的功能。同时，系统融入丰富的动画效果和精准的触控反馈，进一步提升了用户的交互体验。

**3. 丰富的应用资源**

作为iOS的核心应用商店，App Store提供了数百万款高质量的应用程序，涵盖了游戏、社交、教育、商务、健康等多个领域，满足了用户多样化的需求。此外，App Store严格的审核机制确保了应用程序的安全性和稳定性。

**4. 强大的安全性**

iOS以其严格的隐私保护功能著称，用户数据的安全性得到高度重视。苹果公司在系统级别提供了多种隐私保护措施，如应用权限管理、数据加密等。

### 5. 无缝的集成体验

iOS与苹果的其他服务（如iCloud、Apple Music、Apple Pay等）及硬件产品（如Mac、Apple Watch、Apple TV等）紧密集成，为用户提供了一体化的生态系统体验。用户可在不同设备间轻松切换任务、共享数据，享受无缝衔接的便捷。

### 6. 高效的性能优化

iOS在性能方面进行了深入的优化。系统采用了先进的图形处理技术、高效的内存管理和多任务处理能力，确保了设备在运行复杂应用程序和大型游戏时依然能够保持流畅和稳定。

## ■ 1.3.2 Android系统

Android是谷歌公司开发并维护的开源移动操作系统，广泛应用于各种品牌的智能手机和平板电脑。Android以其高度的可定制性、广泛的设备支持和庞大的应用生态系统而闻名。其特点如下：

### 1. 开源的生态系统

Android的开源性质促进了技术创新和生态系统的发展，使制造商、开发者和用户都能从中受益。如图1-14所示为基于Android深度定制的系统——MIUI系统界面。

图1-14　MIUI系统界面

### 2. 灵活的用户界面

Android允许用户和制造商对界面进行高度自定义，包括更换启动器、主题和小部件等，使每个设备都可以有独特的外观和操作方式，提供个性化的视觉和功能体验。

### 3. 丰富的应用资源

Google Play商店提供了海量的应用程序和游戏，涵盖各种类别和需求。用户还可以从第三方应用商店下载和安装应用程序，增加了应用资源的多样性。

**4. 强大的兼容性**

Android支持多种硬件配置，从高端旗舰设备到入门级设备，甚至是智能电视和可穿戴设备，都可以运行Android系统。

**5. 强大的集成服务**

Android与谷歌的各种服务无缝集成，通过Google账号，用户可以在不同的Android设备以及其他平台（如Chrome OS等）之间实现数据同步和协同工作。

**6. 高效的性能优化**

谷歌不断对Android进行优化和更新，提升系统性能和稳定性，同时引入新功能并改进用户体验。

## ■ 1.3.3 HarmonyOS系统

HarmonyOS系统是华为公司自主研发的分布式操作系统，旨在为不同设备的智能化、互联与协同提供统一的语言，带来简捷、流畅、连续、安全可靠的全场景交互体验。如图1-15所示为HarmonyOS系统的设备展示。其特点如下：

图 1-15　HarmonyOS 系统的设备展示

**1. 分布式架构**

HarmonyOS采用分布式架构，允许多个设备之间无缝连接和通信，实现资源共享和协同工作，为用户带来一致且流畅的使用体验。

**2. 微内核设计**

HarmonyOS采用了微内核架构，将核心功能进行模块化拆分，不仅增强了系统的灵活性与可扩展性，还显著提升了系统的安全性与运行效率。

**3. 统一的开发环境**

开发者可以使用相同的代码库开发不同类型的设备上运行的应用程序，减少了开发成本和时间，实现了跨设备应用的一次开发、多端部署。

### 4. 强大的生态系统

华为通过与众多硬件制造商和软件开发者合作，构建了一个庞大的生态系统。HarmonyOS支持多种应用和服务，涵盖娱乐、办公、健康、智能家居等多个领域。

### 5. 智能化体验

HarmonyOS集成了华为的人工智能技术，提供智能助手、精准推荐等个性化服务，同时支持语音控制、手势识别等先进交互方式，让用户体验更加智能、便捷。

### 6. 高度安全性

HarmonyOS内置多层次安全机制，包括可信执行环境（TEE）与分布式安全架构，确保用户数据与隐私在传输与存储过程中的绝对安全。华为持续进行安全更新与漏洞修复，保障系统安全无忧。

### 7. 多终端适配

HarmonyOS不仅支持智能手机和平板电脑，还更广泛地支持智能手表、智能电视、车载系统、智能家居设备等多种终端，真正实现了"一云多端"的理念，让用户可以在不同的设备上享受到一致的操作体验。

## 1.4 AIGC在移动UI中的应用

AIGC（artificial intelligence graphics computing）以其强大的图形处理和智能分析能力，为移动UI设计带来了革命性变革。

### ■ 1.4.1 前期调研与竞品分析

在移动UI设计的前期阶段，AIGC技术能够显著提升调研与竞品分析的效率和准确性。AIGC可以在这一过程中提供以下帮助。

#### 1. 数据收集与分析

AIGC技术能够自动从各种渠道收集用户行为数据、市场趋势数据等，这些数据对于理解用户需求和市场动态至关重要。通过先进的算法和模型，AIGC技术能够对收集到的数据进行深度分析，提取出有价值的信息，为设计策略的制定提供有力支持。在此方面，AIGC技术的优势主要体现在以下两个方面。

- **实时监测**：自动跟踪和更新市场动态，确保设计师获取最新信息。
- **趋势预测**：通过历史数据分析，预测未来的用户需求和市场变化，帮助设计师提前布局。

#### 2. 竞品界面分析

AIGC技术能够快速识别市场上的竞品，并收集其界面设计、功能布局、交互方式等方面的信息。通过对竞品进行深度对比和分析，AIGC能够帮助设计师发现竞品的优势和不足，为自身设计提供参考和借鉴。这不仅避免了重复劳动，还提升了设计的创新性和竞争力。在此方面，AIGC技术的优势目前主要体现在以下两个方面。
- **自动化对比**：生成竞品分析报告，突出各个竞品的设计特点和用户反馈。
- **识别设计趋势**：通过分析多个竞品的设计风格，帮助设计师了解行业趋势和用户偏好。

### 3. 用户画像构建

AIGC技术能够整合来自不同渠道的用户信息，包括用户行为数据、偏好数据、社交数据等，形成全面的用户画像。基于整合的用户信息，AIGC能够构建出精准的用户画像，包括用户的年龄、性别、职业、兴趣等关键特征，有助于设计师更好地理解目标用户，从而制定出更加符合用户期望的设计策略。在此方面，AIGC技术的优势目前主要体现在以下两个方面。
- **多维度分析**：结合多种数据源，提供更全面的用户视角。
- **动态更新**：实时更新用户画像，确保设计策略始终与用户需求保持一致。

## ■ 1.4.2 设计灵感与创意激发

AIGC技术为设计师提供了丰富的设计灵感和创意激发手段。以下是AIGC技术在设计灵感与创意激发方面的三个主要应用。

### 1. 智能生成设计概念

AIGC技术能够根据设计师输入的关键词、主题或特定要求，自动生成多种设计概念。这种智能生成不仅节省了设计师的时间，还能拓展他们的思维边界，激发出意想不到的创意。通过分析大量设计案例和趋势，AIGC能够提供独特的设计方案，帮助设计师从不同角度审视项目，找到最佳解决方案。

以下内容是利用文心一言为旅游类App生成的设计概念。

> 问：请为旅游类App生成几个创新的概念，内置智能助手，提供天气、交通、景点等实时信息，以提升用户体验。同时，考虑结合AR技术，设计独特且吸引人的功能或界面。
>
> **1. 智能旅行向导AR版**
>
> 功能描述：内置智能助手，通过AI算法分析用户的旅行偏好、预算、时间安排等信息，为用户量身定制旅行路线和景点推荐。同时，结合AR技术，在实地游览时，智能助手以虚拟导游的形象出现在用户眼前，提供实时天气、交通状况、景点介绍等信息，甚至与用户进行互动问答，解答旅行中的疑惑。
>
> 界面设计：界面设计简洁直观，用户可以通过滑动屏幕或语音指令与智能助手进行交互。AR界面以半透明的形式叠加在现实世界中，不影响用户欣赏真实景色，同时提供丰富的信息支持。
>
> **2. AR景点互动体验**
>
> 功能描述：利用AR技术，将景点的历史背景、文化故事以虚拟动画、全息投影等形式呈现给用户。用户可以通过App扫描景点内的特定标记，触发AR互动体验，如观看古代建筑的复原动画、参与历史事件的重演等。智能助手在AR体验中担任解说员的角色，提供详

细的信息解说和互动引导。

界面设计：AR界面设计注重沉浸感和互动性，用户可以通过手势控制或语音指令与虚拟元素进行互动。同时，界面提供清晰的导航和退出按钮，确保用户能够轻松地在AR体验和现实世界之间进行切换。

**3. 智能交通助手AR导航**

功能描述：智能助手根据用户的旅行计划和实时交通状况，为用户提供最优的出行路线建议。在AR导航模式下，智能助手以虚拟形象的形式引导用户前行，同时在屏幕上显示实时路况、公交地铁站点等信息。用户可以通过语音指令或手势控制来调整导航路线或获取更多信息。

界面设计：AR导航界面设计注重实用性和直观性，用户可以通过滑动屏幕或语音指令来查看不同层级的导航信息。同时，界面提供清晰的道路标识和虚拟引导线，帮助用户快速找到目的地。

这些创新概念不仅提升了旅游类App的用户体验，还通过结合智能助手和AR技术，为用户提供了更加丰富、生动和互动的旅行体验。

### 2. 情绪板与风格探索

AIGC技术还可以帮助设计师创建情绪板和进行风格探索。例如，输入特定的情感关键词或设计风格，AIGC将自动生成相应的视觉元素和灵感图板。这一过程不仅提升了设计师的工作效率，还为他们提供了丰富的视觉参考，帮助他们更好地理解目标用户的情感需求和审美偏好，从而在设计中融入更具感染力的元素。

### 3. 创意迭代与优化

在设计过程中，创意的迭代与优化是必不可少的。AIGC技术能够根据设计师的反馈和修改建议，快速生成多种迭代版本。这种快速迭代的能力使得设计师能够在短时间内测试不同的设计方案，找到最优解。此外，AIGC还可以分析用户反馈和市场反应，提供数据驱动的优化建议，进一步提升设计的质量和用户体验。

## 1.4.3 设计素材与资源生成

AIGC在设计素材与资源生成方面的应用极大地提高了设计师的工作效率，具体体现在以下几个方面。

### 1. 自动化素材生成

AIGC技术能够根据设计师的需求，自动生成各种设计素材，包括图形、图标、背景、纹理、插画等。如图1-16、图1-17所示为利用Midjourney生成的图标和插画效果。这种自动生成技术不仅节省了设计师大量的时间和精力，还能够快速提供多样化的选择。设计师只需输入一些基本参数或主题，AIGC便能生成符合要求的高质量素材，帮助设计师更高效地完成项目。

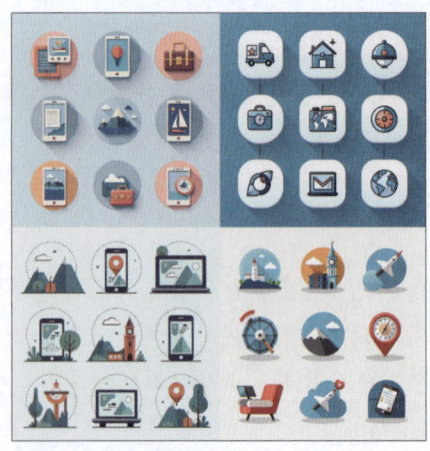
图 1-16 图标

图 1-17 插画

**2. 个性化定制**

通过分析用户的偏好和项目需求，AIGC技术可以实现个性化定制的设计素材。设计师可以根据特定的品牌风格、目标受众或项目主题，利用AIGC技术生成独特的设计元素。这种个性化的生成方式确保了设计作品的独特性和吸引力，使设计师能够更好地满足客户的期望，并提升品牌形象。

**3. 资源库构建**

AIGC还可以帮助设计师构建和管理设计资源库。通过自动整理和分类生成的设计素材，设计师能够轻松创建一个便于查找和使用的资源库。这不仅提高了素材的可访问性，还方便设计师在不同项目中快速调用所需的资源，进一步提升工作效率。此外，AIGC技术还可以定期更新和扩充资源库，确保设计师始终拥有最新的设计素材。

## 1.5　常用的移动UI设计软件

常用的移动UI设计软件可以根据其主要功能分为以下三大类：界面设计、动效设计和交互设计。

### ■1.5.1　界面设计类软件

界面设计软件主要用于创建和优化移动应用的视觉界面，包括布局、颜色、字体、图标等元素。下面介绍常用的三款主流软件。

**1. Adobe Photoshop**

Adobe Photoshop简称"PS"，是一款功能强大的图像处理软件，它不仅在摄影、广告等领域有着广泛的应用，同时在UI设计中也扮演着重要角色。设计师可以使用Photoshop创建和编辑界面元素，如按钮、图标、背景等，并对其进行精细的调整和优化。此外，Photoshop还支持多种图像格式和色彩管理功能，确保设计作品的高质量输出。如图1-18所示为Photoshop工作界面。

模块1 走进移动UI设计之门

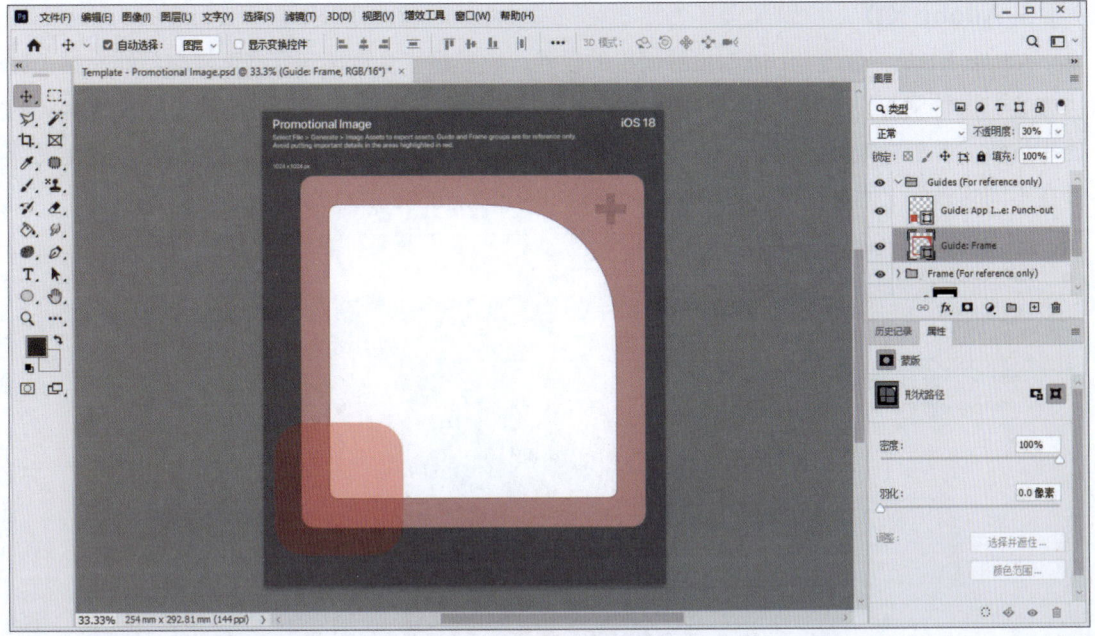

图 1-18　Photoshop 工作界面

## 2. Adobe Illustrator

Adobe Illustrator简称"AI"，是一款矢量图形设计软件，它非常适合用于创建UI设计中的图形元素，如图标、插图和标志等。Illustrator提供了丰富的绘图工具和形状工具，设计师可以轻松地绘制出各种形状和图案，并对其进行编辑和调整。此外，Illustrator还支持导出多种图像格式，方便设计师在不同平台上的使用。如图1-19所示为Illustrator工作界面。

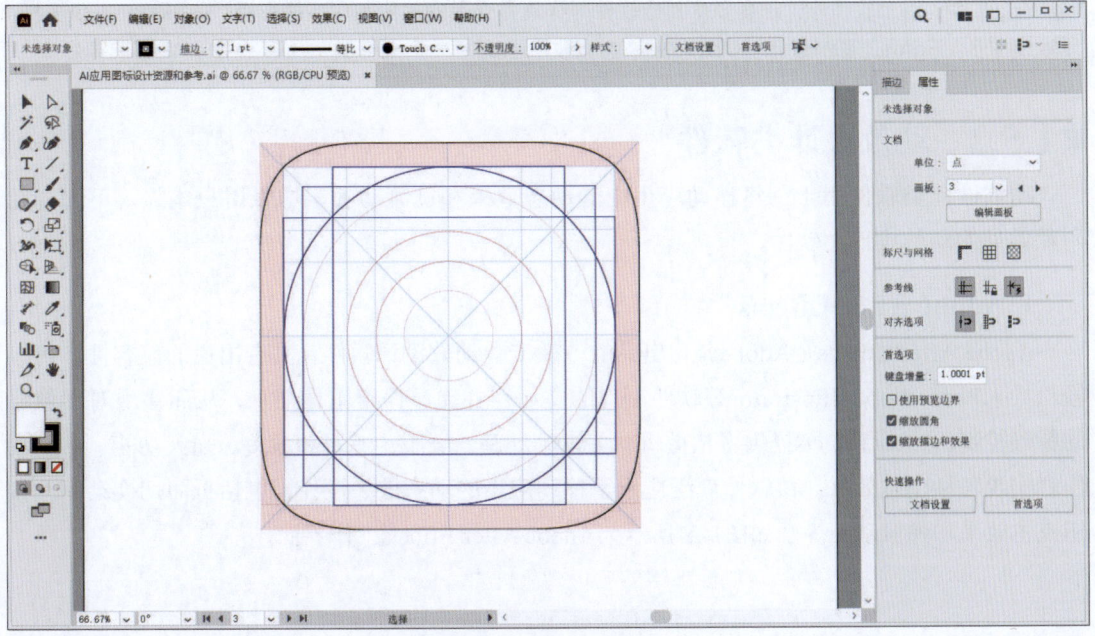

图 1-19　Illustrator 工作界面

· 19 ·

### 3. Adobe XD

Adobe XD是一款专为UI/UX设计而生的软件，它提供了从设计到原型再到交付的一站式解决方案。设计师可以使用XD创建应用程序和网站的用户界面，并添加交互效果以模拟真实的使用体验。此外，XD还支持与Adobe其他软件的集成，如Photoshop和Illustrator等，方便设计师在不同的软件之间进行切换和协作。如图1-20所示为Adobe XD工作界面。

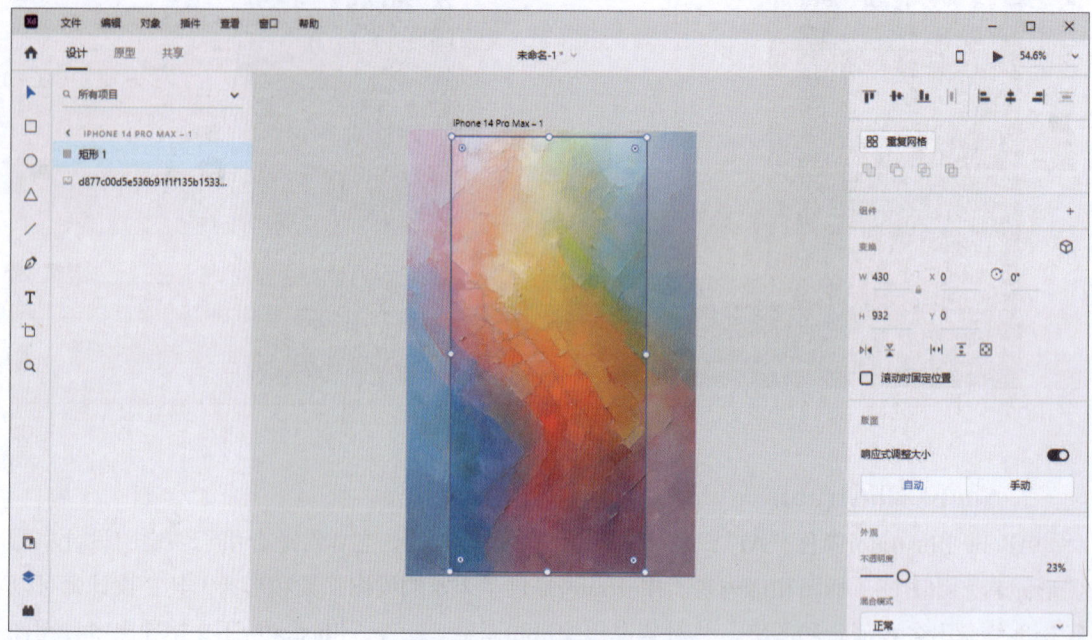

图 1-20　Adobe XD 工作界面

**知识点拨**　除了以上软件外，还有多款其他软件同样具备强大的功能和广泛的应用，如Sketch（仅支持Mac系统）、Figma、即时设计、Mockplus摹客以及Pixso等。

## ■1.5.2　动效设计类软件

动效设计类软件用于创建移动应用中的动态效果和过渡动画，增强用户体验。下面介绍两款常见的动效设计类软件。

### 1. Adobe After Effects

Adobe After Effects是Adobe公司出品的一款专业动效设计软件，具有出色的兼容性，可以轻松导入Photoshop、Illustrator等软件制作的文件，并完整保留图层信息，从而实现对图像层的精确控制。After Effects提供多层剪辑、关键帧动画、蒙版、遮罩和滤镜等强大功能，帮助创作者实现各种创意效果。该软件广泛应用于移动应用的动态效果设计，包括页面切换动画、按钮点击效果和弹窗动画等。如图1-21所示为Adobe After Effects工作界面。

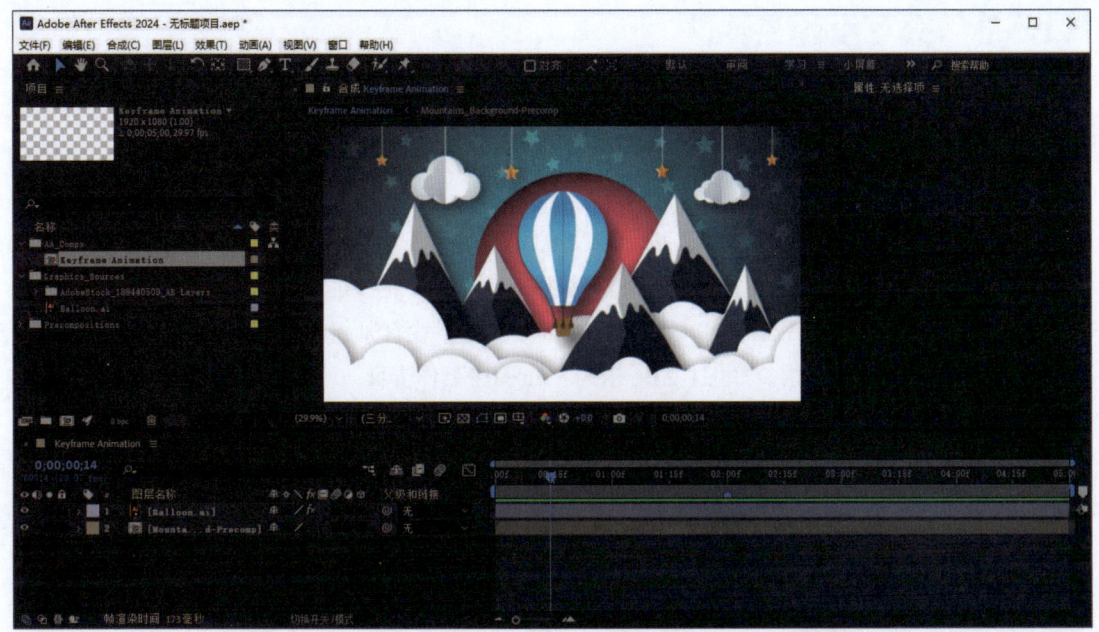

图 1-21　Adobe After Effects 工作界面

### 2．Adobe Premiere Pro

Adobe Premiere Pro也是Adobe公司出品的一款专业视频编辑软件，但同样可以用于创建简单的动效和过渡动画。Premiere Pro提供了强大的视频编辑和音频处理功能，支持多种视频和音频格式，并提供了丰富的过渡效果和动画预设。如图1-22所示为Premiere Pro工作界面。

图 1-22　Adobe Premiere Pro 工作界面

## 1.5.3 交互设计类软件

交互设计软件用于设计和模拟移动应用中的用户交互流程，包括按钮点击、页面切换、表单填写等操作。下面介绍三款常见的交互设计软件。

### 1. Axure RP

Axure RP是一款功能强大的原型设计和交互设计软件，专为创建高保真度的交互式原型和文档而设计。它提供了丰富的组件库和交互功能，使设计师能够迅速构建互动界面，模拟用户操作流程和反馈。同时，Axure RP支持条件逻辑和变量，设计师可以创建复杂的交互流程和状态，以满足不同项目的需求。如图1-23所示为Axure RP工作界面。

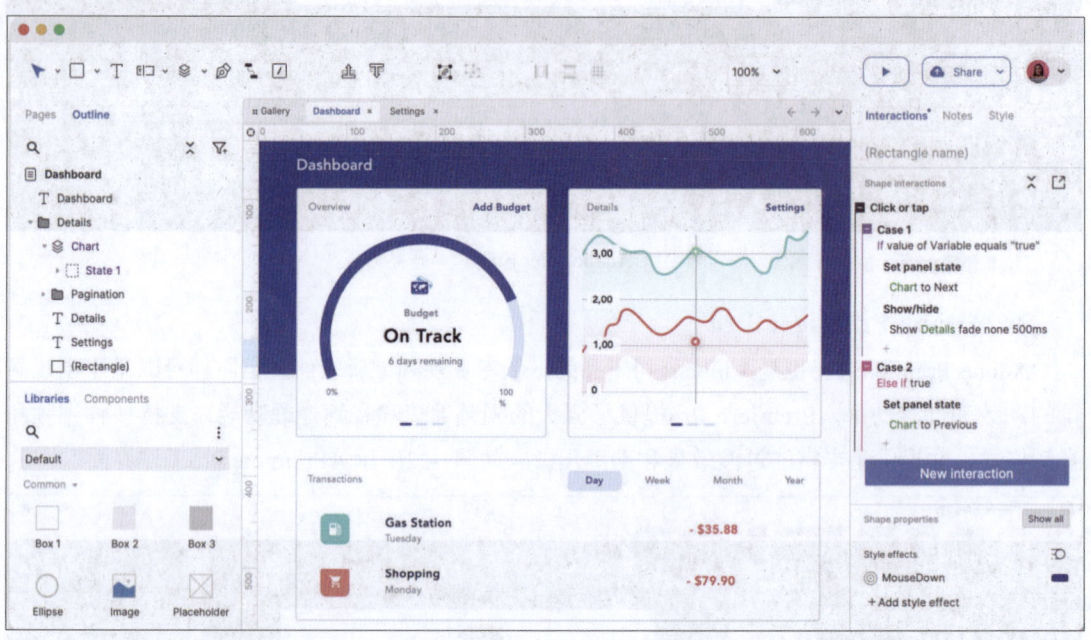

图 1-23  Axure RP 工作界面

### 2. 墨刀

墨刀是一款基于浏览器的在线设计工具，主要用于创建交互式原型，并支持思维导图和流程图的绘制。墨刀提供丰富的界面元素库，设计师可以轻松创建页面布局和交互效果。同时，它支持实时协作，团队成员可以实时编辑和评论原型。此外，墨刀还具备自动化标注和图形切割功能，方便开发者获取设计元素的信息，并快速应用到开发中。如图1-24所示为墨刀工作界面。

### 3. Mastergo

Mastergo是一款新兴的跨平台UI设计工具，支持在线多人协作，并提供一站式的产品设计解决方案。它兼容macOS、Windows，方便用户随时随地进行设计。Mastergo支持产品设计、切图、标注和开发交付，帮助设计师与开发人员无缝协作，缩短产品开发周期。如图1-25所示为Mastergo工作界面。

模块1 走进移动UI设计之门

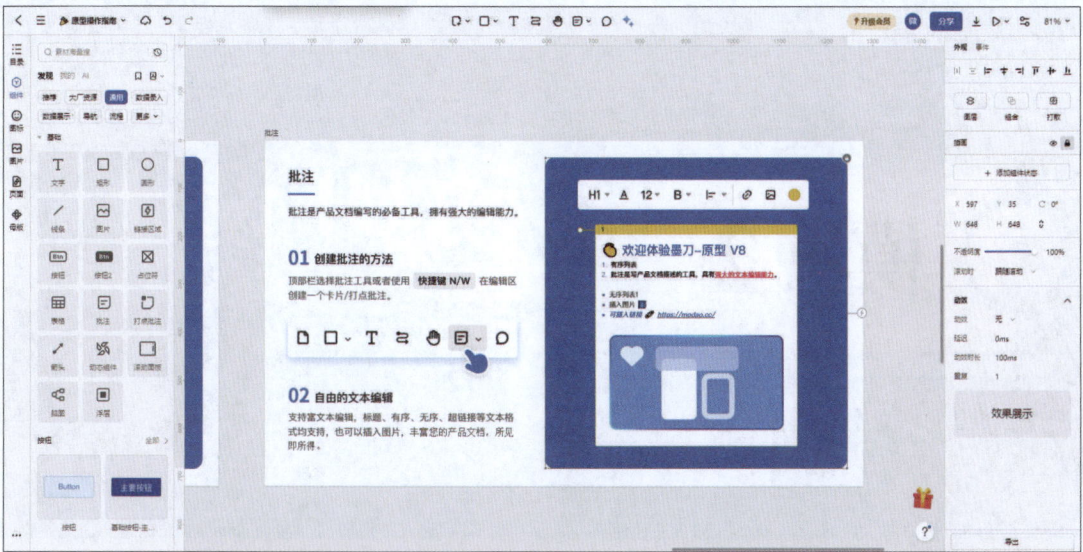

图1-24 墨刀工作界面

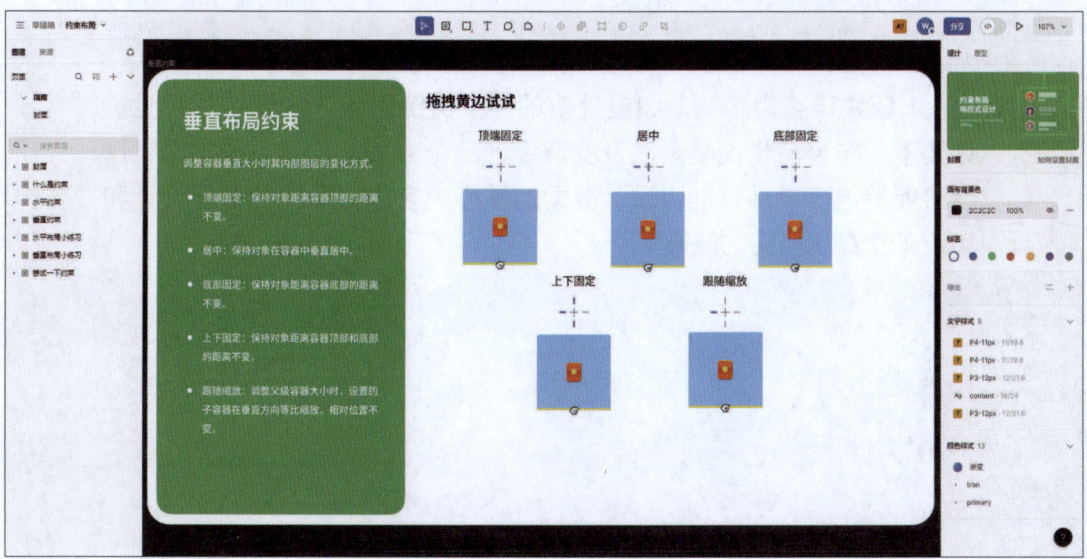

图1-25 Mastergo工作界面

23

# 模块 2 移动 UI 设计要素

**内容概要**　本模块详细讲解移动UI设计中的一些关键要素，主要包括视觉设计要素、布局与构图要素以及交互设计三个方面。通过系统学习，读者将能够全面掌握移动UI设计要素的核心内容，为后续的专业设计和实践工作奠定坚实的基础。

## 2.1 视觉设计要素

视觉设计要素是移动UI设计的核心，直接影响用户对产品的第一印象和整体感受。良好的视觉设计不仅能够吸引用户的注意力，还能提升用户体验，增强品牌认知度。

### ■ 2.1.1 色彩搭配

色彩在移动UI设计中扮演着非常重要的角色，它不仅能够传递情感、营造氛围，还能引导用户的视线，增强产品的辨识度和吸引力。

**1. 色彩心理学**

色彩具有强烈的情感表达能力，不同的颜色能够唤起用户的不同情感反应，这一现象被称为色彩心理学。在移动UI设计的过程中，设计师应当全面考虑产品定位、目标用户群体的偏好以及实际应用场景的需求。在此基础上，精心挑选并合理搭配色彩，以创造出既美观又富有吸引力的用户界面，从而提升用户体验和产品的市场竞争力。表2-1展示了不同颜色及其常见情感反应和应用实例的介绍。

表2-1 不同颜色及其常见情感反应和应用实例

| 颜色 | 情感反应 | 应用实例 |
| --- | --- | --- |
| 红色 | 激情、能量、紧迫感 | 用于按钮（如"购买""提交"等）、促销信息、警告或错误提示 |
| 橙色 | 活力、友好、兴奋感 | 用于社交媒体应用、购物应用、游戏应用等，营造轻松、愉快的氛围 |
| 黄色 | 快乐、乐观、活力 | 用于旅游应用、餐饮应用、儿童应用等，传递积极向上的信息 |
| 绿色 | 自然、健康、生机 | 用于健康类应用、环保类应用、金融类应用等，营造安全、可靠的氛围 |
| 蓝色 | 信任、平静、专业感 | 用于企业应用、科技类应用、教育类应用等，传递专业、可靠的信息 |
| 紫色 | 奢华、神秘、创造力 | 用于高端品牌应用、时尚类应用、婚礼策划应用等，营造高贵、浪漫的氛围 |
| 黑色 | 权威、优雅、力量 | 用于音乐类应用、游戏类应用、高端品牌应用等，传递神秘、优雅的信息 |
| 白色 | 纯洁、简约、清新 | 用于医疗类应用、新闻类应用、教育类应用等，营造简洁明了的氛围 |
| 灰色 | 中立、平衡、专业感 | 用于背景色、分隔线、文字颜色等，营造稳重、低调的氛围 |

**2. 配色方案**

色彩搭配与色相环紧密相关，色相环是理解和应用色彩搭配的基础工具之一。色相环呈现为圆形，通常涵盖了从12到24种不等的颜色，这些颜色均依据它们在光谱中的自然顺序进行排列。以图2-1所示的12色相环为例，这些颜色可以分为以下三个主要类别。

- 原色：原色是指无法通过其他颜色的混合调配而得出的"基本色"，即红、黄、蓝，这三种颜色在色相环中形成一个等边三角形。
- 间色（第二次色）：间色是由三原色中的任意两种颜色相互混合而成的。例如，红+黄=橙；黄+蓝=绿；红+蓝=紫，彼此形成一个等边三角形。

- **复色（第三次色）**：复色是由任何两个间色或三个原色相混合而产生出来的颜色。复色的名称一般由两种颜色组成，如橙黄、黄绿、蓝紫等。

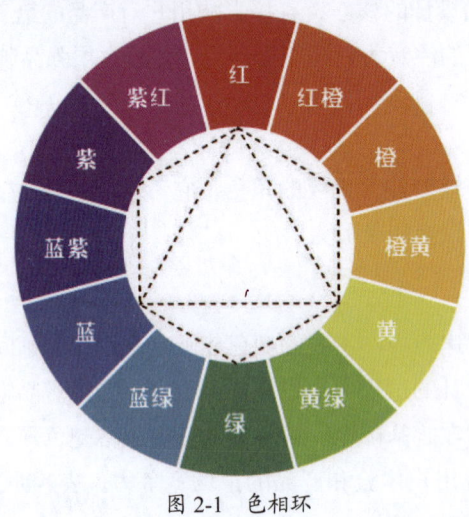

图 2-1　色相环

通过了解和掌握色相环上不同色彩之间的关系，我们可以更加灵活地运用色彩搭配技巧。下面介绍几种常用的色彩搭配方法。

- **单色搭配**：单色搭配是指使用同一色相的不同明度和饱和度的颜色。这种搭配方式能够创造出和谐且统一的视觉效果，适合用于传达简约、优雅的设计风格。如图2-2所示为绿色系搭配。
- **邻近色搭配**：邻近色搭配是指选择色相环上相邻的颜色进行组合。这种搭配方式通常会产生柔和的效果，适合用于营造温馨、自然的氛围。
- **对比色搭配**：对比色搭配是指选择色相环上相对的颜色进行组合。这种搭配方式能够产生强烈的视觉冲击，吸引用户的注意力。如图2-3所示为蓝色和红色搭配。

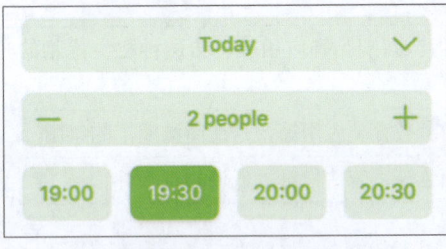

图 2-2　绿色系搭配

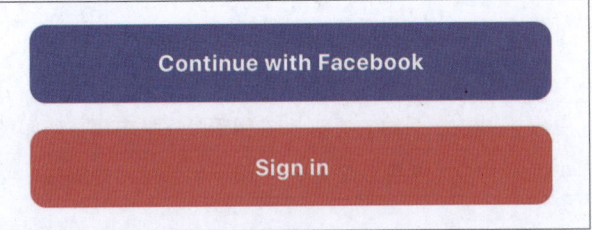

图 2-3　蓝色和红色搭配

- **类似色搭配**：类似色搭配是指选择色相环上相近的三种颜色进行组合，通常包括一种主色和两种相邻的辅助色。这种搭配方式能够营造出和谐且丰富的视觉层次，适合用于复杂的设计场景。
- **互补色搭配**：互补色搭配是指选择色相环上直接相对的两种颜色进行组合。这种搭配方式能够产生强烈的对比效果，常用于吸引注意力和突出特定元素。如图2-4所示为黄色和紫色搭配。

图 2-4 黄色和紫色搭配

### 3. 色彩对比度

色彩对比度是指不同色彩之间的明暗、亮度、饱和度等差异程度。在移动UI设计中，色彩对比度主要关注的是文本与背景、按钮与背景、图标与背景等之间的颜色差异。以下是实现有效色彩对比度的一些关键策略。

（1）选择合适的背景色和文本色

选择合适的背景色和文本色是确保可读性的基础。通常，深色背景搭配浅色文本，或浅色背景搭配深色文本，这两种方式都能提供良好的对比度。例如，黑色背景上的白色文本或白色背景上的黑色文本都能有效提高信息的可读性。如图2-5所示为白色背景、黑色文字效果。此外，避免使用过于相似的颜色组合，以免导致视觉疲劳或信息传达不清。

（2）注意色彩饱和度与亮度的搭配

色彩的饱和度和亮度对对比度的影响不可忽视。高饱和度的颜色在视觉上更为突出，而低饱和度的颜色则显得柔和。设计时应考虑在不同的元素中使用不同的饱和度和亮度，以增强视觉层次感。例如，可以使用较亮的颜色作为按钮的背景色，而将文本颜色设置为较深的颜色，以确保按钮在界面中显眼且易于识别。如图2-6所示为黄色按钮。

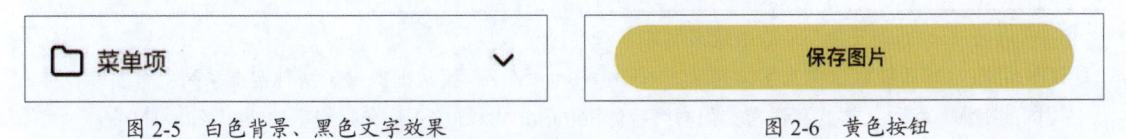

图 2-5 白色背景、黑色文字效果　　图 2-6 黄色按钮

（3）考虑色盲用户的色彩应用

色盲用户在区分某些颜色上存在困难，因此设计师需要选择那些即使在色盲模式下也可以区分的颜色。使用图标和符号辅助文本信息，避免依赖颜色作为传达重要信息的唯一手段。

（4）遵循无障碍设计原则

利用在线色彩对比度计算工具来检查所选颜色组合是否满足无障碍设计的标准，如WCAG指导原则等。确保界面在不同光照条件下都能保持良好的可读性。

**知识点拨** WCAG为web content accessibility guidelines的缩写，即Web内容无障碍指南。根据其标准，文本与背景之间的对比度应达到一定的比率，以确保视觉障碍用户的可访问性。一般建议正常文本的对比度至少为4.5∶1，大文本（大于18 pt或14 pt加粗）的对比度至少为3∶1。

## 2.1.2 字体与排版

在移动UI设计中,字体与排版是视觉设计的重要要素,它们直接影响用户的阅读体验、信息传达和整体界面美感。

### 1. 字体选择

字体选择是移动UI设计中的基础环节,直接影响到用户的阅读舒适度和信息的传达效果。合适的字体不仅能提升界面的美观性,还能增强用户的参与感和理解力。关键字体选择的关键要素如下:

(1) 字体类型

- **系统默认**:系统默认字体通常是根据操作系统(如iOS、Android、HarmonyOS等)的特性而设计的,它们在设备的原生环境中表现良好,具有优秀的可读性和适应性。使用系统默认字体可以减少加载时间,因为用户设备已经预装了这些字体。如图2-7、图2-8所示分别为iOS、HarmonyOS系统字体显示效果。

图 2-7 iOS 系统文字　　　　图 2-8 HarmonyOS 系统文字

- **自定义字体**:自定义字体可以为应用增添独特的品牌个性和视觉风格。选择自定义字体时,需确保其在不同屏幕尺寸和分辨率上的可读性。同时,设计师应考虑字体的版权和许可问题,以避免法律风险。

> **知识点拨** 在移动设备主流App的系统文字如下:
> - **iOS系统**:iOS系统默认中文字体是苹方(PingFang SC)。英文则提供了两种字样系列,可支持各种不同的粗细、字号、样式和语言。无衬线字体San Francisco(SF)和衬线字体New York(NY)。
> - **Android系统**:Android系统中文字体使用思源黑体(Source Han Sans)。英文使用的是Roboto字体。
> - **HarmonyOS系统**:中英文字体使用的是HarmonyOS Sans(鸿蒙黑体)。

(2) 字体大小

- **可读性**:字体大小直接影响用户的阅读体验。在移动设备上,由于屏幕空间有限,字体大小需要适中,既要保证足够的可读性,又要避免占用过多屏幕空间。在设计时,应根据不同内容的重要性和层级关系,合理设置标题、正文和辅助文本的大小,以确保信息的清晰传达。
- **一致性**:在整个应用中保持字体大小的一致性,有助于用户更好地理解信息结构。设计师应制定统一的排版规范,确保不同页面和模块之间的字体大小协调一致,从而提升用户的整体使用体验。

**知识点拨** 在字体设计和排版中，字体大小的计量方法主要包括以下几种。

- **号数**：号数通常用于表示字体的相对大小，常见的单位有"pt"（磅）和"px"（像素）。在移动UI设计中，通常使用像素（px）作为计量单位。
- **点数**：点数是印刷行业常用的字体大小单位，1点（pt）等于1/72英寸。

通过合理运用不同字号的设计，可以有效提升移动UI的可读性和用户体验。设计师应根据具体内容的性质和层次关系，选择合适的字号，以确保信息的清晰传达和界面的美观性。具体的字号对照如表2-2所示。

表 2-2　字号对照表

| 号数 | 点数 | 近似大小 | 用途 |
| --- | --- | --- | --- |
| 初号 | 42 pt | 14.82 mm | 主要标题，重要信息，突出内容 |
| 小初 | 36 pt | 12.70 mm | 重要副标题，显著信息 |
| 一号 | 26 pt | 9.17 mm | 标题，章节标题 |
| 小一 | 24 pt | 8.47 mm | 副标题，重要提示 |
| 二号 | 22 pt | 7.76 mm | 中等标题，重要内容 |
| 小二 | 18 pt | 6.35 mm | 说明性文本，次要信息 |
| 三号 | 16 pt | 5.64 mm | 正文，段落标题 |
| 小三 | 15 pt | 5.29 mm | 较小的正文，注释 |
| 四号 | 14 pt | 4.94 mm | 辅助文本，表格内容 |
| 小四 | 12 pt | 4.23 mm | 版权信息，脚注 |
| 五号 | 10.5 pt | 3.70 mm | 非常小的说明，标签 |

（3）字体风格

- **简洁明了**：移动UI设计中的字体风格应简洁明了，避免过于复杂或花哨的设计。简洁的字体风格不仅提升页面的可读性和美观度，还能帮助用户快速理解和接收信息，减少视觉负担。
- **与品牌风格一致**：字体风格应与App的整体品牌风格保持一致。这有助于塑造品牌形象，提升用户对品牌的认知度和忠诚度。在选择字体风格时，需要考虑品牌的核心价值观、目标受众以及整体设计风格等因素，以确保字体能够有效传达品牌信息。
- **可识别性**：字体风格应具有足够的可识别性，避免使用过于独特或难以辨认的字体。这有助于确保用户能够轻松识别并理解页面上的文字信息，减少因字体过于独特而造成阅读障碍。

## 2. 排版设计

排版设计是移动UI设计中的另一个关键要素，它涉及文本的布局、间距和对齐方式。良好的排版能够提升信息的可读性，使用户更容易理解和获取内容。以下是排版设计的一些基本原则，有助于设计师创建清晰、易读的界面。

(1) 字间距、行间距、段间距

适当的字间距能够使文本更易于识别，尤其是在较小的字体上。避免文字过于紧凑，确保每个元素都有足够的空间。适当的行间距可以提高文字可读性，通常建议设置为字体大小的1.2到1.5倍。合理的行间距可以让文本更易于阅读，减少视觉疲劳。如图2-9所示为1.5倍行间距效果（字号16、行间距24）。适当的段落间距可以帮助用户区分不同的内容块，通常建议在段落之间留出足够的空间，以增强可读性。

> 出发时间不满意?或者座席位置不理想?使用此功能，将会为您推荐更贴心的出行方案，只需一键改签尽享舒适出行。

图2-9　1.5倍行间距

(2) 对齐方式

- **左对齐**：通常是最常用的对齐方式，适合大多数文本内容，便于用户快速扫描。左对齐可以帮助用户在阅读时保持一致的起始点，如图2-10所示。
- **居中对齐**：适合标题或特定内容，但不适合长段落文本，因为可能影响阅读流畅性。居中对齐可以用于重要信息的突出显示，如图2-11所示。
- **右对齐**：一般不推荐用于正文，适合用于特定的设计元素或短文本，如标签或小型通知等，如图2-12所示。

图2-10　左对齐　　　　图2-11　居中对齐　　　　图2-12　右对齐

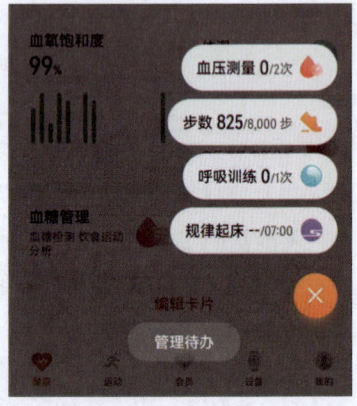

(3) 字体动态效果

在某些情况下，为字体添加动态效果（如倾斜、加粗、下划线等）可以增强界面的动感和活力。但应注意不要过度使用动态效果，以免界面显得过于复杂或混乱。

## ■2.1.3　图片与质感

在移动UI设计中，图片和质感是重要的视觉要素，它们不仅影响用户的第一印象，还直接影响用户体验和交互效果。

## 1. 图片

图片是移动UI设计中最为直观和生动的视觉元素之一。它们能够迅速吸引用户的注意力并传达信息，增强应用的视觉吸引力。

（1）图片的类型

- **矢量图**：由数学公式和算法生成，可以无损放大和缩小，常用于图标、按钮等需要保持清晰度的元素。如图2-13所示为矢量图图标效果。
- **位图**：由像素点组成，具有丰富的色彩和细节，适合用于照片、背景等复杂图像。如图2-14所示为位图图像效果。

图 2-13　矢量图图标效果

图 2-14　位图图像效果

（2）图片的选择

- **相关性**：选择与主题和内容紧密相关的图片，有助于用户更好地理解应用的功能和价值。
- **高质量**：确保图片清晰、色彩鲜艳，避免模糊或像素化的图片影响用户体验。
- **版权合规**：使用具有合法版权的图片，避免侵权风险。

（3）图片的应用

- **背景图**：营造氛围，增强视觉冲击力。
- **产品图**：展示产品细节，提升用户对产品的认知。
- **人物图**：增加亲和力，提升用户的情感共鸣。
- **图标和按钮**：通过矢量图实现，确保在不同屏幕尺寸下保持清晰度。

（4）图片的优化

- **压缩**：通过压缩技术减小图片体积，提升加载速度。
- **格式选择**：根据图片类型和用途选择合适的格式，如JPEG、PNG等。
- **分辨率调整**：根据目标设备的分辨率调整图片分辨率，避免不必要的资源消耗。

## 2. 质感

质感是模拟真实物体表面材质和光影效果的一种设计手法，能够为移动UI界面增添真实感和立体感。

(1) 质感的表现
- **纹理**：通过添加纹理元素，模拟真实物体的表面质感，如皮革、木材、金属等。
- **光影**：利用光影效果模拟真实环境中的光线照射和阴影投射，增强设计的立体感和深度。
- **色彩**：通过色彩搭配和渐变效果，营造出不同的氛围。

(2) 质感的应用
- **按钮和卡片**：通过适当的阴影和高光，使按钮和卡片看起来更具可点击性和触感。如图2-15所示为卡片阴影效果。
- **背景和分隔线**：使用纹理和渐变色彩来增强背景的视觉效果，使界面更具吸引力。如图2-16所示为渐变背景效果。
- **过渡和动画**：通过流畅的动画效果提升质感，增加用户交互的愉悦感。

图 2-15　卡片阴影效果　　　　图 2-16　渐变背景效果

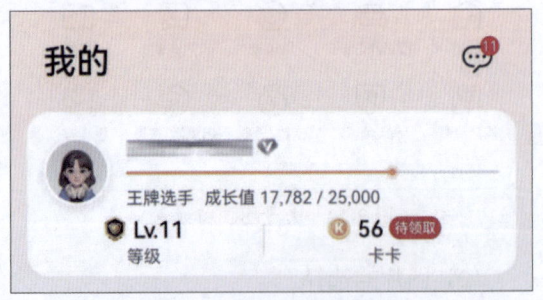

(3) 质感的优化
- **简洁性**：避免过度使用质感元素，以免造成视觉混乱。保持设计的简洁和一致性。
- **适应性**：确保质感设计在不同设备和屏幕上都能保持一致的视觉效果。

## 2.2　布局与构图要素

在移动UI设计中，布局与构图不仅决定了界面元素的排列方式，还深刻影响着用户的信息获取效率和交互体验。

### 2.2.1　布局原则

在移动UI设计中，布局原则至关重要，它们决定了用户界面的直观性、易用性和吸引力。以下是一些关键的布局原则。

- **一致性**：保持相似的布局元素、颜色、字体和样式，使用户在整个应用中能够建立可预测的使用模式，如图2-17所示。
- **对齐性**：保持页面元素的对齐，使得界面整洁、有序，减少混乱感。
- **简单性**：简单性是设计的黄金法则之一。避免过多不必要的元素和复杂的结构，使设计更容易理解，减少用户的认知负担。

- **层次性**：通过合理的布局层次，将页面元素划分为不同的层次，使用户能够更容易地理解信息的组织结构。同时，通过层次性突出重要信息，降低次要信息的优先级。
- **响应性**：随着设备的多样化，响应式设计变得尤为重要。确保UI布局在不同设备和屏幕尺寸下都能够自适应，提供一致的用户体验。
- **反馈机制**：用户在与应用进行交互时，需要清晰的反馈以确认他们的操作是否成功。如图2-18所示为更新提示。合理运用动画、颜色变化等形式，为用户提供即时而明显的反馈。

图 2-17 一致性图标　　　　图 2-18 反馈提示

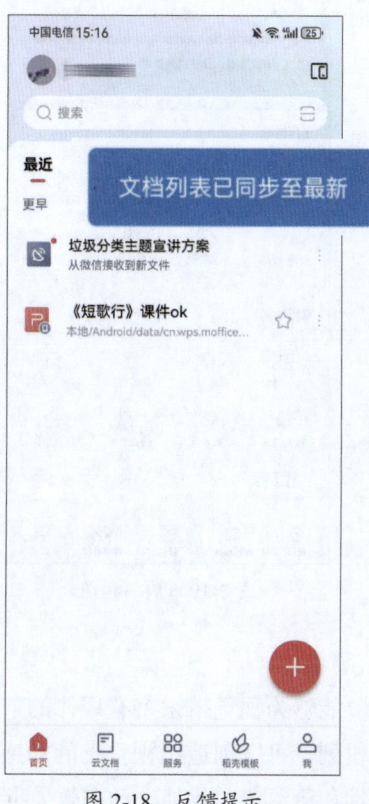

## 2.2.2 构图原则

构图原则在移动UI设计中同样重要，它们决定了界面的视觉效果和吸引力。以下是一些关键的构图原则。

### 1. 均衡与对称

均衡感是构图的基础，使界面具有稳定性和吸引力。对称构图以中轴线或中心点为基准，使各个元素在大小、形状和排列上保持相对应的关系。然而，过度的对称可能导致界面缺乏变化，因此在实际设计中可以适当打破对称，以增加动感和趣味性，如图2-19所示。

### 2. 对比

对比是突出关键信息和重要元素的有效手段之一。通过颜色、大小、形状等方式进行对比，可以有效引导用户的视线，提高信息的可读性和易用性。如图2-20所示为弹窗效果。可以在设计中使用高对比度的色彩组合，确保文本与背景之间有明显区别，以便用户更容易捕捉到重要信息。

图 2-19　均衡构图　　　　图 2-20　弹窗效果

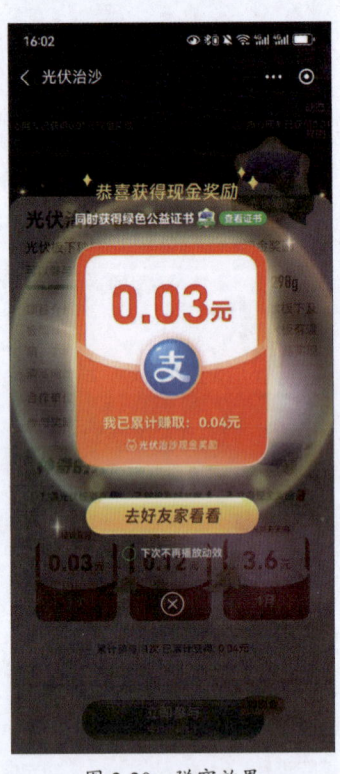

**3. 律动与节奏**

律动和节奏能够为视觉带来富有规律的节奏效果，进而吸引用户关注界面内容。通过合理的布局和元素排列，可以创造出视觉上的动感。例如，可以利用重复的图形或色彩元素，形成视觉上的连贯性和节奏感。此外，动态效果也可以增强界面的律动感，使用户体验更加生动。

**4. 视觉中心**

构图的视觉中心是界面中最重要的内容，也是用户必须关注的内容。视觉中心通常位于画面的八分之五处，以此为基础进行构图，能够更突出地表现视觉主题。建议在设计中通过大小、颜色和位置等方式强化视觉中心的突出性，确保用户能够一眼识别出关键信息。

## ■ 2.2.3　界面元素组织

界面元素的组织是指如何将不同的界面组件有效地组合在一起，以提升用户的交互体验。以下是界面元素组织的一些有效策略。

**1. 分组与分类**

将相关的界面元素进行分组和分类，以便用户能够更快地找到所需的信息。例如，在设置界面中，可以将不同类型的设置项进行分组，如"个人信息""隐私设置""通用设置"等。这样的分组方式不仅使界面看起来更加清晰有序，还能让用户更快地定位到他们想要调整的设置项。如图2-21所示为分类与分组（闲鱼设置界面）。通过视觉上的分隔（如边框、背景色或留白等），可以明确地区分不同的功能模块，从而减轻用户的认知负担。

### 2. 层次结构

创建清晰的层次结构，以帮助用户理解信息之间的关系。重要的信息应放在显著位置，次要信息则可以放在下方或侧边。使用不同的字体大小、颜色和样式来区分标题、子标题和正文内容，使用户能够快速浏览和识别关键信息，如图2-22所示。

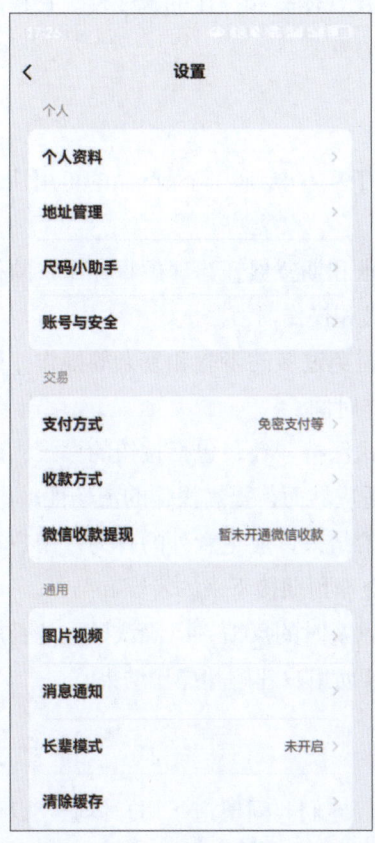

图 2-21　分类与分组（闲鱼设置界面）　　图 2-22　层次结构

### 3. 导航设计

设计直观的导航系统，使用户能够轻松找到所需的功能。常见的导航方式包括底部导航栏、侧边菜单和标签页等。导航应简洁明了，避免过多的层级，使用户能够快速返回上一级或切换不同的功能模块。

### 4. 交互反馈

界面元素在用户交互时应提供及时的反馈，以增强用户的操作感。进行按钮点击、滑动等操作后，应有明显的视觉变化（如颜色变化、动画效果或提示信息等），让用户感知到操作的

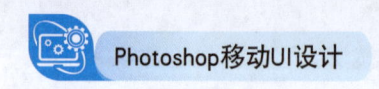

结果。良好的交互反馈能够提升用户的满意度和信任感。

#### 5. 可触控性

确保所有可交互元素（如按钮、链接等）具有足够的大小和间距，以便用户能够轻松点击。设计师应考虑手指的触控范围，避免元素过于接近而导致误触。通常，按钮的最小触控面积应为44 px×44 px，以确保用户在使用时不会因为误触而产生挫败感。

## 2.3 交互设计

交互设计是移动UI设计的核心部分，它强调用户体验和操作的流畅性。在移动设备上，由于屏幕尺寸和交互方式的限制，交互设计显得尤为重要。

### ■ 2.3.1 交互原则

在移动UI设计中，交互原则为设计过程提供了基本准则，确保产品的可用性、易用性和吸引力。以下是一些关键的交互原则。

- **以用户为中心**：设计应始终围绕用户的需求和期望展开，理解目标用户的行为习惯和使用场景，确保交互流程符合用户的思维方式和操作习惯。
- **简洁性**：保持界面和交互流程的简洁性，避免过多的步骤和复杂的操作。用户应能够轻松理解如何完成任务，减少认知负担和操作时间。
- **一致性**：确保应用中的交互元素和操作方式保持一致，包括按钮的样式、动画效果和反馈机制等。这种一致性能够帮助用户快速适应界面，提高操作的流畅性。
- **可预测性**：设计应使用户能够预见到操作的结果，避免意外的行为。用户在进行某个操作时，应该能够根据界面的提示和反馈，合理预期接下来的步骤和结果。
- **及时反馈**：在用户进行操作后，应用应提供及时的反馈，以确认操作是否成功。反馈可以是视觉上的变化、声音提示或震动等，帮助用户理解其操作结果。

### ■ 2.3.2 交互要素

交互要素是构成用户与界面互动的基本组件，它们共同塑造了用户体验。以下是一些重要的交互要素。

#### 1. 按钮

按钮是最常见的交互元素，用于触发特定的操作。设计时应考虑其大小、颜色和位置，以确保其易于识别和点击。按钮的状态（如正常、悬停、禁用等）也应清晰可见。如图2-23所示为点赞前后效果。

图 2-23 点赞前后效果

#### 2. 输入框

输入框允许用户输入文本信息。设计时应确保输入框的大小适中，标签和占位符明确，以帮助用户理解需要输入的内容。同时，应考虑不同输入方式的兼容性，如键盘、手写或语音输入等。

### 3. 滑动条与开关

滑动条用于调整数值或选择范围，而开关则用于切换状态（如开启或关闭等）。这些元素应直观易用，用户在操作时应能清晰地看到当前的状态和变化。如图2-24、图2-25所示为开启智能推荐前后效果。

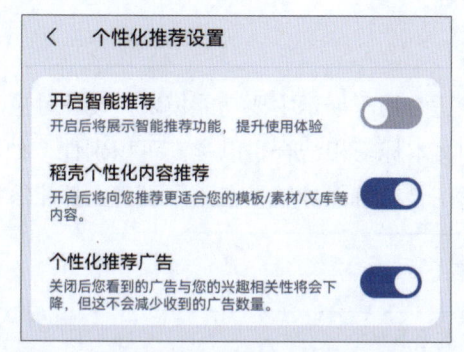

图 2-24　关闭"开启智能推荐"　　　图 2-25　开启"开启智能推荐"

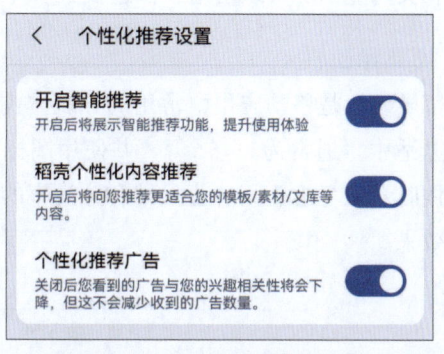

### 4. 图标

图标可以有效传达信息，帮助用户快速理解功能。在设计图标时，应考虑其形状、颜色和风格，确保其与整体界面风格一致，并且易于识别。

图标是传达信息的重要工具，有助于用户快速理解其功能。在设计时应考虑其形状、颜色和风格，确保其与整体界面风格一致，且易于识别。同时，图标应具有明确的语义性，以便用户理解其代表的功能。

### 5. 手势

手势交互是移动设备特有的交互方式，包括滑动、捏合、长按等。如图2-26、图2-27所示为长按图标前后效果。设计时应考虑常见手势的直观性和易用性，确保用户能够自然地进行操作。同时，应避免使用过于复杂或难以理解的手势，以减少用户的学习成本。

图 2-26　默认效果　　　图 2-27　长按效果

## 2.3.3 导航与菜单设计

导航与菜单设计是移动应用中至关重要的部分，它决定了用户如何在应用中找到信息和功能。以下是导航与菜单设计的一些有效策略。

### 1. 明确的导航结构

确保导航结构清晰明了，用户能够快速理解应用的层级关系。使用简洁的标签和逻辑分组，将相关功能归类，以便用户快速找到所需内容。

### 2. 底部导航栏

底部导航栏是移动应用中常用的导航方式，适合用于展示主要功能模块。设计时应确保导航项数量适中（通常为3～5个），并使用图标和文本标签相结合，以提高可识别性，如图2-28所示。同时，应考虑不同屏幕尺寸和分辨率的适配性，确保导航栏在不同设备上都能保持良好的显示效果。

图 2-28　底部导航栏

### 3. 侧边菜单

侧边菜单适合用于展示较多的功能选项。在设计时应注意菜单的层级和分组，避免信息过于拥挤。同时，应考虑菜单的展开和收起方式，确保用户能够轻松浏览和切换功能。如图2-29、图2-30所示为侧边菜单操作前后效果。此外，还可以利用动画效果增强菜单的交互性和趣味性。

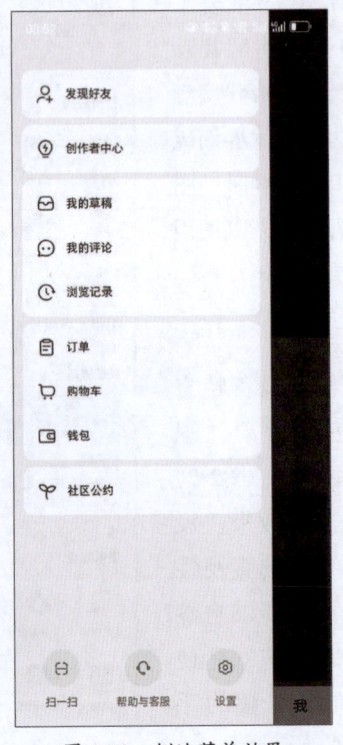

图 2-29　默认界面　　　　图 2-30　侧边菜单效果

#### 4. 标签页导航

标签页导航适合用于在同一视图中切换不同内容，如图2-31、图2-32所示。在设计时应确保标签的可读性和可触控性，避免标签过小或过于相似导致易于混淆。同时，可以考虑使用颜色、图标或形状等视觉元素区分不同的标签页，以提高用户的识别度。

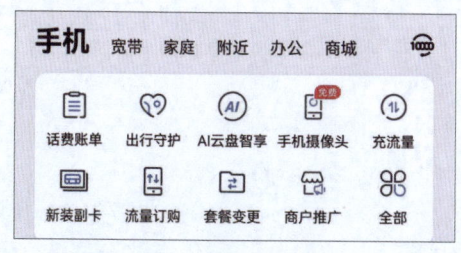

图 2-31　标签页导航

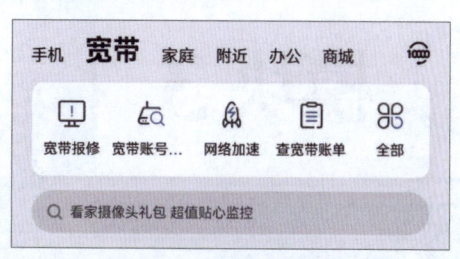

图 2-32　切换标签页导航

#### 5. 搜索功能

在功能较多的应用中，提供搜索功能可以帮助用户快速找到所需内容。搜索框应放置在显眼的位置，并提供智能提示和自动补全功能，以提升用户体验，如图2-33、图2-34所示。同时，应考虑搜索结果的排序和展示方式，确保用户能够快速找到最相关的信息。

图 2-33　搜索界面

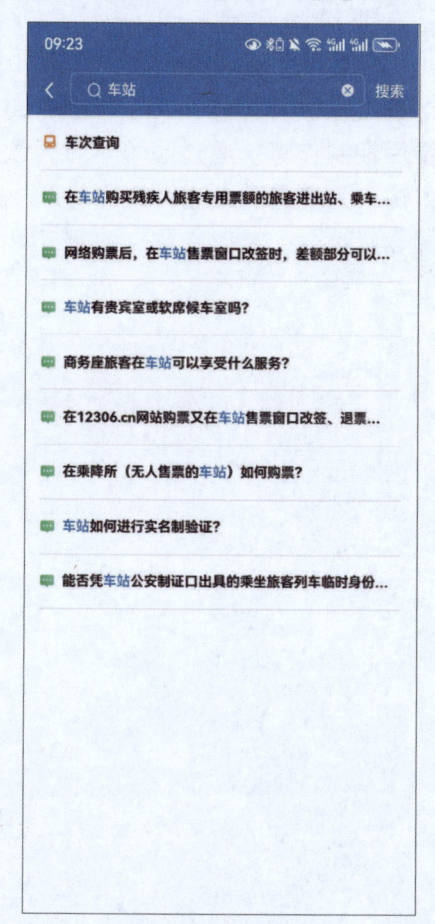

图 2-34　智能提示

# 模块 3　图形图像操作详解

**内容概要**　本模块详细讲解移动UI视觉元素制作中的图形图像操作技巧,包括基础操作与工具、文字排版、图像色彩调整、图像元素处理以及图像后期制作等。通过系统学习,读者将能够全面掌握图形图像操作的方法,为打造引人注目的移动UI界面奠定坚实的基础。

## 3.1 基础操作与工具

移动UI设计是一个综合性的领域，它涉及图形图像的基础操作与多种专业工具的使用，旨在创造出直观、用户友好且视觉上吸引人的界面。

### 3.1.1 认识主流图像处理工具

在移动UI设计中，Photoshop是一款不可或缺的主流图像处理工具。它提供了强大的功能来编辑和创建图形图像，能够满足设计师在UI设计中的各种需求。无论是编辑图像、添加文字、应用滤镜效果还是处理复杂的视觉效果，Photoshop都能轻松应对。

启动Photoshop，打开任意一个图像文件进入工作界面。其工作界面主要包括菜单栏、选项栏、标题栏、工具栏、文档编辑窗口、浮动面板组、上下文任务栏以及状态栏等部分，如图3-1所示。

图 3-1 Photoshop 工作界面

- **菜单栏**：菜单栏由"文件""编辑""文字""图层""选择"等12个菜单组成。单击相应的主菜单按钮，即可打开子菜单，在子菜单中单击某一项菜单命令即可执行该操作。
- **选项栏**：选项栏在菜单栏下方，主要用来设置工具的参数。不同的工具选项栏也不同。
- **标题栏**：打开一个文件后，Photoshop会自动创建一个标题栏。在标题栏中会显示这个文件的名称、格式、窗口缩放比例以及颜色模式等。

- **工具栏**：在默认情况下，工具箱位于工作区左侧，单击工具箱中的工具图标，即可使用该工具。部分工具图标的右下角有一个黑色小三角图标，表示为一个工具组，长按工具按钮不放，即可显示工具组全部工具。
- **文档编辑窗口**：图像编辑窗口是用来绘制、编辑图像的区域。其灰色区域是工作区，上方是标题栏，下方是状态栏。
- **上下文任务栏**：上下文任务栏是一个永久菜单，显示工作流程中最相关的后续步骤。
- **浮动面板组**：面板主要用来配合图像的编辑、对操作进行控制以及设置参数等。每个面板的右上角都有一个菜单按钮，单击该按钮即可打开该面板的设置菜单。
- **状态栏**：状态栏位于图像窗口的底部，用于显示当前文档缩放比例、文档尺寸大小信息。单击状态栏中的三角形图标，可以设置要显示的内容。

### ■3.1.2 辅助工具的使用

Photoshop中的辅助工具对于提高图像编辑效率和准确性至关重要。以下是一些常用的Photoshop辅助工具及其使用方法。

#### 1. 标尺

标尺用于确定图像或元素的位置，其上的标记可显示出鼠标指针移动时的位置。执行"视图"→"标尺"命令，或者按Ctrl+R组合键显示出标尺。标尺会出现在窗口顶部和左侧，鼠标右击标尺即可设置或更改单位，如图3-2所示。更改单位后的效果如图3-3所示。

图 3-2　设置或更改单位　　　　　　　图 3-3　更改单位后的效果

#### 2. 网格

网格对于分布多个对象非常有用，可以帮助用户更精确地定位和对齐图像元素。执行"视图"→"显示"→"网格"命令，或按Ctrl+'组合键，即可在图片上显示出网格，如图3-4所示。按Ctrl+K组合键，在弹出的"首选项"对话框中选择"参考线、网格和切片"选项，可对网格的颜色、样式等属性进行设置，如图3-5所示。

图 3-4　显示网格　　　　　　　　　图 3-5　"首选项"对话框

### 3. 参考线

参考线以浮动状态显示在图像上方，用于图像定位，不会被打印出来。用户可以移动、删除以及锁定参考线。

执行"视图"→"标尺"命令，或按Ctrl+R组合键显示标尺，将光标放置左侧垂直标尺上向右拖动，即可创建垂直参考线，如图3-6所示；将光标放置上侧水平标尺上向下拖动，即可创建水平参考线，如图3-7所示。

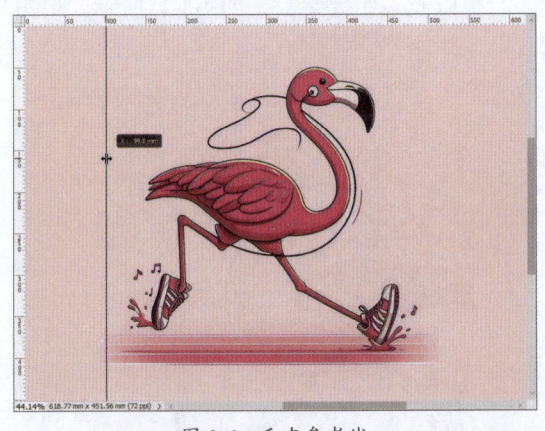

图 3-6　垂直参考线　　　　　　　　　图 3-7　水平参考线

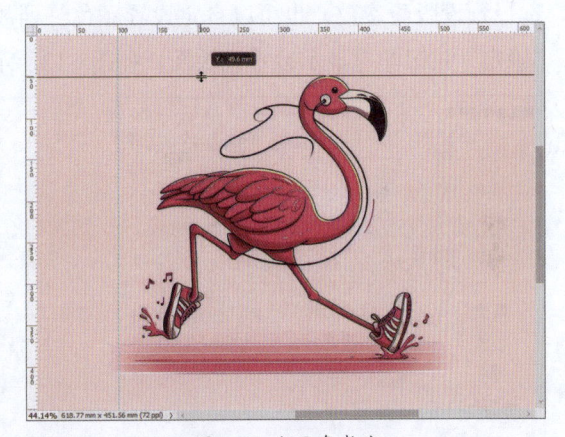

除了手动创建参考线，还可以通过执行相关命令创建参考线以及参考线版面。

（1）新建参考线命令

执行"视图"→"新建参考线"命令，在弹出的"新参考线"对话框中可以设置水平、垂直参考线的位置以及颜色，如图3-8、图3-9所示。创建的参考线效果如图3-10所示。

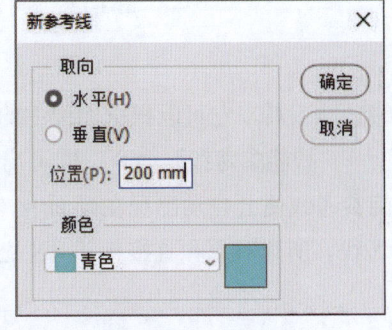

图 3-8　水平参考线　　　　　　　　　图 3-9　垂直参考线

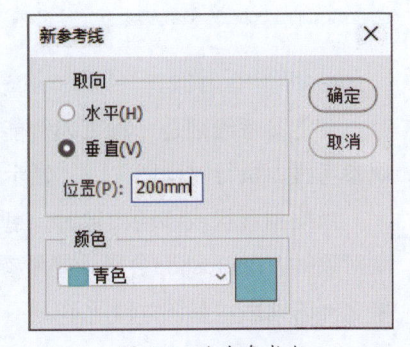

图 3-10　创建的参考线效果

（2）新建参考线版面命令

执行"视图"→"新建参考线版面"命令，在弹出的"新建参考线版面"对话框中可以选择预设版面参数，也可以自定设置颜色、列数、行数以及边距等参数，如图3-11所示。单击"确定"按钮即可显示参考线版面，如图3-12所示。

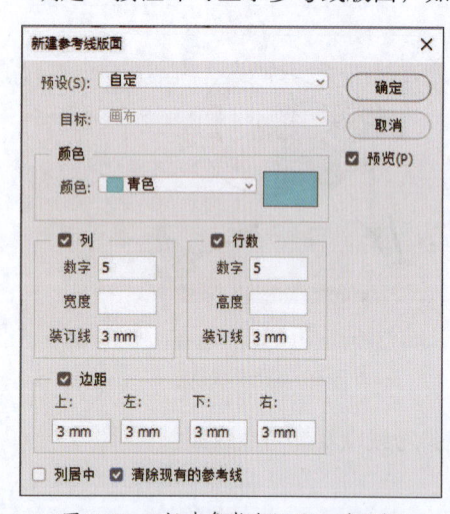

图 3-11　"新建参考线版面"对话框

图 3-12　参考线版面效果

### 4. 智能参考线

智能参考线则是一种更为智能的辅助工具，它可以根据图像中的形状、切片和选区自动呈现参考线。执行"视图"→"显示"→"智能参考线"命令，即可启用智能参考线。

当绘制形状或移动图像时，智能参考线便会自动出现在画面中，如图3-13所示；当移动复制对象时，Photoshop会显示测量参考线，所选对象和直接相邻对象之间的间距相匹配的其他对象之间的间距，如图3-14所示。

图 3-13　移动图像　　　　　　　　　　　图 3-14　复制图像

## ■ 3.1.3　文档的管理和编辑

Photoshop文档的管理与编辑主要包括新建文件、打开文件、保存文件、置入文件以及调整文件大小等。

### 1. 新建文件

新建文件有以下3种方法。

- 启动Photoshop，单击"新建"按钮 新建 。
- 执行"文件"→"新建"命令。
- 按Ctrl+N组合键。

以上操作均可以打开"新建文档"对话框，如图3-15所示。在该对话框中可设置新文件的名称、尺寸、分辨率、颜色模式及背景。设置完成后，单击"创建"按钮，即可创建一个新文件。

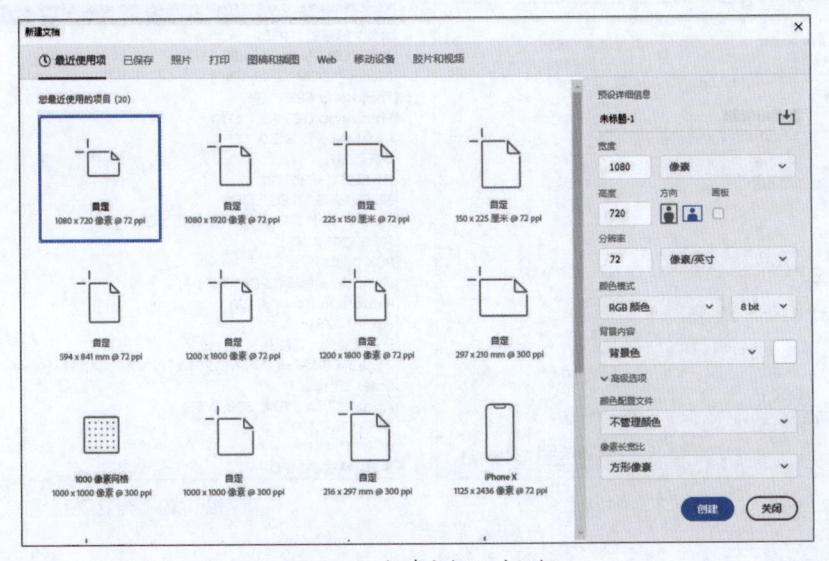

图 3-15　"新建文档"对话框

### 2. 打开文件

执行"文件"→"打开"命令，或按Ctrl+O组合键弹出"打开"对话框，如图3-16所示，从中可以选择要打开的文件，单击"打开"按钮即可。执行"文件"→"最近打开文件"命令，在弹出的子菜单中进行选择，可以打开最近操作过的文件。

### 3. 保存文件

若使用当前文件本身的格式保存，执行"文件"→"存储"命令，或按Ctrl+S组合键。如果是首次保存，在弹出的"存储为"对话框中可以选择文件名称和保存位置，单击"保存"按钮即可。若要以不同格式或不同文件名进行保存，执行"文件"→"存储为"命令，或按Ctrl+Shift+S组合键，在弹出的"存储为"对话框中可更改参数，如图3-17所示。

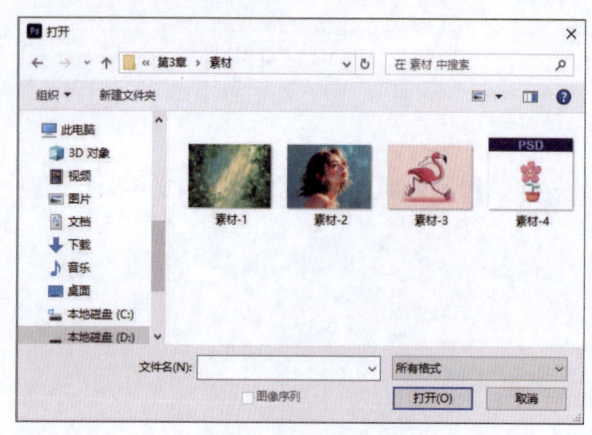

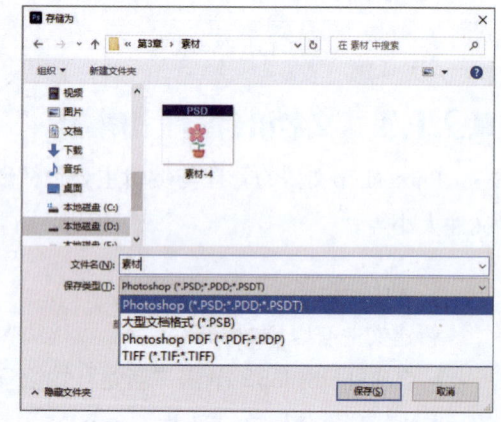

图 3-16 "打开"对话框　　　　　　图 3-17 "存储为"对话框

在"存储为"对话框中单击"存储副本"按钮，弹出"存储副本"对话框，如图3-18所示。在"保存类型"下拉列表框中可以选择更多的格式，如图3-19所示。

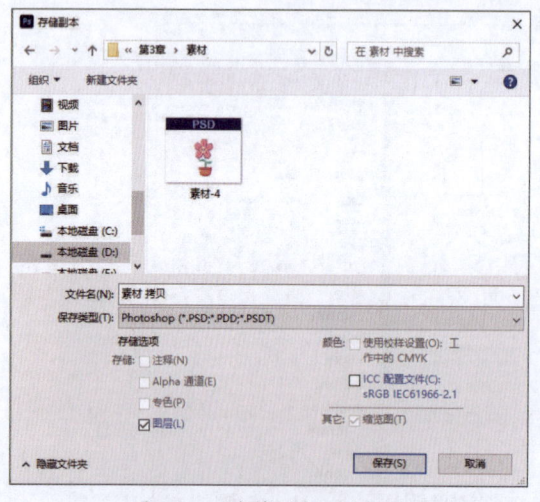

图 3-18 "存储副本"对话框　　　　图 3-19 保存类型

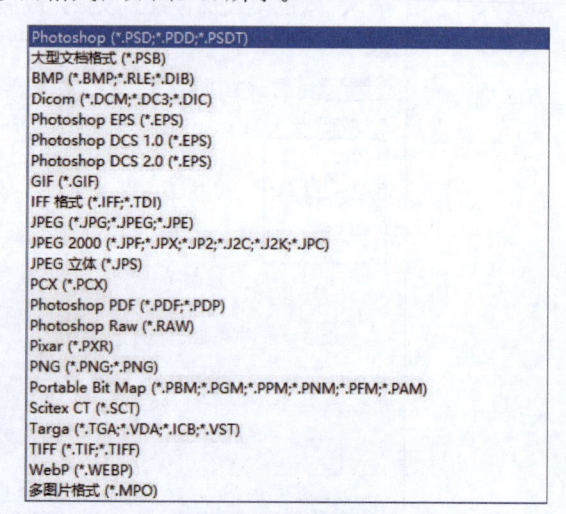

### 4. 置入文件

置入文件可以将照片、图片或任何Photoshop支持的文件作为智能对象添加到文档中。置入图像文件可直接将其拖动至文档中；也可以执行"文件"→"置入嵌入对象"命令，在弹出的

"置入嵌入的对象"对话框中选中需要的文件,单击"置入"按钮。在置入文件时,置入的文件默认放置在画布的中间,且文件会保持原始长、宽比,如图3-20所示。

### 5. 关闭文件

在关闭文件之前,需确保已保存所有重要更改,以免丢失工作成果。常见的关闭方法如下:
- 单击图像标题栏最右端的"关闭"按钮。
- 执行"文件"→"关闭"命令,或按Ctrl+W组合键,关闭当前图像文件。
- 执行"文件"→"全部关闭"命令,或按Ctrl+Shift+W组合键,关闭工作区中打开的所有图像文件。
- 执行"文件"→"退出"命令,或按Ctrl+Q组合键,退出Photoshop应用程序。

如果在关闭图像文件之前,没有保存修改过的图像文件,系统将弹出如图3-21所示的提示信息框,询问用户是否保存对文件所做的修改,根据需要单击相应按钮即可。

图 3-20　置入图像　　　　　　　　图 3-21　关闭提示框

## 3.1.4　选择工具组

Photoshop提供了多种选择工具和方法,以满足用户在不同场景下的需求。通过熟练掌握这些工具和方法,用户可以更加高效地进行图像编辑和处理工作。

### 1. 移动工具

移动工具是Photoshop中最基础的选择工具之一。它的主要功能是移动当前图层或选区中的对象。选择"移动工具",在选项栏中勾选"自动选择"复选框,用户可以直接在画布上拖动选中的对象,或者通过键盘上的方向键进行微调。此外,移动工具还支持选择多个图层或对象,如图3-22所示,从而方便地对整个组进行移动或变换,效果如图3-23所示。

### 2. 选框工具

选框工具包括矩形选框工具、椭圆选框工具、单行选框工具和单列选框工具,主要用于创建和选取图像区域。

(1) 矩形选框工具

使用"矩形选框工具",在图像中单击并拖动光标可绘制出矩形的选框,框内的区域就是选择区域,即选区,如图3-24所示。若要绘制正方形选区,可以在按住Shift键的同时在图像中单击并拖动光标,绘制出的选区即为正方形,如图3-25所示。

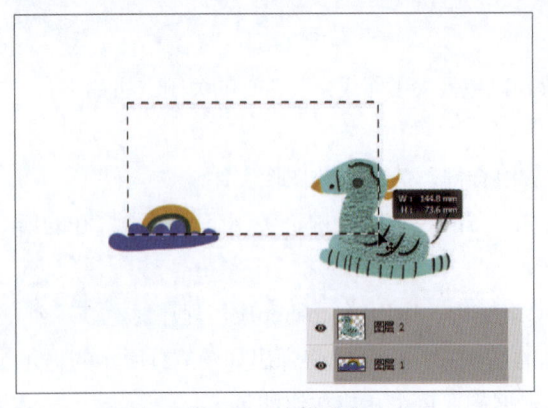

图 3-22 选择图像

图 3-23 移动图像

图 3-24 创建矩形选区

图 3-25 创建正方形选区

(2)椭圆选框工具

选择"椭圆选框工具" ,在图像中单击并拖动光标可绘制出椭圆形的选区,如图3-26所示。若要绘制正圆形的选区,则可以按住shift键的同时在图像中单击并拖动光标,绘制出的选区即为正圆形,如图3-27所示。

图 3-26 创建椭圆选区

图 3-27 创建正圆选区

(3) 单行/单列选框工具

单击"单行选框工具"，在图像中单击绘制出单行选区，保持"添加到选区"按钮被选中的状态，继续单击"单列选框工具"，在图像中单击并拖动光标绘制出单列选区以增加选区，绘制出十字选区，如图3-28所示。放大图像，可看到单击绘制宽度为1像素的单行或单列选区，如图3-29所示。

图3-28　创建单行/单列选区　　　　　图3-29　放大选区

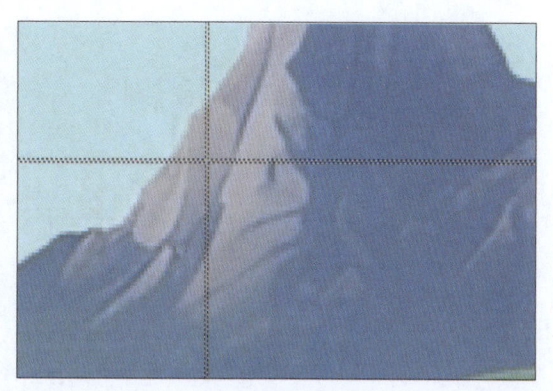

### 3. 套索工具组

套索工具包括普通套索工具、多边形套索工具和磁性套索工具，这些工具提供了灵活的选择方式，适合不同形状和边缘的对象。

(1) 套索工具

选择"套索工具"可以创建任意形状的选区，操作时只须在图像窗口中按住鼠标进行绘制，释放鼠标后即可创建选区，如图3-30、图3-31所示。若所绘轨迹是一条闭合曲线，则选区即为该曲线所选范围；若所绘轨迹是一条非闭合曲线，则套索工具会自动将该曲线的两个端点以直线连接从而构成一个闭合选区。

图3-30　绘制曲线　　　　　图3-31　创建选区

(2) 多边形套索工具

多边形套索工具可以创建具有直线轮廓的多边形选区。选择"多边形套索工具"，在图像中单击创建出选区的起始点，沿要创建选区的轨迹依次单击鼠标，创建出选区的其他端点，最后将光标移动到起始点，当光标变成形状时单击，即创建出需要的选区。

### (3) 磁性套索工具

磁性套索工具根据颜色差异自动寻找图像边缘形成选区。选择"磁性套索工具" ，单击确定选区起始点，沿选区的轨迹拖动鼠标，系统将自动在鼠标移动的轨迹上选择对比度较大的边缘产生节点，如图3-32所示。当光标回到起始点变为 形状时单击，即可创建出精确的不规则选区，如图3-33所示。

图 3-32 沿边缘绘制　　　　　　　　图 3-33 闭合生成选区

### 4. 魔棒工具组

魔棒工具组包括对象选择工具、快速选择工具以及魔棒工具，属于灵活性很强的选择工具，可以通过颜色和纹理快速创建选区，不必跟踪其轮廓，有效节省时间并提高效率。

（1）对象选择工具

对象选择工具可简化在图像中选择单个对象或对象的某个部分（如人物、汽车、家具、宠物、衣服等）的过程。选择"对象选择工具" ，将鼠标悬停在要选择的对象上，系统会自动选择该对象，如图3-34所示，单击即可创建选区。此时将鼠标悬停在对象上可进行预览操作，如图3-35所示。

图 3-34 自动选择对象　　　　　　　　图 3-35 更改查找对象

**知识点拨** 如果不想使用自动选择，取消勾选"对象查找程序"，使用"矩形"或"套索"模式手动创建选区。将模式更改为"套索"模式，绘制路径，释放鼠标后系统自动生成选区。

(2) 快速选择工具

快速选择工具利用可调整的圆形笔尖根据颜色的差异迅速地绘制出选区。选择"快速选择工具" 拖动创建选区时，其选取范围会随着光标的移动而自动向外扩展并查找和跟随图像中定义的边缘，如图3-36所示。按住Shift和Alt键的同时单击增减选区大小，如图3-37所示。

图 3-36　创建选区　　　　　　　　　图 3-37　增减选区

(3) 魔棒工具

魔棒工具可以根据颜色的不同，选择颜色相近的区域。通过调节容差范围，可选择更广泛或更精确的选区。选择"魔棒工具" ，将光标移动到需要创建选区的图像中，当其变为 形状时单击即可快速创建选区，如图3-38所示。按住Shift和Alt键的同时单击增减选区大小。在选项栏中取消选中"连续"选项，单击可选择颜色相近的非相邻区域，效果如图3-39所示。

图 3-38　创建选区　　　　　　　　　图 3-39　选择相近的非相邻区域

## 3.1.5　绘图工具组

绘图工具组提供了多种工具用于在图像上进行绘图，包括钢笔工具、弯度钢笔工具、画笔工具、铅笔工具以及混合器画笔工具。

1. 钢笔工具

钢笔工具是最基本、也是最常用的路径工具，使用它可以精确创建光滑而复杂的路径。选择"钢笔工具" ，在选项栏中设置为"路径"模式 ，在图像中单击创建路径起点，此时在图像中会出现一个锚点，根据物体形态移动鼠标改变点的方向，按住Alt键将瞄点变为单方向锚点，贴合图像边缘直到光标与创建的路径起点相连接，路径自动闭合，如图3-40、图3-41所示。

图 3-40  绘制路径 　　　　　　　　　　　图 3-41  闭合路径

### 2. 弯度钢笔工具

弯度钢笔工具允许用户绘制具有平滑弯曲度的路径。通过调整钢笔工具的弯度设置，用户可以轻松绘制出流畅的曲线。选择"弯度钢笔笔" ，在任意位置单击创建第一个锚点，创建第二个锚点后将显示为直线段，如图3-42所示。继续绘制第三个锚点，这三个锚点就会形成一条连接的曲线，如图3-43所示。闭合路径后，可自由添加、调整锚点位置，效果如图3-44所示。

图 3-42  直线段 　　　　　图 3-43  曲线 　　　　　图 3-44  闭合路径

### 3. 画笔工具

画笔工具类似于传统的毛笔，可以绘制各类柔和或硬朗的线条，也可画出预先定义好的图案（笔刷）。其使用方法具有强烈的代表性，一般绘图和修饰工具的用法都与其相似。选择"画笔工具" ，在该选项栏中可以设置其参数，如图3-45所示，不同的画笔参数会有不同的绘画效果。在该选项栏中主要选项的功能介绍如下：

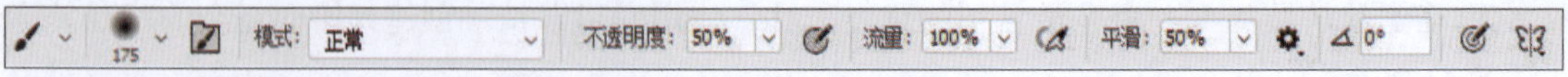

图 3-45  画笔工具选项栏

- **工具预设**：实现新建工具预设和载入工具预设等操作。
- **画笔预设**：单击按钮，弹出"画笔预设"选取器，如图3-46所示，可选择画笔笔尖，设置画笔大小和硬度。
- **切换"画笔设置"面板**：单击此按钮，弹出"画笔设置"面板，如图3-47所示。

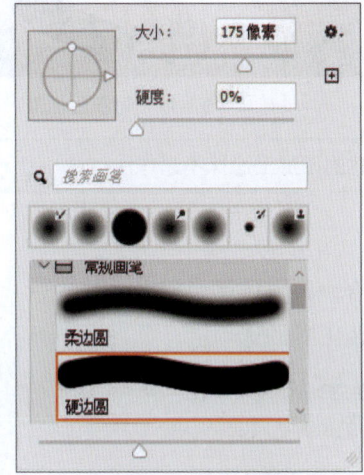

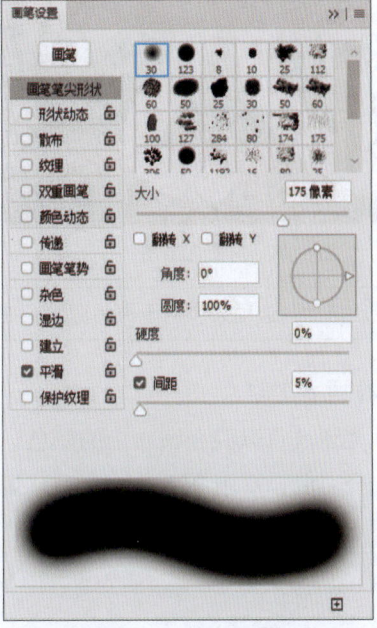

图 3-46　画笔预设　　　　图 3-47　"画笔设置"面板

- **模式**：设置画笔的绘画模式，即绘画时的颜色与当前颜色的混合模式。
- **不透明度**：设置在使用画笔绘图时所绘颜色的不透明度。数值越小，所绘出的颜色越浅，反之则越深。
- **流量**：设置使用画笔绘图时所绘颜色的深浅。若设置的流量较小，则其绘制效果如同降低透明度一样，但经过反复涂抹，颜色就会逐渐饱和。
- **启用喷枪样式的建立效果**：单击该按钮即可启动喷枪功能，将渐变色调应用于图像，同时模拟传统的喷枪技术，Photoshop会根据单击程度确定画笔线条的填充数量。
- **平滑**：可控制绘画时得到图像的平滑度，数值越大，平滑度越高。
- **绘板压力按钮**：使用光笔压力（使用数位笔绘图时的压力值）可覆盖"画笔设置"面板中的不透明度和大小设置。
- **设置绘画的对称选项**：单击鼠标右键，在弹出的菜单中可选择绘画时的对称选项，如垂直、水平、对角线、波纹、圆形螺旋线、曼陀罗等。

### 4. 铅笔工具

铅笔工具可以模拟铅笔绘画的风格和效果，绘制一些边缘硬朗、无发散效果的线条或图案。选择"铅笔工具"，显示该工具的选项栏，除了"自动抹掉"选项外，其他选项均与"画笔工具"相同。勾选"自动抹除"复选框，在图像上拖动时，线条默认为前景色，如图3-48所示。若光标的中心在前景色上，则该区域将抹成背景色，如图3-49所示。同理，若在开始拖动时光标的中心在不包含前景色的区域上，则该区域将被绘制成前景色。

图 3-48　前景色绘图 　　　　　　　　　　　图 3-49　背景色绘图

知识点拨　"自动抹除"选项只作用于原始图像，在新建的图层上涂抹不起作用。

### 5. 混合器画笔工具

混合器画笔工具可以混合画布上的颜色、组合画笔上的颜色以及在描边过程中使用不同的绘画湿度。选择"混合器画笔工具"后，显示该工具的选项栏，如图3-50所示。

图 3-50　混合器画笔工具选项栏

- 当前画笔载入：单击色块可调整画笔颜色，单击右侧的三角符号可以选择"载入画笔""清理画笔""只载入纯色"。"每次描边后载入画笔"和"每次描边后清理画笔"两个按钮控制了每一笔涂抹结束后对画笔是否更新和清理。
- 潮湿：控制画笔从画布拾取的油彩量。较高的设置会产生较长的绘画条痕。
- 载入：指定储槽中载入的油彩量。当载入速率较低时，绘画描边干燥的速度会更快。
- 混合：控制画布油彩量同储槽油彩量的比例。当比例为100%时，所有油彩将从画布中拾取；当比例为0%时，所有油彩都来自储槽。
- 流量：控制混合画笔流量大小。
- 描边平滑度：用于控制画笔抖动。
- 对所有图层取样：勾选该复选框，拾取所有可见图层中的画布颜色。

选择"混合器画笔工具"在需要调整的位置处涂抹，涂抹前后效果分别如图3-51、图3-52所示。

图 3-51　混合背景天空涂抹前的效果 　　　　图 3-52　混合背景天空涂抹后的效果

## 3.1.6 颜色填充工具

颜色填充工具可以为图像、形状或文本填充纯色、渐变色或图案。以下是对颜色填充工具中的拾色器、吸管工具、油漆桶工具、色板面板与渐变工具的详细介绍。

### 1. 拾色器

拾色器是一个用于选择颜色的对话框，它提供了多种颜色模型和颜色值选项，使用户能够精确设置前景色、背景色、填充颜色等。单击前景色或背景色选择框，弹出"拾色器"对话框，如图3-53所示。

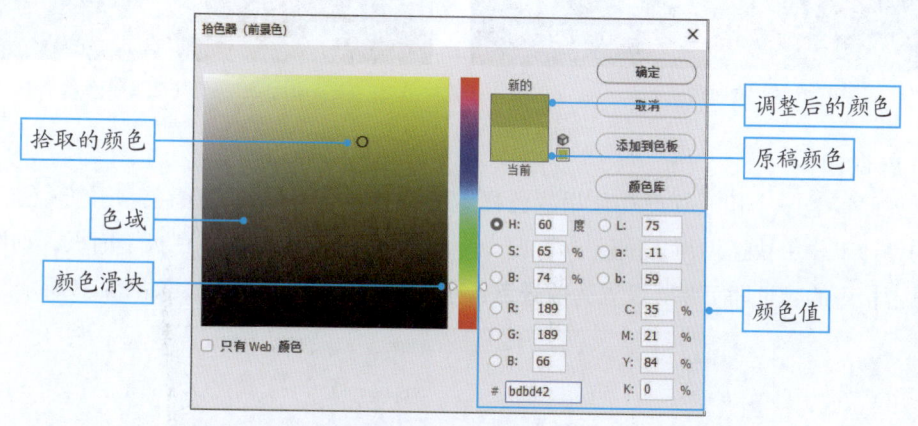

图 3-53 "拾色器"对话框

### 2. 吸管工具

吸管工具是用于快速吸取图像中颜色的工具。选择"吸管工具"，将其移动到需要吸取颜色的区域，点击鼠标左键，即可将区域的颜色值吸取至前景色中，如图3-54所示。若按住Alt键进行吸取，则颜色值会被设置为背景色，如图3-55所示。

图 3-54 吸取前景色　　　　图 3-55 吸取背景色

### 3. 油漆桶工具

油漆桶工具可以自图像中填充前景色和图案。若创建了选区，填充的区域为当前区域；若没创建选区，填充的是与鼠标吸取处颜色相近的区域。设置前景色后，选择"油漆桶工具"，直接单击目标位置，填充效果如图3-56所示。若在新建图层后创建选区，单击填充效果如图3-57所示。

图 3-56　直接填充效果

图 3-57　创建选区填充效果

### 4. 色板面板

色板面板是一个用于管理和使用颜色样本的工具。它允许用户保存常用的颜色，以便在后续的设计工作中快速调用。执行"窗口"→"色板"命令，弹出"色板"面板，如图3-58所示。单击相应的颜色即可将其设置为前景色；按住Alt键设置为背景色，如图3-59所示。

图 3-58　设置前景色

图 3-59　设置背景色

### 5. 渐变工具

渐变工具用于创建从一种颜色到另一种颜色的过渡效果。用户可以选择不同的渐变样式，比如线性、径向、角度、对称或菱形。选择"渐变工具"，显示其选项栏，如图3-60所示。

图 3-60　渐变工具选项栏

在该选项栏中主要选项的功能介绍如下：

- **渐变颜色条**：显示当前渐变颜色。
- **线性渐变**：单击该按钮，可以以直线方式从不同方向创建起点到终点的渐变，如图3-61所示。

- **径向渐变** ■：单击该按钮，可以以圆形的方式创建起点到终点的渐变，如图3-62所示。

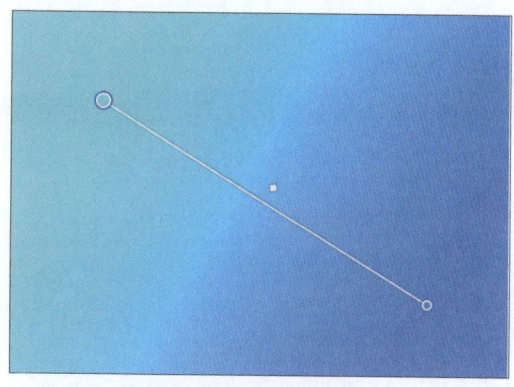

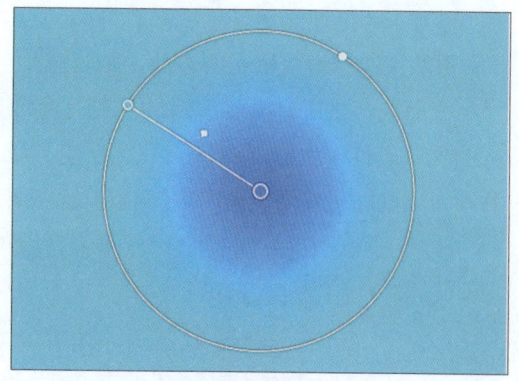

图 3-61　线性渐变

图 3-62　径向渐变

- **角度渐变** ■：单击该按钮，可以创建围绕起点以逆时针扫描方式的渐变，如图3-63所示。
- **对称渐变** ■：单击该按钮，可以使用均衡的线性渐变在起点的任意一侧创建渐变，如图3-64所示。

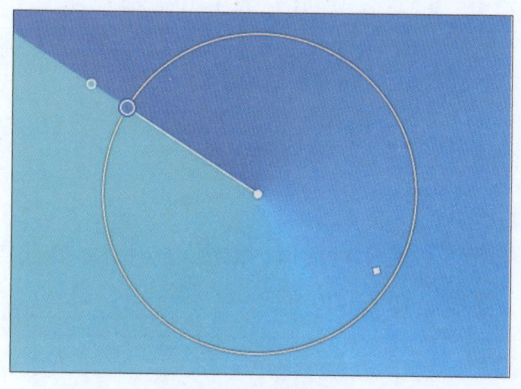

图 3-63　角度渐变

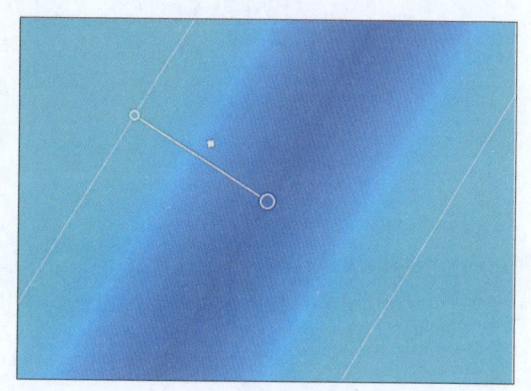

图 3-64　对称渐变

- **菱形渐变** ■：单击该按钮，可以以菱形方式从起点向外产生渐变，终点定义菱形的一个角，如图3-65所示。
- **反向**：选中该复选框，得到反方向的渐变效果，如图3-66所示。

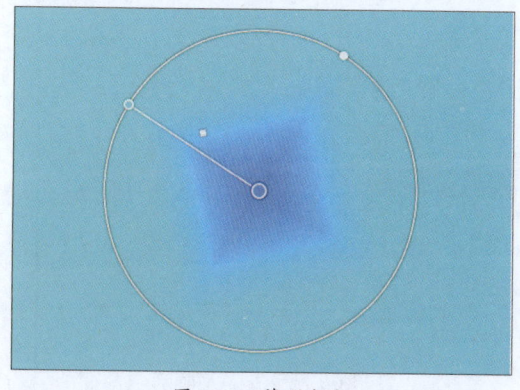

图 3-65　菱形渐变

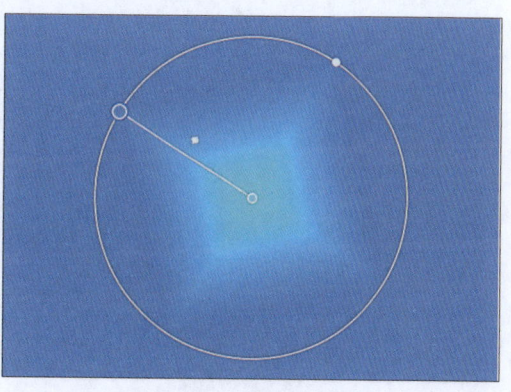

图 3-66　反向渐变效果

- **仿色**：选中该复选框，可以使渐变效果更加平滑，防止打印时出现条带化现象，但在显示屏上不能明显地显示出来。
- **方法**：选择渐变填充的方法，如可感知、线性或古典等。

渐变面板提供了对渐变编辑的控制，允许用户添加、删除颜色停止点，并调整颜色的位置和透明度等属性。执行"窗口"→"渐变"命令，弹出"渐变"面板，如图3-67所示。单击相应的渐变预设即可应用。此时，"图层"面板显示如图3-68所示。

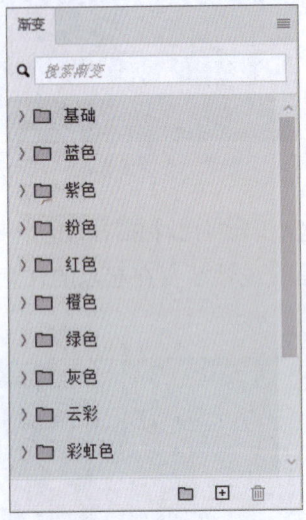

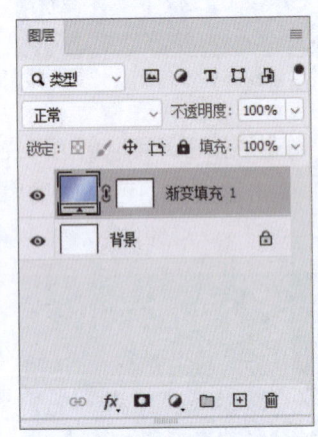

图 3-67 "渐变"面板　　　　图 3-68 渐变填充图层

在"图层"面板中双击渐变填充图层，弹出"渐变填充"对话框，如图3-69所示。单击渐变编辑条，在弹出的"渐变编辑器"对话框中进行更改，如图3-70所示。

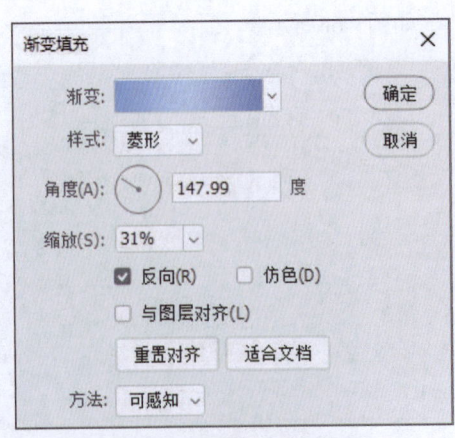

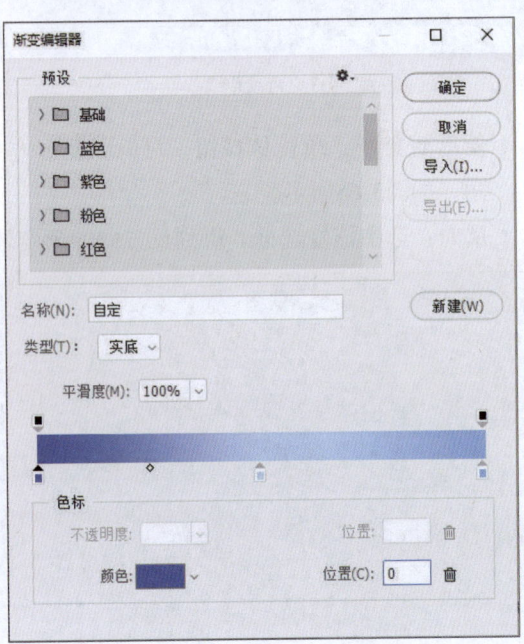

图 3-69 "渐变填充"对话框　　　　图 3-70 "渐变编辑器"对话框

## 3.1.7 形状工具组

Photoshop提供了多种工具来创建不同类型的形状，包括矩形工具、椭圆工具、三角形工具、多边形工具、直线工具和自定义形状工具。

### 1. 矩形工具

矩形工具可以绘制矩形、圆角矩形以及正方形。选择"矩形工具"▢，直接拖动鼠标可绘制任意大小的矩形。拖动矩形内部的控制点可调整圆角半径，效果如图3-71所示。若要绘制精准矩形，可以在画板上单击，在弹出的"创建矩形"对话框中设置宽度、高度以及半径等参数，如图3-72所示。

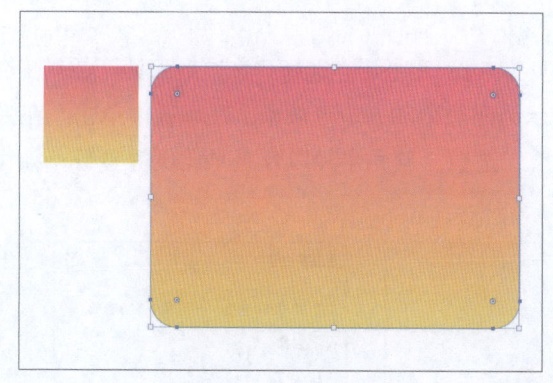

图 3-71　绘制矩形

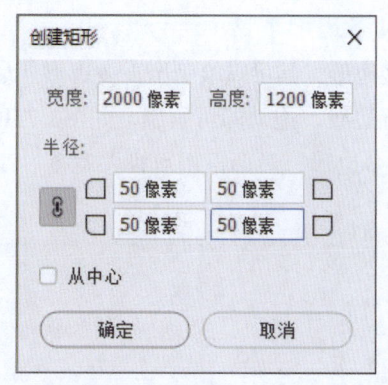

图 3-72　"创建矩形"对话框

### 2. 椭圆工具

椭圆工具可以绘制椭圆形和正圆。选择"椭圆工具"◯，直接拖动可绘制任意大小的椭圆形，按住Shift键的同时拖动鼠标可绘制正圆，如图3-73所示。在画板中单击，在弹出的"创建椭圆"对话框中可设置宽度和高度等参数，如图3-74所示。

图 3-73　绘制椭圆、正圆

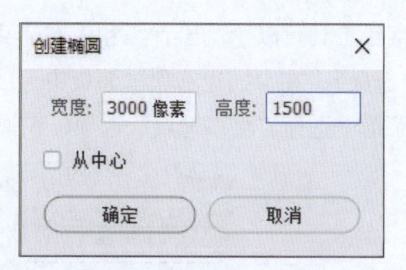

图 3-74　"创建椭圆"对话框

### 3. 三角形工具

三角形工具可以绘制三角形。选择"三角形工具"△，直接拖动可绘制三角形，按住Shift键可绘制等边三角形，拖动内部的控制点可调整圆角半径，如图3-75所示。在画板中单击，在弹出的"创建三角形"对话框中可设置宽度、高度、等边以及圆角半径等参数，如图3-76所示。

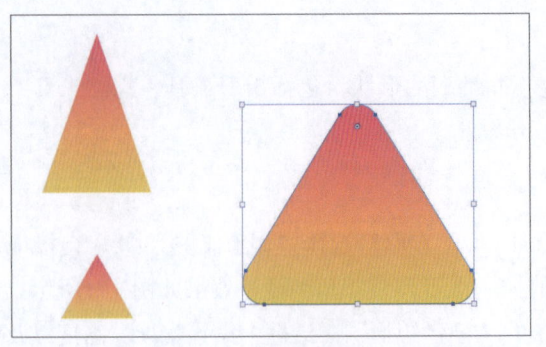

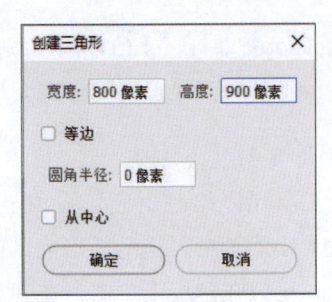

图 3-75　绘制三角形　　　　图 3-76　创建三角形对话框

### 4. 多边形工具

多边形工具可以绘制出正多边形（最少为3边）和星形。选择"多边形工具" ⬡ ，在选项栏中设置边数，拖动即可绘制。如图3-77所示为四边形和五边形效果。在画板中单击，在弹出的"创建多边形"对话框中可设置宽度、高度、边数、圆角半径以及星星比例等参数，如图3-78所示。

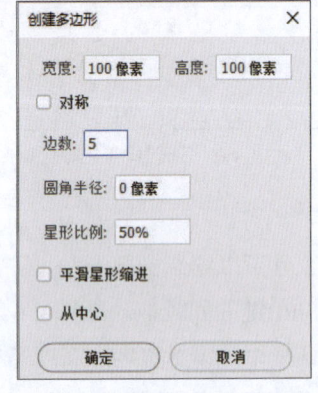

图 3-77　绘制多边形　　　　图 3-78　"创建多边形"对话框

### 5. 直线工具

直线工具可以绘制出直线和带有箭头的路径。选择"选择直线工具" ╱ ，在选项栏中单击"描边选项"，在"描边选项"面板中可以设置描边的类型，如图3-79所示。单击 ⚙ 按钮，在弹出的菜单中选择"更多选项"选项，在弹出的"描边"对话框中可设置参数，如图3-80所示。

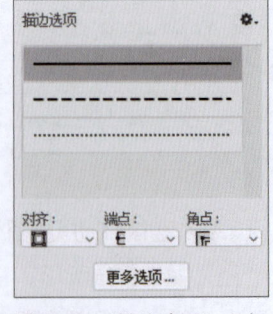

图 3-79　"描边选项"面板　　　　图 3-80　"描边"对话框

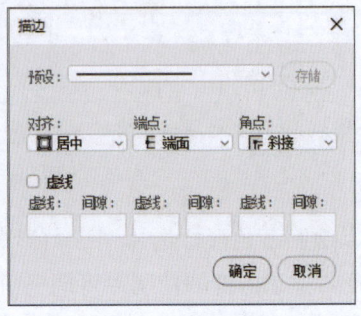

若要创建箭头，只需向直线添加箭头即可。在创建直线并设置描边颜色和宽度后，单击"直线"工具选项栏中的❄图标，在弹出的面板中可以为直线的起点、终点处添加箭头，如图3-81所示。如图3-82所示为使用不同状态的直线和箭头效果。

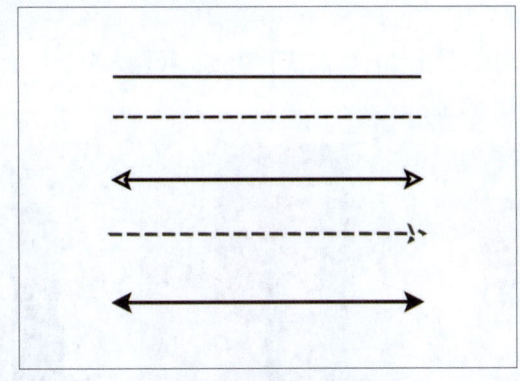

图 3-81 "路径选项"参数设置　　　图 3-82 绘制直线和箭头

## 6. 自定义形状工具

自定义形状工具可以绘制出系统自带的不同形状。选择"自定形状工具"，单击选项栏中的图标可选择预设自定形状，如图3-83所示。执行"窗口"→"形状"命令，弹出"形状"面板，如图3-84所示，单击"菜单"按钮，在弹出的菜单中选择"旧版形状及其他"选项，即可添加旧版形状，如图3-85所示。

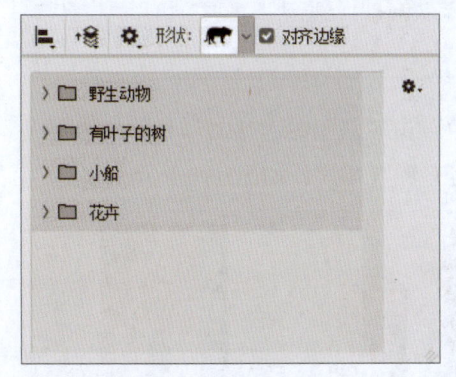

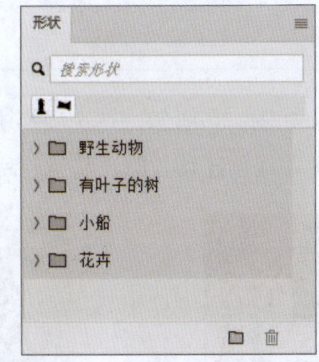

图 3-83 预设自定形状　　　图 3-84 "形状"面板　　　图 3-85 添加旧版形状

## ■3.1.8 切片与导出

选择"切片工具"，直接在图像上拖动以创建切片。也可以在选项栏中设置切片的样式，如图3-86所示。

图 3-86 切片选项栏

在选项栏中，三种样式的含义介绍如下：

- **正常**：在拖动时确定切片比例。
- **固定长宽比**：设置高、宽比。输入整数或小数作为长、宽比。如图3-87所示为1∶1的切片效果。
- **固定大小**：指定切片的高度和宽度。可输入整数像素值。如图3-88所示为宽、高各为100像素的切片效果。

图 3-87　1∶1 切片　　　　　　　　　图 3-88　宽、高各为 100 像素的切片

> **知识点拨**　创建切片后，若要对其进行调整，可以使用"切片选择工具"在图像中单击即可选中切片，此时切片控制框变为蓝色。当将光标放至边缘处变为双箭头时，拖动即可调整切片的位置与大小。

若在图像中创建参考线，如图3-89所示。在选项栏中单击"基于参考线的切片"按钮可以基于参考线创建切片。通过参考线创建切片时，将删除所有现有切片，如图3-90所示。

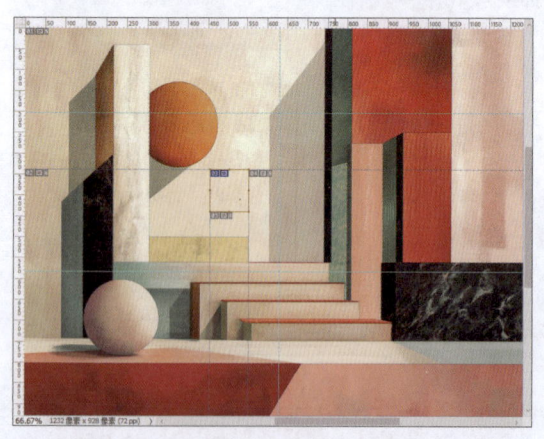

图 3-89　创建参考线　　　　　　　　　图 3-90　基于参考线的切片

执行"文件"→"导出"→"存储为Web所用格式"命令，在弹出的对话框中可以优化和导出切片图像，如图3-91所示。导出切片如图3-92所示。

图 3-91 "存储为 Web 所用格式"对话框

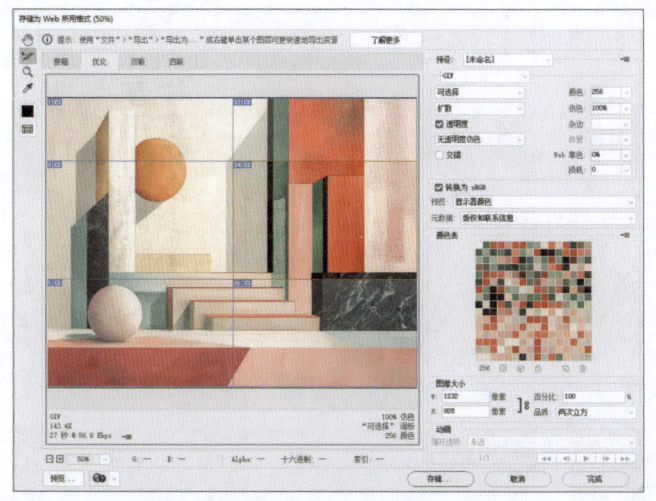

图 3-92 导出切片

## 3.2 文字与排版

在移动UI设计中，文字不仅用于传达信息，还承担着引导用户视线流动、强化品牌形象、营造界面氛围以及提升整体美观度等多重任务。

### ■ 3.2.1 创建文本

Photoshop的文字工具组为用户提供了多种文字创建和编辑的选项，主要文字工具如下：

- **横排文字工具** T：最基本的文字类工具之一，用于一般横排文字的处理，输入方式从左至右。
- **直排文字工具** IT：用于直排式文字排列方式，输入方向由上至下。
- **直排文字蒙版工具** IT：创建直排的文字选区。使用该工具时图像上会出现一层红色蒙版。
- **横排文字蒙版工具** T：创建横排的文字选区。

#### 1. 创建点文本

选择"横排文字工具" T，在选项栏中设置参数，在画板上单击确定一个插入点，输入的文字会随着输入不断延展，且不受预先设定的边界限制，按Enter键可换，按Ctrl+Enter组合键则完成输入，效果如图3-93所示。如果需要调整已经创建好的文本排列方式，则可以单击文本工具选项栏中的"切换文本取向"按钮，效果如图3-94所示。或者执行"文字"→"文本排列方向"命令，在其子菜单中进行"横排"或"竖排"的切换。

#### 2. 创建段落文本

段落文字可以输入多行文字，便于表达更复杂的信息。当文本框的大小发生变化时，段落文字会自动重新排列以适应新的文本框尺寸。选择"横排文字工具"，按住鼠标左键不放，拖动鼠标创建出文本框，如图3-95所示。文本插入点会自动插入到文本框前端，在文本框中输入文字，当文字到达文本框的边界时会自动换行，效果如图3-96所示。

图 3-93　插入点

图 3-94　调整文本排列效果

图 3-95　创建文本框

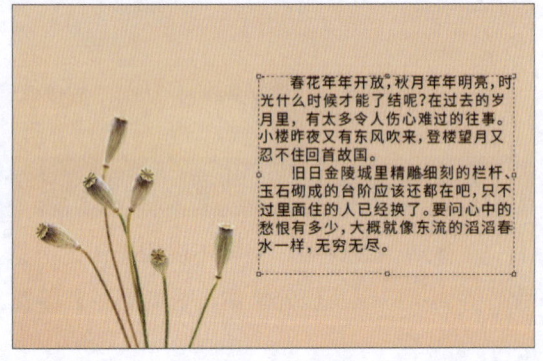

图 3-96　输入段落文字

当需要灵活添加单行或多行不规则分布的文字，或者不需要固定文本框限制时，可以将段落文字转换为点文字。执行"文字"→"转换为点文本"命令即可完成转换，使用"横排文字工具"单击文字的任意位置可查看效果。

## ■ 3.2.2　设置文本属性

在Photoshop中，"字符"面板和"段落"面板是处理文本内容时非常重要的工具，它们提供了丰富的格式化和排版选项。

### 1. 字符面板

字符面板用于设置文本的基本样式，如字体、字号、字距、行距等。执行"窗口"→"字符"命令，弹出"字符"面板，如图3-97所示。该面板中主要选项的功能介绍如下：

- **字体大小**：在该下拉列表框中选择预设数值，或者输入自定义数值即可更改字符大小。
- **设置行距**：设置文字行与行之间的距离。
- **字距微调**：设置两个字符之间的字距微调。在设置时将光标插入两个字符之间，在数值框中输入所需的字距微调数值。输入正值时，字距扩大；输入负值时，字距缩小。

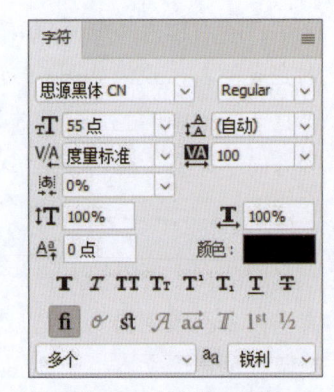

图 3-97　"字符"面板

- **字距调整**：设置文字的字符间距。输入正值时，字距扩大；输入负值时，字距缩小。
- **比例间距**：设置文字字符间的比例间距，数值越大则字距越小。
- **垂直缩放**：设置文字垂直方向上的缩放大小，即调整文字的高度。
- **水平缩放**：设置文字水平方向上的缩放大小，即调整文字的宽度。
- **基线偏移**：设置文字与文字基线之间的距离。输入正值时，文字会上移；输入负值时，文字会下移。
- **颜色**：单击色块，在弹出的拾色器中选取字符颜色。
- **文字效果按钮组**：设置文字的效果，依次是仿粗体、仿斜体、全部大写字母、小型大写字母、上标、下标、下划线和删除线。
- **Open Type功能组**：依次是标准连字、上下文替代字、自由连字、花饰字、替代样式、标题代替字、序数字、分数字。
- **语言设置**：设置文本连字符和拼写的语言类型。
- **设置消除锯齿的方法**：设置消除文字锯齿的模式。

### 2. 段落面板

段落面板主要用于对文本进行高级的段落格式化设置，如对齐方式、缩进、间距、行距、前导符、首行缩进以及其他相关格式设置。执行"窗口"→"段落"命令，弹出"段落"面板，如图3-98所示。在该面板中主要选项的功能介绍如下：

- **对齐方式**：设置文本段落的对齐样式，如左对齐、居中、右对齐或两端对齐等。
- **左缩进**：设置段落文本左边向内缩进的距离。
- **右缩进**：设置段落文本右边向内缩进的距离。
- **首行缩进**：设置段落文本首行缩进的距离。
- **段前添加空格**：设置当前段落与上一段落的距离。
- **段后添加空格**：设置当前段落与下一段落的距离。
- **避头尾法则设置**：避头尾字符是指不能出现在每行开头或结尾的字符。Photoshop提供了基于标准JIS的宽松和严格的避头尾集，宽松的避头尾设置忽略了长元音和小平假名字符。如图3-99、图3-100所示为应用JIS严格前后效果。

图3-98 "段落"面板

图3-99 应用JIS严格前的效果

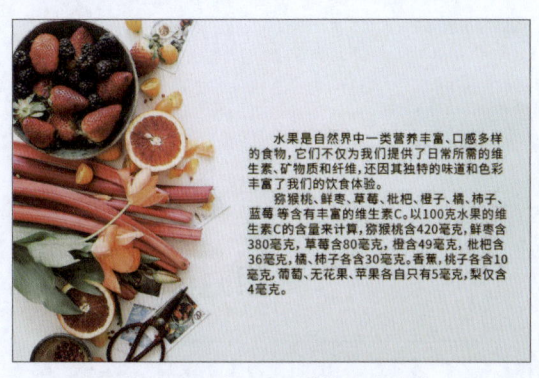

图3-100 应用JIS严格后的效果

- 间距组合设置：设置内部字符集间距。
- 连字：勾选该复选框可将文字的最后一个英文单词拆开，形成连字符号，而剩余的部分则自动换到下一行。

## ■ 3.2.3 栅格化文字图层

文字图层是一种特殊的图层，它具有文字的特性，可对其文字大小、字体等进行修改，但是如果要在文字图层上进行绘制、应用滤镜等操作，需要将文字图层栅格化，转换为常规图层。栅格化后无法进行字体的更改。在"图层"面板中选择文字图层，如图3-101所示。在图层名称上右击，在弹出的菜单中选择"栅格化文字"选项，文字图层转换为普通图层，效果如图3-102所示。

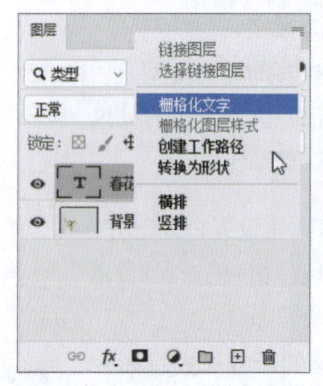

图 3-101 "栅格化文字"选项　　图 3-102 栅格化文字图层效果

## ■ 3.2.4 文字变形

文字变形是将文本沿着预设或自定义的路径进行弯曲、扭曲和变形处理，以创建出富有创意的艺术效果。如图3-103所示为变形文字效果。

执行"文字"→"文字变形"命令或单击选项栏中的"创建文字变形"按钮，在弹出的"变形文字"对话框中有15种文字变形样式，使用这些样式可以创建多种艺术字体，如图3-104所示。变形文字工具只针对整个文字图层而不能单独针对某些文字。如果要制作多种文字变形混合的效果，可以通过将文字输入到不同的文字图层，然后分别设定变形的方法来实现。

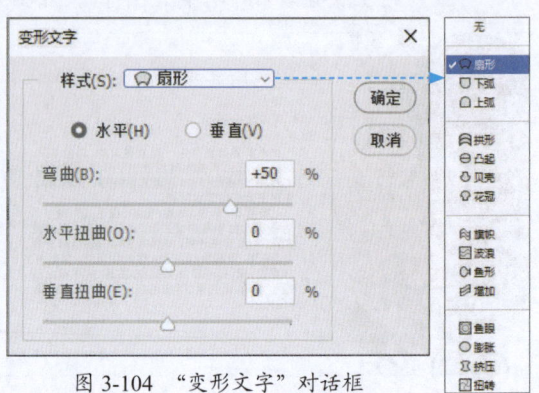

图 3-103 变形文字效果　　图 3-104 "变形文字"对话框

## 3.3 图像色彩的调整

色彩是视觉元素中最具表现力和感染力的元素之一。在移动UI设计中，色彩的运用不仅能够吸引用户的注意力，还能传达出品牌的核心价值和情感色彩。

### 3.3.1 曲线

曲线提供了更为精细的色彩和明暗控制能力。通过调整曲线的形状，我们可以自由地改变图像的亮度、对比度和色彩分布，实现更加丰富的视觉效果。执行"图像"→"调整"→"曲线"命令或按Ctrl+M组合键，弹出"曲线"对话框，如图3-105所示。

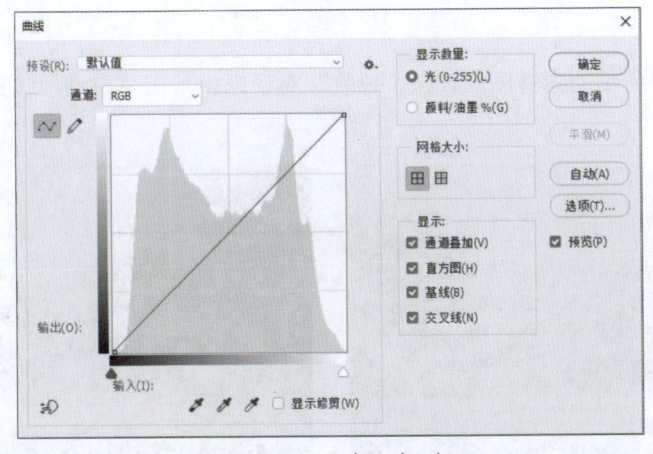

图 3-105 "曲线"对话框

打开如图3-106所示的素材图像，在"曲线"对话框中选择"通道"为"红"通道，调整曲线后，效果如图3-107所示。

图 3-106 原图　　　　　图 3-107 调整红通道参数效果

### 3.3.2 色阶

色阶通过对图像亮度范围的精确把控，可以修复曝光问题，增强图像的对比度，使画面的明暗层次更加分明，细节更加清晰。执行"图像"→"调整"→"色阶"命令或按Ctrl+L组合键，打开"色阶"对话框，如图3-108所示。该对话框中主要选项的功能介绍如下：

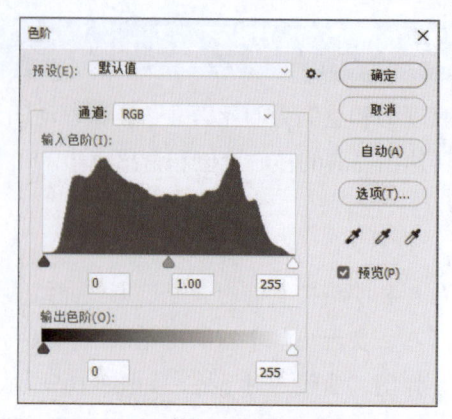

图 3-108 "色阶"对话框

打开如图3-109所示的素材图像,在"色阶"对话框中单击"自动"按钮,效果如图3-110所示。

图 3-109　原图　　　　　　　　　　图 3-110　自动调整效果

### 3.3.3　色相/饱和度

色相/饱和度可以改变图像中的特定颜色或全部颜色的色相和饱和度。常用于校正照片中的色彩偏差,或者为图像添加创意色彩效果。执行"图像"→"调整"→"色相/饱和度"命令或按Ctrl+U组合键,弹出"色相/饱和度"对话框,如图3-111所示。该对话框中部分选项的功能介绍如下:

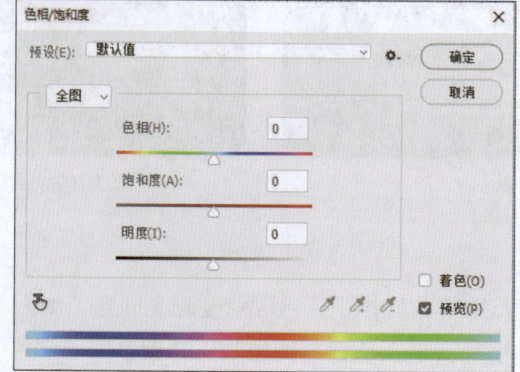

图 3-111　"色相/饱和度"对话框

打开如图3-112所示的素材图像，在"色相/饱和度"对话框中勾选"着色"复选框，图像整体偏向于单一色调，效果如图3-113所示。

图 3-112　原图

图 3-113　着色效果

### 3.3.4　色彩平衡

色彩平衡专注于纠正偏色和还原真实色彩。通过调整图像中不同色彩的比例，可以让画面更加和谐自然，符合我们的审美需求。执行"图像"→"调整"→"色彩平衡"命令或按Ctrl+B组合键，弹出"色彩平衡"对话框，如图3-114所示。

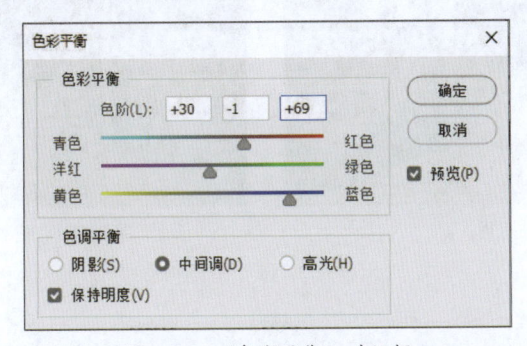

图 3-114　"色彩平衡"对话框

打开如图3-115所示的素材图像，在"色彩平衡"对话框中调整三角滑块或输入数值调整色彩。在调整过程中，可以随时预览效果，并根据需要进行微调，效果如图3-116所示。

图 3-115　原图

图 3-116　调整色彩平衡后的效果

## 3.3.5　可选颜色

可选颜色可以通过选定要修改的颜色，并通过增减青色、洋红色、黄色和黑色四色油墨来改变选定的颜色。常用于微调图像中的特定颜色，如校正肤色、调整天空颜色等。执行"图像"→"调整"→"可选颜色"命令，弹出"可选颜色"对话框，如图3-117所示。

打开如图3-118所示的素材图像，在"可选颜色"对话框中选择需要调整的颜色，调整青色、洋红、黄色以及黑色的百分比值，效果如图3-119所示。

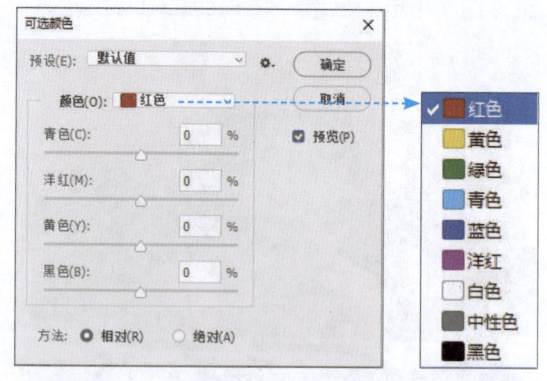

图 3-117　"可选颜色"对话框

图 3-118　原图

图 3-119　调整可选颜色后效果

## 3.3.6　去色

去色用于减少图像的颜色饱和度，使图像变得更接近于黑白或灰度图像。打开如图3-120所示的素材图像，执行"图像"→"调整"→"去色"命令，或按Shift+Ctrl+U组合键即可。去色应用效果如图3-121所示。

图 3-120　原图

图 3-121　去色应用效果

## 3.4 图像元素的处理

在移动UI设计中，图像元素是构成界面视觉效果的基石。为了确保图像在界面中的完美呈现，需要对图像进行一系列的基本处理。

### 3.4.1 图像的尺寸调整

裁剪工具主要用于调整图像的尺寸和构图。通过裁剪，可以去除图像中不需要的部分，保留核心元素，从而优化图像的视觉效果和传达的信息。

选择"裁剪工具"，在选项栏中的"比例"下拉列表框中可以选择一些预设的裁切约束比例，如宽×高×分辨率、1∶1、5∶7等。在选项栏中设置参数后，在图像中拖动得到矩形区域，这块区域的周围会变暗，以显示出被裁剪的区域。矩形区域的内部代表裁剪后图像保留的部分。裁剪框的周围有8个控制点，利用它可以将这个框做移动、缩小、放大和旋转等调整操作，如图3-122、图3-123所示。

图 3-122　调整裁剪范围　　　　　　图 3-123　应用裁剪效果

### 3.4.2 图像的修饰

模糊工具、锐化工具、减淡工具、加深工具等在图像修饰中发挥着重要的作用。它们能够帮助用户实现各种图像效果，如模糊、锐化、提亮、变暗和调整饱和度等。

**1. 模糊工具**

模糊工具用于软化图像的边缘或减少图像某些部分的清晰度，从而让这些部分看起来更加柔和，常用于背景虚化、艺术效果以及皮肤磨皮。打开如图3-124所示的素材图像，选择"模糊工具"，在选项栏中设置参数，将鼠标移动到需处理的位置，单击并拖动鼠标进行涂抹即可应用模糊效果，如图3-125所示。

**2. 锐化工具**

锐化工具与模糊工具相反，可以通过增强相邻像素之间的对比，提高图像的清晰度，常用于细节增强和局部锐化。打开如图3-126所示的素材图像，选择"锐化工具"△，在选项栏中设置参数，将鼠标移动到需处理的位置，单击并拖动鼠标进行涂抹即可应用锐化效果，如图3-127所示。

图 3-124　原图 1

图 3-125　模糊效果

图 3-126　原图 2

图 3-127　锐化效果

## 3. 涂抹工具

涂抹工具模拟了手指拖动湿油漆的效果，不仅可以用于混合颜色，还可以创造出独特的涂抹效果，为图像添加一种手绘或涂鸦的风格。打开如图3-128所示的素材图像，选择"涂抹工具"，在选项栏中勾选"手指绘画"选项后，单击鼠标拖动时，则使用前景色与图像中的颜色相融合，如图3-129所示；若取消选择该复选框，则使用开始拖动时的图像颜色。

图 3-128　原图 3

图 3-129　涂抹效果

#### 4. 减淡工具

用于增加图像某些区域的亮度，通过增加光线的亮度来突出图像的高光和中间调部分。常应用于提亮面部阴影、增加图像的对比度以及改善曝光不足的区域。打开如图3-130所示的素材图像，选择"减淡工具" ，在选项栏中设置参数，将鼠标移动到需处理的位置，单击并拖动鼠标进行涂抹以提亮区域颜色，如图3-131所示。

图 3-130　原图 1　　　　　　　　图 3-131　减淡效果

#### 5. 加深工具

该工具与减淡工具相反，用于局部压暗图像的特定区域，通过减少光线的亮度来增强图像的阴影和深色区域，从而提升图像的对比度和深度。打开如图3-132所示的素材图像，选择"加深工具" ，在选项栏中设置参数，将鼠标移动到需处理的位置，单击并拖动鼠标进行涂抹以增强阴影，如图3-133所示。

图 3-132　原图 2　　　　　　　　图 3-133　加深效果

#### 6. 海绵工具

海绵工具主要用于调整图像中特定区域的饱和度和对比度。打开如图3-134所示的素材图像，选择"海绵工具" ，在选项栏中设置"去色"模式，将鼠标移动到需处理的位置，单击并拖动鼠标应用去色效果，如图3-135所示。更改为"加色"模式，涂抹效果如图3-136所示。

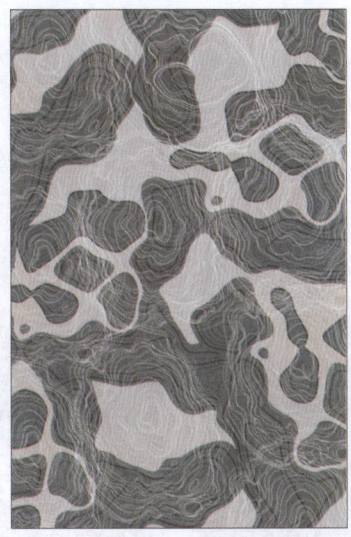

图 3-134　原图　　　　　　　　图 3-135　去色效果　　　　　　　图 3-136　加色效果

## ■ 3.4.3　图像的修复

图像的修复是指去除图像中的瑕疵、划痕、污点等不完美之处，以恢复图像的完整性和清晰度。

### 1. 污点修复画笔工具

污点修复画笔工具主要用于快速且智能地去除图像中的污点、瑕疵、尘埃、划痕或其他不需要的元素。选择"污点修复画笔工具" ，在需要修复的位置单击并拖动鼠标，如图3-137所示。释放鼠标即可修复绘制的区域，如图3-138所示。

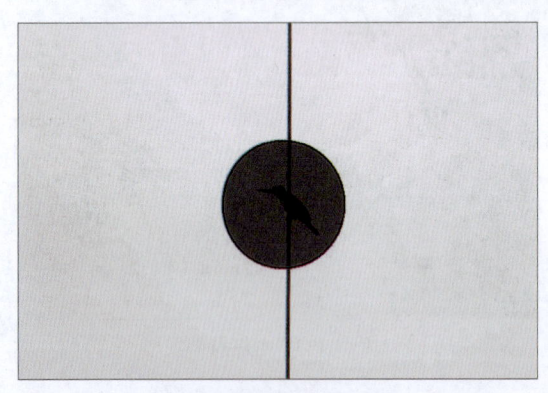

图 3-137　确定修复位置　　　　　　　　　　　图 3-138　修复绘制区域

### 2. 修复画笔工具

修复画笔工具与污点修复画笔工具类似，但要求用户指定样本点，然后从指定的样本点中取样进行修复。选择"修复画笔工具" ，按Alt键在源区域单击，对源区域进行取样，如图3-139所示。在目标区域中单击并拖动鼠标，即可将取样的内容复制到目标区域中，如图3-140所示。

图 3-139　取样

图 3-140　应用取样效果

### 3. 修补工具

修补工具用于选择需要修复的选区，并将其拖动到附近完好的区域进行修补。选择"修补工具"，沿需要修补的部分绘制出一个随意性的选区，如图3-141所示，拖动选区至目标区域中，释放鼠标即可用该区域的图像修补图像，按Ctrl+D组合键取消选区，效果如图3-142所示。

图 3-141　绘制选区

图 3-142　修补后的效果

### 4. 内容感知移动工具

内容感知移动工具将素材或图像中认为多余的东西去除，并将物体移动至图像其他区域，与新位置进行混合，以产生新的视觉效果。选择"内容感知移动工具"，按住鼠标左键并拖动绘制出选区，在选区中再按住鼠标左键拖动，如图3-143所示。移动到目标位置后释放鼠标单击"完成"按钮，效果如图3-144所示。

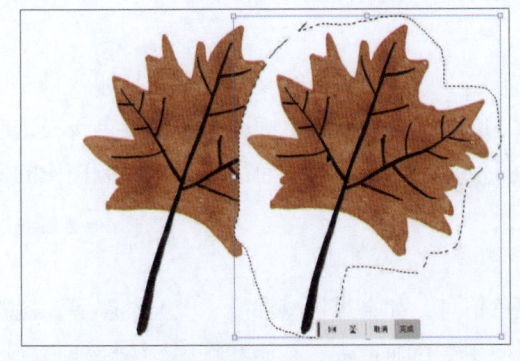

图 3-143　移动选区

图 3-144　应用移动效果

### 5. 仿制图章工具

仿制图章工具的作用是将取样图像应用到其他图像或同一图像的其他位置。仿制图章工具在操作前需要从图像中取样，然后将样本应用到其他图像或同一图像的其他部分。选择"仿制图章工具"，在选项栏中设置参数，按住Alt键的同时单击要复制的区域进行取样，如图3-145所示。在目标位置单击或拖动鼠标复制仿制的图像，如图3-146所示。

图3-145 取样　　　　　图3-146 仿制图像

## ■3.4.4 图像的非破坏处理

图像的非破坏处理是一种重要的图像处理技术，它允许对图像进行更改而不会覆盖或破坏原始图像数据。在这种处理技术中，通道与蒙版扮演着至关重要的角色。

### 1. 通道

"通道"面板用于管理和编辑图像的颜色通道。允许用户查看、选择和编辑图像中的不同颜色通道，帮助实现更精细的图像处理。通道主要包括以下几种。

（1）颜色通道

颜色通道是用于存储图像中不同颜色成分的亮度信息的通道。常见的颜色通道如下：

- **RGB颜色通道**：图像处理中最常见的颜色通道之一，如图3-147所示。它基于人眼对红（Red）、绿（Green）、蓝（Blue）三种颜色的敏感度来合成颜色。
- **CMYK颜色通道**：主要用于印刷行业，它基于青色（Cyan）、品红色（Magenta）、黄色（Yellow）和黑色（Key/Black）四种颜色的混合来产生颜色，如图3-148所示。

（2）Alpha通道

Alpha通道是专门用于存储选区信息的通道。它不会影响图像的颜色显示和打印效果，但可以用于创建和编辑图像的透明区域。在Alpha通道中，白色代表不透明区域，黑色代表透明区域，灰色代表半透明区域，如图3-148所示。通过编辑Alpha通道，可以精确地控制图像的透明区域，实现复杂的图像合成效果。

（3）专色通道

专色通道用于存储除CMYK四色外的特殊颜色信息，如金属质感油墨、荧光油墨等。这些特殊颜色无法用三原色油墨混合而成，因此需要使用专色通道进行存储和打印。专色通道在印刷行业中应用广泛，可以实现独特的视觉效果和色彩表现。

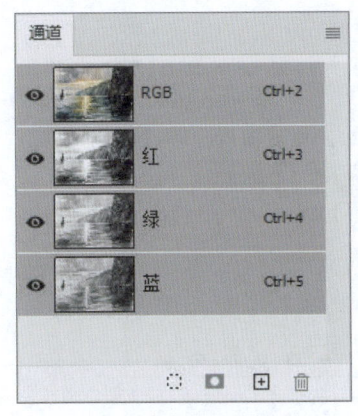

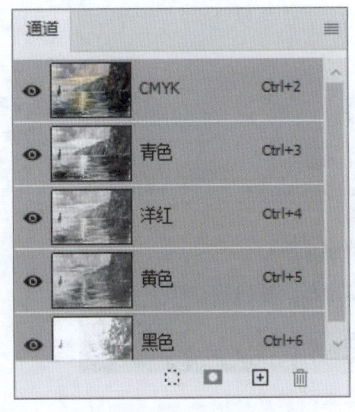

图 3-147　RGB 通道面板　　　　图 3-148　MYK 通道面板　　　　图 3-149　Alpha 通道

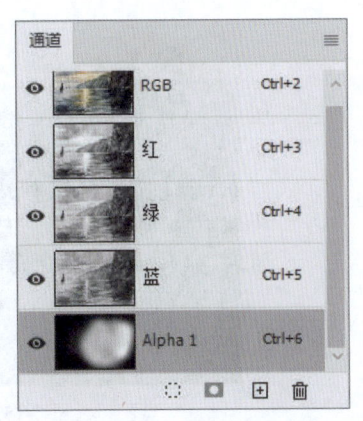

### 2. 蒙版

蒙版是一种用于遮盖图像的工具，主要用于合成和调整图像。它可以将部分图像遮盖，从而控制画面显示的内容，而不会删除图像，只是将其隐藏，因此是一种非破坏性的编辑操作。蒙版主要包括以下几种。

（1）快速蒙版

快速蒙版是一种临时性的蒙版，它允许用户快速创建和编辑选区。按Q键进入快速蒙版模式，通过绘制工具（如画笔等）在图像上涂抹颜色，这些颜色将代表选区的范围，如图3-150所示。按Q键退出快速蒙版模式后，涂抹的区域将转换为选区，如图3-151所示。快速蒙版的结果等于选区，但比传统的选框工具更灵活，适用于需要自定义复杂选区的场景。

图 3-150　快速蒙版模式　　　　　　　　图 3-151　退出快速蒙版模式

（2）图层蒙版

图层蒙版是一种与图层相关联的蒙版，允许用户在不改变图层内容的情况下，灵活地控制图层的显示和隐藏。选择想要添加蒙版的图像，如图3-152所示，在"图层"面板底部单击"添加图层蒙版"按钮，图层上将添加一个全白的蒙版缩略图，如图3-153所示。

选择画笔或其他工具，将前景色设置为黑色，并在图层蒙版上绘制，以调整图层的显示区域，如图3-154所示。在"图层"面板中，蒙版中的白色部分表示该图层内容完全可见；黑色部分表示完全隐藏；而灰色部分则表示不同程度的透明度，如图3-155所示。

图 3-152　选择图像

图 3-153　添加图层蒙版

图 3-154　调整蒙版显示区域

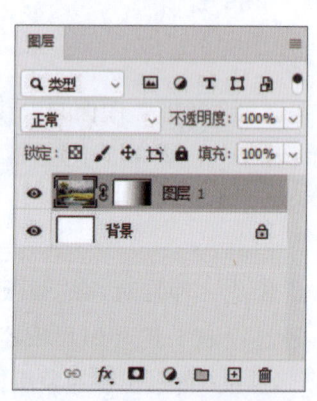

图 3-155　图层显示效果

（3）矢量蒙版

矢量蒙版是基于矢量图形（如路径等）创建的蒙版，因此也叫路径蒙版。该蒙版与分辨率无关，可以任意放大或缩小而不失真，也可以保持图像的清晰度和边缘的平滑性，适用于需要高精度抠图的场景。选择"椭圆工具"，在选项栏中设置"路径"模式，在图像中绘制路径，如图3-156所示。在"图层"面板中，按住Ctrl键的同时，单击"图层"面板底部的"添加图层蒙版"按钮，如图3-157所示。

图 3-156　绘制路径

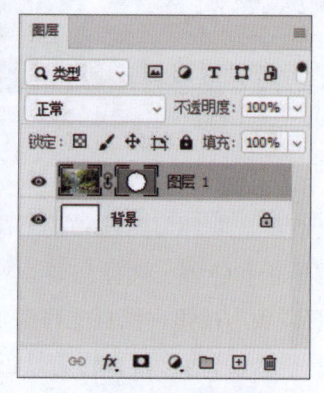

图 3-157　矢量蒙版图层

创建的矢量蒙版效果如图3-158所示，路径闭合的区域内会显示图像，而其他地方则不显示。矢量蒙版中的路径都是可编辑的，可以根据需要随时调整其形状和位置，从而改变图层内容的遮罩范围。如图3-159所示为使用"路径选择工具"等比例缩小蒙版。

图 3-158　创建矢量蒙版　　　　　　图 3-159　调整蒙版显示范围

## 3.5　图像后期制作

图像的后期制作主要是通过应用各种高级技术和特效，进一步提升图像的视觉效果和吸引力。

### ■3.5.1　混合模式

混合模式是一种将两个或多个图层组合在一起时使用的技术。通过选择不同的混合模式，以实现各种视觉效果，如叠加、柔光、强光等。在"图层"面板中，可以方便地设置各图层的混合模式，选择不同的混合模式会产生不同的效果。在默认情况下为正常模式。除了正常模式外，Photoshop提供了6组共27种混合模式，如图3-160所示，具体如下：

- **组合模式**：最基本的混合方式，包括正常和溶解。
- **加深模式**：使图像中的颜色变得更暗或更饱和，包括变暗、正片叠底、颜色加深、线性加深和深色。
- **减淡模式**：使图像中的颜色变得更亮或更不饱和，包括变亮、滤色、颜色减淡、线性减淡（添加）和浅色。
- **对比模式**：通过对比基色和混合色来产生丰富的视觉效果。包括叠加、柔光、强光、亮光、线性光、点光和实色混合。
- **比较模式**：通过比较基色和混合色的差异来产生特殊的视觉效果，包括差值、排除、减去和划分。
- **色彩模式**：主要影响图像的色彩属性，如色调、饱和度和亮度等，包括色相、饱和度、颜色和明度。

图 3-160　图层混合模式

## 3.5.2 图层样式

图层样式能够简单快捷地制作出各种立体投影、质感以及光影效果的图像特效。双击需要添加图层样式的图层缩览图或图层，打开"图层样式"对话框。该对话框中各主要选项的含义介绍如下：

**1. 混合选项**

混合选项提供了丰富的设置来控制图层的可视化效果以及图层之间的交互方式。单击选择"混合选项"，显示效果如图3-161所示。

- **常规混合**：常规混合是图层样式对话框中最基础的混合方式，它主要包括混合模式和不透明度两个参数。
- **高级混合**：高级混合提供了更细致的混合控制，包括填充不透明度、挖空、透明形状图层等选项。
- **混合颜色带**：混合颜色带允许用户基于亮度（灰色）或颜色通道的特定范围来显示或隐藏图层的特定区域，从而得到图层之间混合的效果。

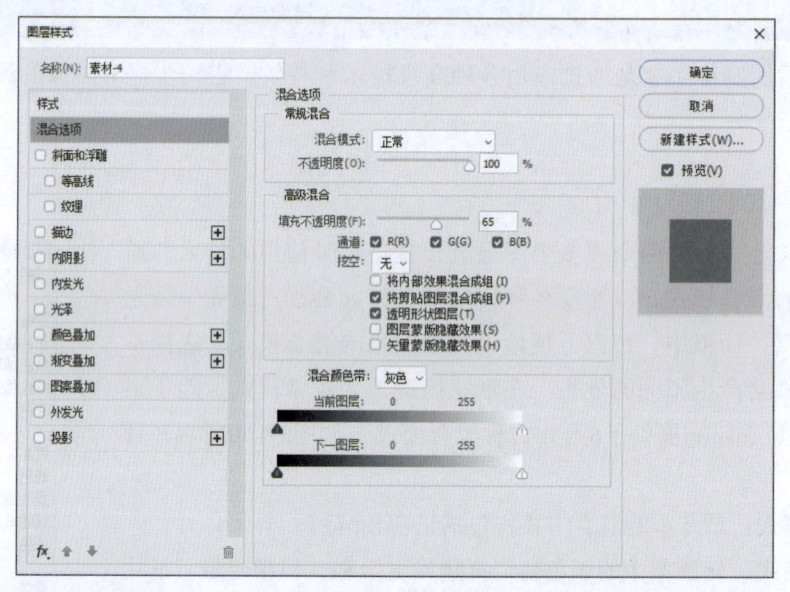

图 3-161 混合选项

**2. 斜面和浮雕样式组**

斜面和浮雕组的样式主要用于为图层添加立体感和质感，具体介绍如下：

- **斜面和浮雕**：通过模拟光照在对象表面的反射和阴影，创建出表面的高光和阴影区域，从而产生立体感。
- **等高线**：在"斜面和浮雕"效果中，等高线用于调整高光和阴影的亮度分布，从而得到更加细腻的立体效果。
- **纹理**：在"斜面和浮雕"效果的表面添加和调整纹理图案，增加细节和质感，使设计更加丰富和真实。

置入素材图像，如图3-162所示，在"图层样式"对话框中勾选"斜面与浮雕"，设置参数后，显示效果如图3-163所示。

图 3-162　原图

图 3-163　斜面和浮雕效果

### 3. 描边

描边样式选项可以为当前图层上的对象、文本或形状添加由颜色、渐变或图案构成的轮廓线。勾选该选项，调整参数后显示效果如图3-164所示。

### 4. 内阴影

内阴影样式选项可以为当前图层上的对象、文本或形状的内边缘添加阴影，使图层产生一种凹陷外观。勾选该选项，调整参数后显示效果如图3-165所示。

图 3-164　描边效果

图 3-165　阴影效果

### 5. 内发光

内发光样式选项可以为当前图层上的对象、文本或形状的边缘向内添加发光效果。勾选该选项，调整参数后显示效果如图3-166所示。

### 6. 光泽

光泽样式选项可以为当前图层上的对象、文本或形状添加高光，模拟光源照射下的反射效果，使图层看起来更加光滑和有质感。勾选该选项，调整参数后显示效果如图3-167所示。

图 3-166　内发光效果　　　　　　　　　图 3-167　光泽效果

### 7. 颜色叠加

颜色叠加样式选项可以为当前图层上的对象、文本或形状添加纯色填充，并以可调整的方式与图层内容混合。

### 8. 渐变叠加

渐变叠加样式选项可以为当前图层上的对象、文本或形状添加渐变填充，并以可调整的方式与图层内容混合。勾选该选项，调整参数后显示效果如图3-168所示。

### 9. 图案叠加

图案叠加样式选项可以为当前图层上的对象、文本或形状添加图案填充，并以可调整的方式与图层内容混合。勾选该选项，调整参数后显示效果如图3-169所示。

图 3-168　渐变叠加效果　　　　　　　　　图 3-169　图案叠加效果

### 10. 外发光

外发光样式选项可以为当前图层上的对象、文本或形状的边缘向外创建发光效果，可以模拟光源的光晕效果，增强图像的氛围感。勾选该选项，调整参数后显示效果如图3-170所示。

### 11. 投影

投影样式选项可以为当前图层上的对象、文本或形状添加阴影效果，增强立体感和视觉深度，常用于突显文字。勾选该选项，调整参数后显示效果如图3-171所示。

图 3-170　外发光效果　　　　　　　　　图 3-171　投影效果

## ■ 3.5.3　滤镜

滤镜是后期制作中常用的工具，能够快速改变图像的外观。这些滤镜既可以应用于整个图层，也能针对特定区域使用，为用户提供灵活的图像编辑选项。下面对常用的几个滤镜进行介绍。

**1. 滤镜库**

滤镜库是一个集成了多种预设滤镜效果的工具，允许用户在一个界面中快速尝试和组合不同的滤镜效果。执行"滤镜"→"滤镜库"命令，打开"滤镜库"对话框，单击每个类别以查看可用的滤镜。如图3-172所示为应用海洋波纹效果。

图 3-172　应用海洋波纹效果

- **风格化**：该滤镜组中只收录了一个滤镜，应用后能使图像产生鲜明的轮廓线，营造出类似霓虹灯的亮光效果。

- **画笔描边**：该滤镜组用于模拟不同的画笔或油墨笔刷来勾画图像，使图像产生手绘效果。这些滤镜可以对图像增加颗粒、绘画、杂色、边缘细线或纹理，以得到点画效果。
- **扭曲**：扭曲滤镜在滤镜中只收录了3种：玻璃滤镜（用于创建逼真的玻璃效果）、海洋波纹滤镜（模拟海洋波纹的起伏效果）以及扩散亮光滤镜（通过扩散图像中的亮光部分来营造出柔和的光晕效果）。
- **素描**：素描滤镜组的使用可以为图像增加纹理，模拟素描、速写等艺术效果。也可以在图像中加入底纹而产生三维效果。
- **纹理**：纹理滤镜组可为图像添加深度感或材质感，其主要功能是在图像中添加各种纹理，为设计作品增加立体感、历史感或是抽象的艺术风格。
- **艺术效果**：艺术效果滤镜组可模拟现实生活，制作绘画效果或特殊效果。它可以为作品添加艺术特色。

### 2. Camera Raw滤镜

Camera Raw滤镜是一款功能全面且强大的图像编辑工具，它不仅能处理原始图像文件，还能处理由不同相机和镜头拍摄的图像，并进行色彩校正、细节增强、色调调整等全面处理。执行"滤镜"→"Camera Raw滤镜"命令，弹出为"Camera Raw"对话框，如图3-173所示。

图 3-173 "Camera Raw"对话框

### 3. 液化滤镜

液化滤镜能够实现图像的精细变形与修饰，广泛应用于人像美化、创意设计等领域。执行"滤镜"→"液化"命令，弹出"液化"对话框。该对话框中提供了液化滤镜的工具、选项和图像预览，如图3-174所示。

图 3-174 "液化"对话框

## 4. 风格化滤镜组

风格化滤镜组的滤镜主要用于通过置换图像像素并增加其对比度,在选区中产生印象派绘画以及其他风格化的效果。打开素材图像,如图3-175所示,执行"滤镜"→"风格化"命令,弹出如图3-176所示的子菜单,执行相应的菜单命令即可实现滤镜效果。如图3-177所示为应用油画效果。

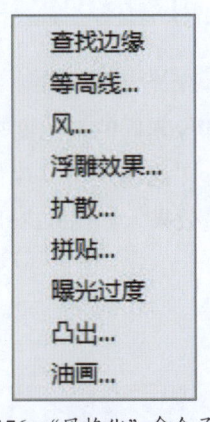

图 3-175 原图　　图 3-176 "风格化"命令子菜单　　图 3-177 应用油画效果

## 5. 模糊滤镜组

模糊滤镜组的滤镜主要用于不同程度地减少相邻像素间颜色的差异,使图像产生柔和、模糊的效果。打开素材图像,如图3-178所示,执行"滤镜"→"模糊"命令,弹出如图3-179所示的子菜单,执行相应的菜单命令即可实现滤镜效果。如图3-180所示为应用径向模糊效果。

图 3-178　原图 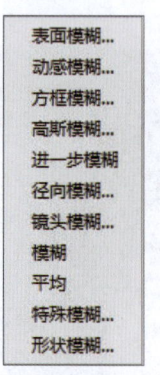　　　图 3-179　"模糊"命令子菜单 　　　图 3-180　应用径向模糊效果

### 6. 扭曲滤镜组

　　扭曲滤镜组中的滤镜使用几何学原理来将一幅影像变形，以创造出三维效果或其他的整体变化。打开素材图像，如图3-181所示。执行"滤镜"→"扭曲"命令，弹出如图3-182所示的子菜单，执行相应的菜单命令即可实现滤镜效果。如图3-183所示为应用波浪效果。

图 3-181　原图 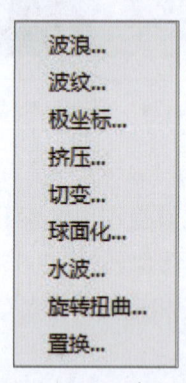　　　图 3-182　"扭曲"命令子菜单 　　　图 3-183　应用波浪效果

### 7. 锐化滤镜组

　　锐化滤镜组中的滤镜通过增强相邻像素间的对比度来聚集模糊的图像，使图像变得清晰。打开素材图像，如图3-184所示。执行"滤镜"→"锐化"命令，弹出如图3-185所示的子菜单，执行相应的菜单命令即可实现滤镜效果。如图3-186所示为应用智能锐化效果。

图 3-184　原图 　　　图 3-185　"锐化"命令子菜单 　　　图 3-186　应用智能锐化效果

## 8. 像素化滤镜组

像素化滤镜组中的滤镜通过使单元格中颜色相似的像素结成块,来对一个选区做清晰的定义,可以制作出彩块、点状、晶格和马赛克等特殊效果。打开素材图像,如图3-187所示。执行"滤镜"→"像素化"命令,弹出如图3-188所示的子菜单,执行相应的菜单命令即可实现滤镜效果。如图3-189所示为应用晶格化效果。

图3-187 原图 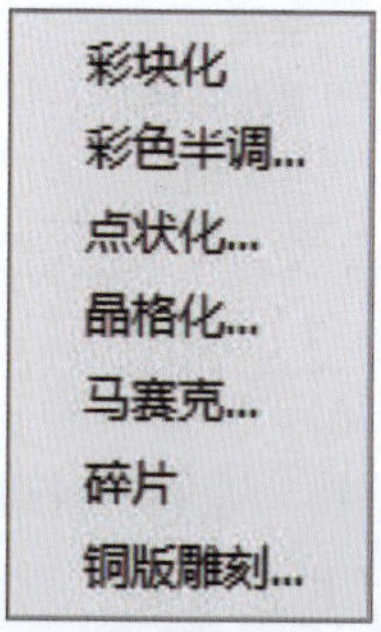　　　　图3-188 "像素化"命令子菜单 　　　　图3-189 应用晶格化效果

## 9. 渲染滤镜组

渲染滤镜组可在图像中创建云彩团、3D形状、折射图案和模拟的光反射效果。执行"滤镜"→"渲染"命令,弹出如图3-190所示的子菜单,执行相应的菜单命令即可实现滤镜效果。如图3-191、图3-192所示分别为应用火焰和分层云彩效果。

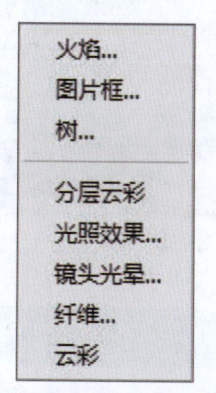

图3-190 "渲染"命令子菜单 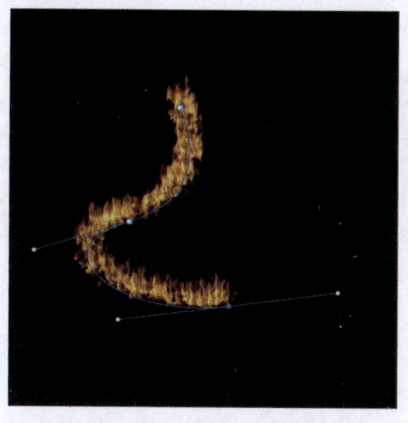　　　　图3-191 应用火焰效果 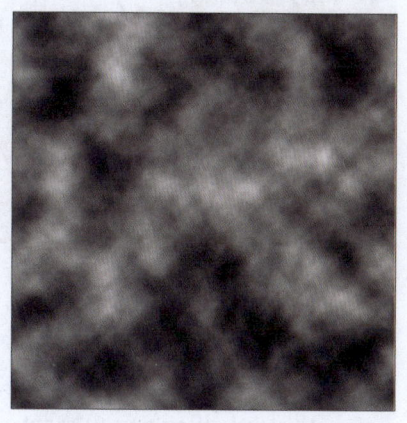　　　　图3-192 应用分层云彩效果

## 10. 杂色滤镜组

杂色滤镜组中的滤镜可以添加或去除杂色或带有随机分布色阶的像素,创建与众不同的纹理。打开素材图像,如图3-193所示。执行"滤镜"→"杂色"命令,弹出如图3-194所示的子菜单,执行相应的菜单命令即可实现滤镜效果。如图3-195所示为应用蒙尘与划痕效果。

图 3-193 原图 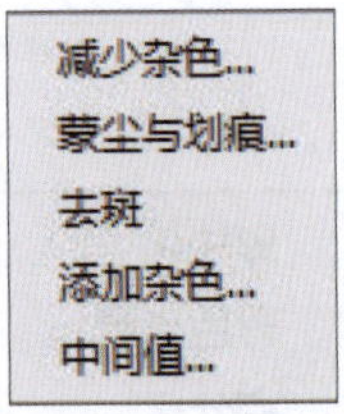　　　图 3-194 "杂色"命令子菜单 　　　图 3-195 应用蒙尘与划痕效果

**11. 其它[①]滤镜组**

其它滤镜组则可用来创建自定义滤镜，也可用来修饰图像的某些细节部分。打开素材图像，如图3-196所示。执行"滤镜"→"其它"命令，弹出如图3-197所示的子菜单，执行相应的菜单命令即可实现滤镜效果。如图3-198所示为应用最大值效果。

图 3-196 原图 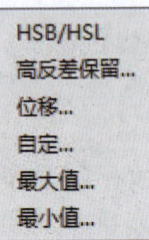　　　图 3-197 "其它"命令子菜单 　　　图 3-198 应用最大值效果

## 3.6　课堂演练：绘制应用图标

本课堂演练将综合运用椭圆工具、矩形工具及钢笔工具来绘制主体形状，并通过颜色填充与创建剪贴蒙版来实现图标中的云朵和书籍视觉效果。

**步骤 01** 启动Photoshop，打开素材文档，如图3-199所示。

**步骤 02** 选择"椭圆工具"在画板上单击，在弹出的"创建椭圆"对话框中设置参数，如图3-200所示。

---

① 正确写法应为"其他"，这里采用"其它"一词是为了与软件保持一致。后续类似问题也采用此种方法解决。

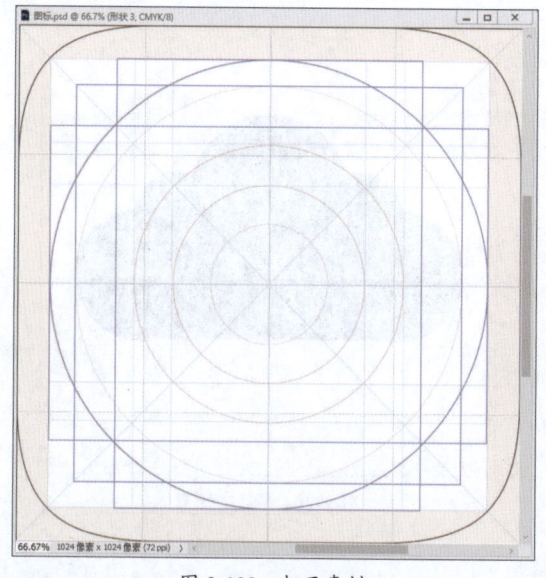

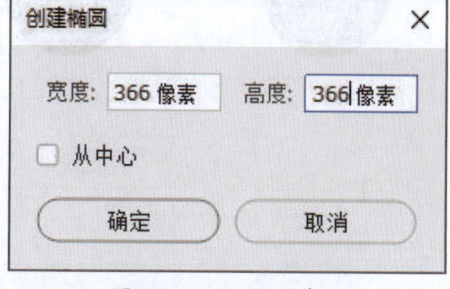

图 3-199　打开素材

图 3-200　设置椭圆参数

步骤 03　单击"确定"按钮后，调整正圆的位置，效果如图3-201所示。
步骤 04　继续绘制宽度和高度各为200像素的正圆，按住Alt键移动复制，效果如图3-202所示。

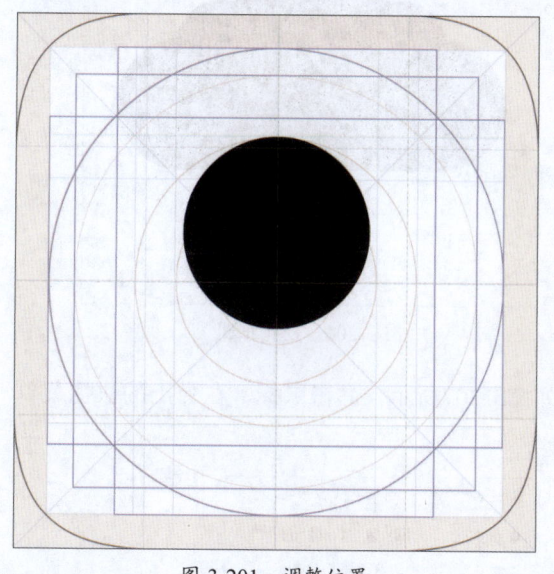

图 3-201　调整位置

图 3-202　创建正圆

步骤 05　继续绘制宽度和高度各为228像素的正圆，按住Alt键移动复制，效果如图3-203所示。
步骤 06　选择"矩形工具"绘制矩形，并调整圆角半径，效果如图3-204所示。
步骤 07　使用"移动工具"加选左右两侧椭圆，在选项栏中单击"底对齐"按钮，效果如图3-205所示。
步骤 08　选择"椭圆工具"在画板上单击，在弹出的"创建椭圆"对话框中设置宽度和高度各为120像素，居中放置，效果如图3-206所示。

图 3-203　创建正圆　　　　　　　　　图 3-204　创建矩形

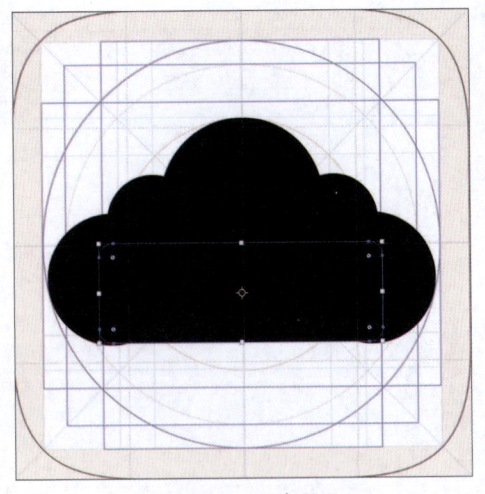

图 3-205　调整位置　　　　　　　　　图 3-206　创建正圆

**步骤 09** 在"图层"面板中选择多个图层，效果如图3-207所示。右击鼠标，在弹出的快捷菜单中选择"合并形状"选项，效果如图3-208所示。

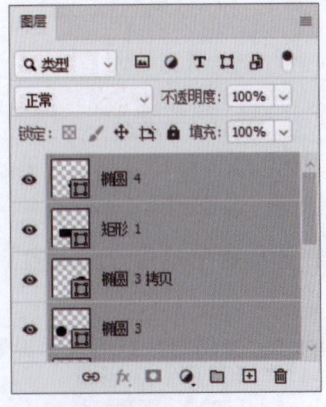

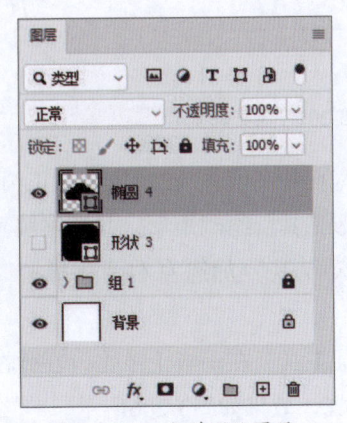

图 3-207　选择图层　　　　　　　　　图 3-208　合并形状图层

步骤 10 选择"矩形工具",在选项栏中单击"填充"色块设置参数,如图3-209所示。填充颜色效果如图3-210所示。

图 3-209　设置填充颜色　　　　图 3-210　填充颜色效果

步骤 11 选择"钢笔工具",在选项栏中设置模式为"形状",绘制形状,填充为白色,效果如图3-211所示。按住Alt键移动复制,按Ctrl+T组合键,右击鼠标,在弹出的快捷菜单中选择"水平翻转"选项,效果如图3-212所示。

图 3-211　绘制形状效果　　　　图 3-212　复制形状效果

步骤 12 使用相同的方法绘制路径,效果如图3-213所示。选择右侧形状,按Ctrl+J组合键复制,更改填充颜色(#ffcc61),按Ctrl+Shift+G组合键创建剪贴蒙版,如图3-214所示。

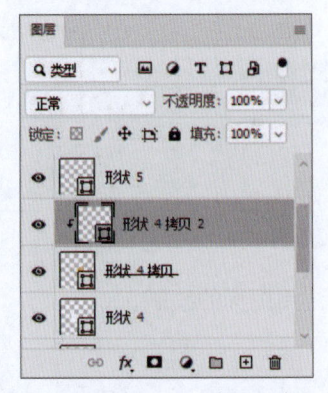

图 3-213　绘制路径形状　　　　图 3-214　复制并创建剪贴蒙版

步骤13 向下移动形状图层，效果如图3-215所示。

步骤14 选择"形状3"图层，更改填充颜色为白色，效果如图3-216所示。

图 3-215　调整形状效果　　　　　　图 3-216　更改颜色效果

步骤15 在"图层"面板中隐藏组1和背景图层，如图3-217所示。

步骤16 执行"文件"→"导出"→"导出为"命令，在弹出的"导出为"对话框中设置参数，如图3-218所示。

图 3-217　隐藏图层和图层组　　　　　　图 3-218　导出为 PNG 格式

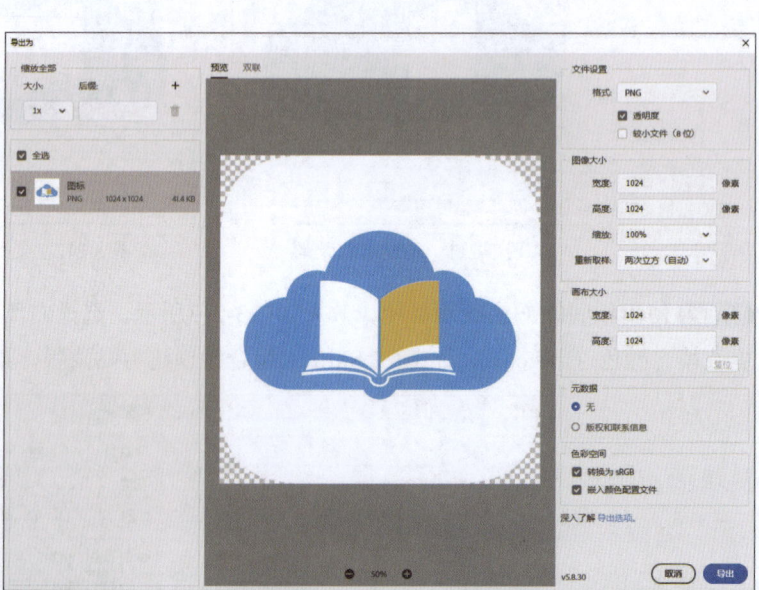

至此，完成应用图标的绘制。

# 模块 4　UI 图标设计

**内容概要**

本模块详细讲解移动UI设计中的图标设计,从图标的基本定义出发,逐步深入图标的设计准则、类型与尺寸、常用图形样式以及常见的风格等方面。通过全面而系统的学习,读者将能够深刻理解并熟练掌握移动UI图标设计的核心要素,为未来的设计工作奠定坚实的基础。

## 4.1 关于图标设计

在移动UI设计中，图标不仅在用户与界面交互中起着重要作用，更是功能性和实用性的体现，同时也提升了界面美观度。

### ■ 4.1.1 什么是图标

图标是一种图形符号，通常用于代表某个程序、文件、功能或操作，如图4-1、图4-2所示。它们以简洁、直观的方式呈现信息，帮助用户快速识别和操作界面元素。图标可以包含文字、图像或两者的结合，其设计旨在提高用户界面的易用性和美观度。

图 4-1　应用图标　　　　　　　　图 4-2　功能图标

### ■ 4.1.2 图标在移动UI设计中的作用

图标在移动UI设计中扮演着非常重要的角色，其作用主要体现在以下几个方面。

#### 1. 视觉引导

图标能够有效引导用户的注意力，帮助他们快速识别和理解界面中的功能和内容。通过直观的图形表示，用户可以轻松找到所需的操作按钮或信息，从而提升整体用户体验。

#### 2. 功能表达

图标通过简洁的视觉符号传达具体的功能和操作。例如，一个放大镜图标通常表示搜索功能，而一个箭头图标可能表示前进或后退。如图4-3所示为后退箭头图标。通过图标，用户可以更快地理解并操作应用程序。

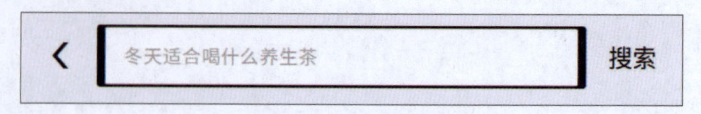

图 4-3　后退箭头图标

#### 3. 节省空间

与文字相比，图标占用的屏幕空间更少，这使得移动设备的用户界面更加简洁和高效。特别是在屏幕尺寸受限的移动设备上，图标的使用尤为重要。

**4. 品牌识别**

图标是品牌视觉识别系统的一部分，它们有助于建立品牌的独特性和识别度。通过统一的图标设计风格和色彩方案，可以增强用户对品牌的记忆和认知。

**5. 信息层次**

图标可以用来表示信息的层次结构，帮助用户理解不同元素之间的关系和优先级。例如，在主菜单中使用较大的图标表示主要功能，而在子菜单中使用较小的图标表示次要功能。

**6. 交互反馈**

图标在交互设计中也起着重要作用。它们可以作为按钮或开关的图形表示，当用户与之交互时，图标可能会发生变化（如颜色变化、动画效果等），以提供即时反馈，如图4-4、图4-5所示。

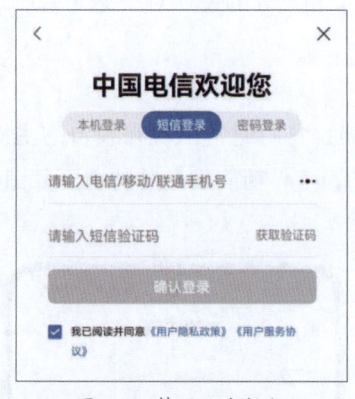

图 4-4　禁用状态按钮　　　　　图 4-5　激活状态按钮

**7. 文化与情感传达**

图标可以承载文化内涵和情感色彩。设计师在选择图标时，需考虑目标用户的文化背景和情感认知，以确保图标能够有效传达预设的信息和情感，增强用户的情感连接。

## ■4.1.3　图标设计的基本准则

图标设计的基本准则对于确保图标的有效性和可用性非常重要。以下是一些基本的设计准则。

- **简洁性**：图标应尽可能设计得简洁，避免因细节过多而在小尺寸展示时无法清晰识别。简洁的图形不仅易于辨认，还能提升图标的整体设计品质。
- **一致性**：图标的设计风格、色彩、线条粗细等应保持统一，以营造和谐的视觉体验。一致性有助于用户快速熟悉和适应界面，降低学习成本，提升用户体验。
- **可识别性**：图标应直观表达其代表的功能或操作，使用户一眼就能理解其含义。设计时应使用通用且易于理解的图形元素，避免过于抽象或模糊的设计。同时，要确保图标在不同背景下都能保持清晰的轮廓和对比度，便于用户轻松识别。
- **适应性**：图标设计需考虑其在不同屏幕尺寸上的表现，确保其在小屏幕和大屏幕上都能保持清晰度和可读性。这要求设计师在设计过程中进行多尺寸测试，确保图标在各种场景下都能呈现出最佳效果。
- **色彩与质感**：选择与整体界面设计相协调的颜色，避免使用过多的颜色以保持视觉上的和谐。同时，可以通过阴影、渐变等手法增加图标的深度和立体感，但要注意保持简洁，避免过于复杂的设计。
- **避免使用文字与照片**：图标设计应尽量避免使用文字，以防产生歧义，而图标应以视觉符号传达信息。此外，使用照片作为图标可能导致在小尺寸下失去清晰度，并且不易与其他图标保持一致性。应使用简化的图形而非照片。

## 4.2 图标的类型与尺寸

图标作为用户界面中不可或缺的元素，其类型和尺寸的设计对于提升用户体验非常重要。

### ■ 4.2.1 应用图标

应用图标是用户识别和启动应用程序的基础。它们通常出现在设备的主屏幕或应用商店中，用于快速吸引用户的注意力并传达应用程序的核心功能或品牌特色。如图4-6、图4-7所示为HarmonyOS主屏幕和应用商店界面。

图 4-6 HarmonyOS 主屏幕　　图 4-7 HarmonyOS 应用商店界面

在不同的操作系统中，应用图标的设计风格和尺寸有所差别，具体如下：

### 1. iOS应用图标

iOS应用图标强调简洁、直观与高度的视觉一致性。苹果鼓励设计师采用扁平化设计（flat design），避免使用过多的阴影、高光和渐变效果。图标通常以纯色或渐变色为背景，主体元素（如符号、图形或文字等）清晰可辨，线条干净利落。此外，iOS图标注重细节，边缘处理圆滑。色彩使用上追求和谐，通常采用柔和的色调，确保在不同背景下的可读性和视觉舒适度。如图4-8所示为iOS应用图标效果。

在绘制iOS应用图标时，其标准尺寸为1 024 px×1 024 px，并根据iOS官方模版进行规范，如图4-9所示。iOS应用图标的透明度为零，图标形状为正方形，系统会应用自动调整图标四角的遮罩。所有平台的应用图标都必须使用PNG格式。

图 4-8　iOS 应用图标效果

图 4-9　官方模版

应用图标会以不同的分辨率出现在主屏幕、App Store、搜索（Spotlight）、设置、通知等场景中，其图标用途和具体尺寸倍率如表4-1所示。

表 4-1　图标用途和具体尺寸倍率

| 用途 | @2X（px） | @3X（px） |
| --- | --- | --- |
| iphone上的主屏幕 | 120×120 | 180×180 |
| ipad pro上的主屏幕 | 167×167 |  |
| ipad、ipad mini上的主屏幕 | 152×152 |  |
| iphone、ipad pro、ipad、ipad mini上的"聚焦" | 80×80 | 120×120 |
| iphone、ipad pro、ipad、ipad mini上的"设置" | 58×58 | 87×87 |
| iphone、ipad pro、ipad、ipad mini上的"通知" | 76×76 | 114×114 |

### 2. Android图标

Android应用图标的设计风格丰富多样，体现了Google的Material Design理念，同时也允许开发者根据品牌和应用特性进行个性化设计。如图4-10所示为ColorOS14部分应用图标。以下是Android应用图标设计的几个关键特点。

图 4-10　ColorOS14 应用图标

- **形状规范**：遵循Google的Material Design原则，图标设计强调简洁、直观，并使用规范的形状。
- **层次感与光影**：通过合理的光影处理和色彩渐变，可以使图标看起来更加立体和生动，提升了整体的视觉吸引力。
- **色彩运用**：色彩丰富，允许鲜艳的组合，注重对比度以确保可读性和视觉冲击力。
- **个性化与品牌识别**：Android应用图标设计允许开发者根据品牌特色和应用特性进行个性化定制。开发者可以通过独特的图案、色彩和形状来传达应用的独特卖点，从而增强用户的品牌记忆。
- **响应式设计**：图标在不同分辨率和尺寸下都能保持清晰的视觉效果，确保用户在不同设备上都能获得一致的使用体验。

**知识点拨**　ColorOS是基于Android深度定制的操作系统，专为OPPO（含一加）智能终端设计。

由于Android系统的手机机型多种多样，图标的尺寸设置主要依赖于设备的分辨率。不同分辨率的手机适配不同尺寸的应用图标，具体如下：

- **mdpi（160 dpi）**：48 px×48 px。
- **hdpi（240 dpi）**：72 px×72 px。
- **xhdpi（360 dpi）**：96 px×96 px。
- **xxhdpi（480 dpi）**：114 px×114 px。
- **xxxhdpi（640 dpi）**：192 px×192 px。

在绘制产品图标时，使用产品图标网格可以促进图标的一致性，并为图形元素的定位建立清晰的规范。如图4-11所示展示了产品图标网格与关键线。

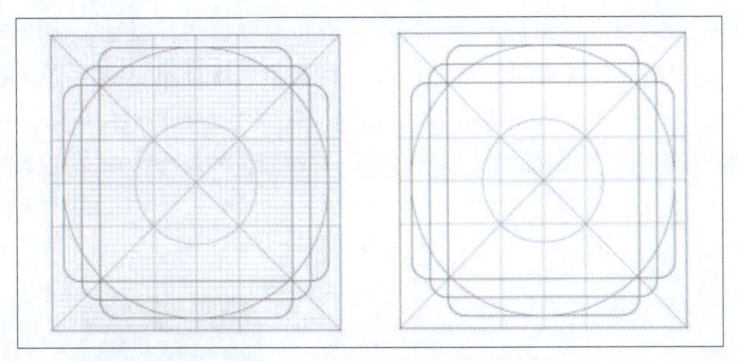

图 4-11　产品图标网格与关键线

关键线形状是网格的基础。使用这些核心形状作为准则，可以在相关产品图标的设计中保持一致的视觉比例。不同的图标形状其高度和宽度也有所不同，具体如表4-2所示。

表 4-2　不同的图标形状高度和宽度值

| 关键线形状 | | | | |
|---|---|---|---|---|
| 高度/px | 152 | 176 | 176 | 128 |
| 宽度/px | 152 | 176 | 128 | 176 |

### 3. HarmonyOS应用图标

HarmonyOS应用图标旨在回归本源，通过现代化的语义表达，准确传达功能、服务和品牌。视觉上兼顾美观性和识别性；形式上兼收并蓄，和而不同，如图4-12所示。在设计上需要遵循以下原则。

图 4-12　HarmonyOS 应用图标

- **简洁优雅**：元素图标简洁，线条表现优雅，传递设计美学。
- **极速达意**：图标图形准确传达其功能、服务和品牌，具有易读性和识别性。
- **情感表达**：通过图形和色彩概括表达情感，传达品牌视觉形象。

在设计时HarmonyOS应用图标可参考标准网格布局进行图标设计，满足图标体量的一致性。网格布局主要作用为体量参考，部分图标可根据图形体量感突破网格界限，如图4-13所示。图标底板光源保持至上而下的照射方式，颜色上浅下深，如图4-14所示。在特殊的场景下则要符合自然的规律，如天气图标的底板渐变是由天空颜色的渐变方向而形成的。

图 4-13　HarmonyOS 应用图标　　　　　图 4-14　HarmonyOS 图标背景

为保证图标在系统内显示的一致性，应用预置的图标资源应满足以下要素。
- 图标资源必须为分层资源，如图4-15所示。
- 图标资源尺寸必须为 1 024 px × 1 024 px。
- 图标资源必须为正方形图像，系统会为对应场景自动生成遮罩裁切，如图4-16所示。

图 4-15　分层资源

图 4-16　遮罩效果

## 4.2.2 系统图标

系统图标是操作系统或应用程序内部用于表示功能、操作或状态的图形符号。它们通常出现在菜单栏、工具栏、导航栏等位置，为用户提供快速访问和操作的便捷方式。如图4-17、图4-18所示分别为iOS日历和控制资源库的系统图标。

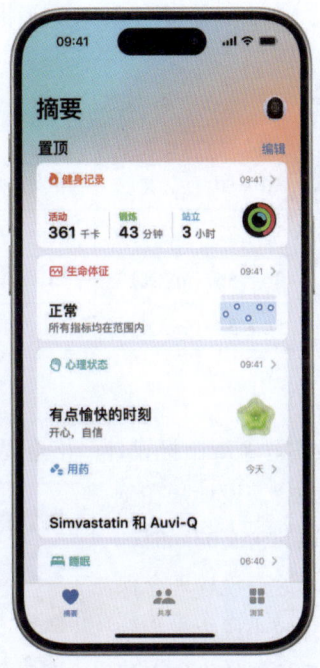

图 4-17　iOS 日历系统图标　　　图 4-18　iOS 控制资源库系统图标

在不同的操作系统中，系统图标的设计风格和尺寸有所差别，具体如下：

### 1. iOS

iOS系统功能图标主要采用的是Apple自iOS 13及后续版本引入的SF符号（SF Symbols），这是一套提供单色、分层、调色盘和多色四种渲染模式，包含各种粗细和比例符号，定义了填充、斜线和包围等多种设计变体，并支持符号动画，以助于设计更灵活、传达精确状态和操作、保持视觉一致性和简明性，同时响应用户操作并提供状态或进行中的活动反馈的丰富的可缩放矢量图标系统。如图4-19所示为不同渲染模式的系统图标。

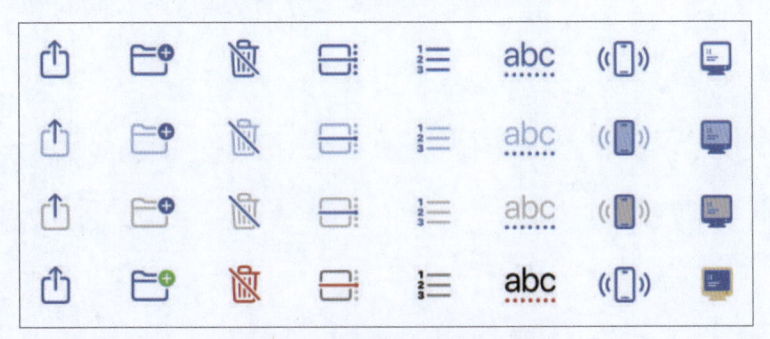

图 4-19　不同渲染模式的系统图标

在iOS系统图标设置中，导航栏和工具栏两处的图标尺寸大小一致，分别为48 px×48 px（@2X）和72 px×72 px（@3X）。标签栏根据图标的形状和数量，可分为常规标签栏和紧凑型标签栏。在宽度平分的情况下，图标尺寸可设置为60 px×60 px。在创建不同形状的标签图标时，其尺寸详情如表4-3所示。

表 4-3　不同形状的标签图标尺寸表

| 关键线形状 | ○ | □ | ▭ | ▯ |
|---|---|---|---|---|
| 常规标签栏/px | 50×50（@2X）<br>75×72（@3X） | 46×46（@2X）<br>69×69（@3X） | 62（@2X）<br>93（@3X） | 56（@2X）<br>84（@3X） |
| 紧凑标签栏/px | 36×36（@2X）<br>54×54（@3X） | 34×34（@2X）<br>51×51（@3X） | 46（@2X）<br>69（@3X） | 40（@2X）<br>60（@3X） |

## 2. Android

在Android系统中，系统图标设计严格遵循Material Design原则，着重于简洁性、现代感、友好性和趣味性的融合。设计师在确保图标能够准确传达其含义的同时，力求精简设计元素。这一设计理念保证了即便在屏幕尺寸较小或分辨率较低的设备上，图标依然能够维持良好的可读性和清晰度。Material Design提供了一整套的系统图标，如图4-20所示。

图 4-20　Material Design 系统图标

以300 dpi分辨率中的24 dp的尺寸为基准创建图标时，图标内容被限制在20 dp×20 dp的安全区域内，周围有4 dp的边距，如图4-21所示。4 dp的空白区域构成了内边距，围绕着20 dp×20 dp的安全区域，如图4-22所示。

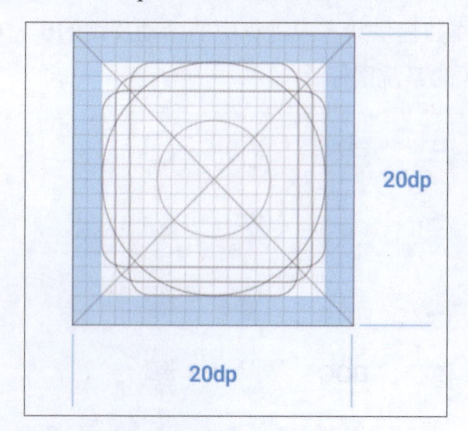

图 4-21　安全区域　　　　　　图 4-22　内边距

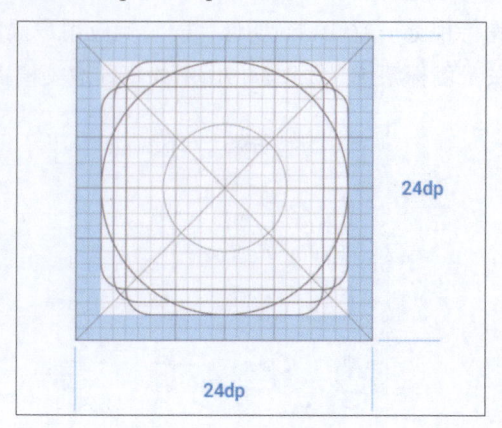

在设计系统图标时，描边的粗细为2 dp，包括曲线、斜线以及内部和外部的描边。在图标的外形轮廓上使用2 dp的圆角半径，拐角的内部则为正方形，如图4-23所示。在极端情况下，需要进行细微的调整以保证图标的可读性。当出现不可避免的复杂细节时，需要对标准做一些调整。例如，含有多个弯角的复杂图标，可以将2 dp的宽度更改为1.5 dp，如图4-24所示。

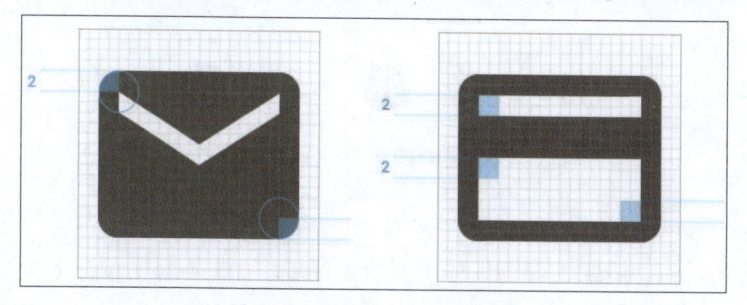

图 4-23　圆角外部、内部拐角　　　　图 4-24　复杂图标

关键线形状尺寸如表4-4所示。

表 4-4　关键线形状尺寸

| 关键线形状 | | | | |
|---|---|---|---|---|
| 高度/dp | 18 | 20 | 20 | 16 |
| 宽度/dp | 18 | 20 | 16 | 20 |

**知识点拨**　dp是一种基于屏幕密度的抽象单位，用于确保UI元素在不同密度的屏幕上保持相同的物理尺寸。dp与px（像素）的换算关系取决于屏幕的dpi，其换算公式为px=dp×(dpi/160)，其中160 dpi被视为基准值（标准密度）。系统图标的尺寸根据不同设备的分辨率进行适配，如表4-5所示。

表 4-5　图标尺寸适配表

| 图标单位 | mdpi<br>（160dpi） | hdpi<br>（240dpi） | xhdpi<br>（320dpi） | xxhdpi<br>（480dpi） | xxxhdpi<br>（640dpi） |
|---|---|---|---|---|---|
| dp | 12×12 | 18×18 | 24×24 | 36×36 | 48×48 |
| px | 24×24 | 36×36 | 48×48 | 72×72 | 196×196 |

### 3. HarmonyOS

HarmonyOS系统图标通过采用简化的图形和直观的语义表达，不仅实现了易于识别的特性，而且巧妙地融入了更多年轻化的设计理念，使得整个系统的视觉风格更加年轻、时尚且充满活力。在色彩运用上，HarmonyOS系统图标提供了单色、分层以及多色三种选择，进一步丰富了图标的视觉表现力，如图4-25所示。在动效上则超越了传统的静态图标功能，多种动态效果为用户提供了直观的反馈，有效增强了交互体验。

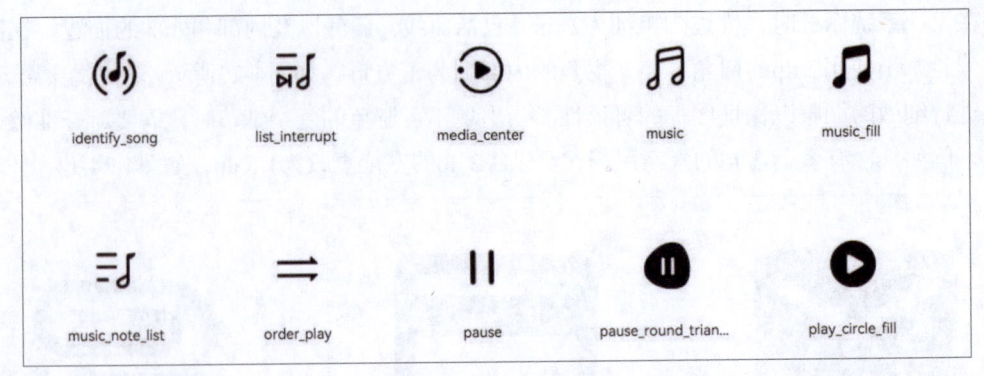

图 4-25 单色媒体图标

系统图标设计以 24 vp 为标准尺寸，中央 22 vp 为图标主要绘制区域，如图 4-26 所示。上、下、左、右各留 1 vp 作为空隙，如图 4-27 所示。

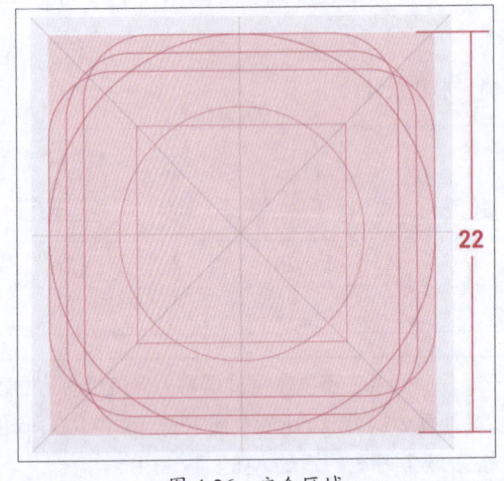

图 4-26 安全区域

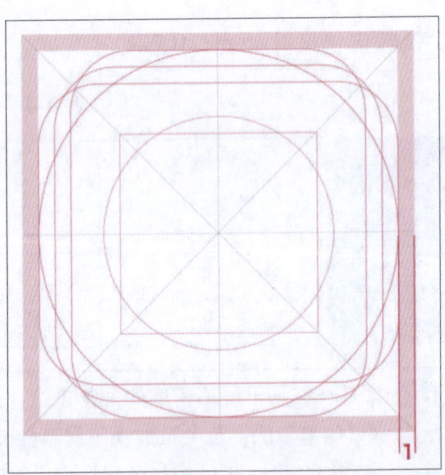

图 4-27 内边距

关键线形状尺寸如表 4-6 所示。

表 4-6 关键线形状尺寸

| 关键线形状 | | | | |
|---|---|---|---|---|
| 高度 | 20 vp | 22 vp | 22 vp | 18 vp |
| 宽度 | 20 vp | 22 vp | 18 vp | 22 vp |

若图标形状特殊，需要添加额外的视觉重量实现整体图标体量平衡，绘制区域可以延伸到空隙区域内，但图标整体仍应保持在 24 vp 大小的范围之内，如图 4-28 所示。允许在保证图标重心稳定的情况下，图标部分超出绘制活动范围，延伸至间隙区域内，如图 4-29 所示。

在设计系统图标时，默认终点样式为圆头，描边的粗细为 1.5 vp，外圆角为 4 vp，内圆角为 2.5 vp，断口宽度为 1 vp，倾斜角度为 45°。

模块4 UI图标设计

图 4-28 特殊图标尺寸范围

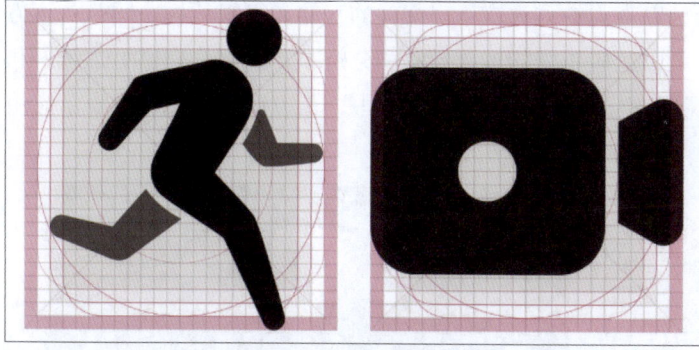

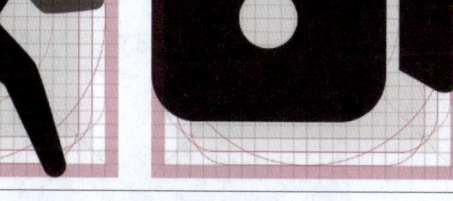

图 4-29 特殊图标推荐重心

**知识点拨** vp，即虚拟像素，是HarmonyOS为了解决不同屏幕密度设备的适配问题而引入的一种单位。它提供了一种灵活的方式适应不同屏幕密度的显示效果，使得元素在不同密度的设备上具有一致的视觉体量。vp与屏幕像素密度的关系大致为1 vp约等于160 dpi屏幕密度设备上的1 px。

## 4.3 图标的常用图形

图标作为用户界面中的视觉符号，其设计不仅注重美观，更强调信息的准确度和高效传达。下面对常用的图形进行介绍。

### 4.3.1 圆形

圆形象征着完整、和谐、运动性和无限感，具有简洁、友好和包容的特性，给人以温暖和舒适的感觉。它常用于表示设置、通知和保护等通用功能，因为这些功能通常与用户界面的整体性和和谐性相关。例如，在手机系统中，设置功能和控制中心下拉列表的图标通常采用圆形设计，传达出涵盖多种系统设置选项的完整性和包容性，成为用户访问功能的理想入口，如图4-30、图4-31所示。

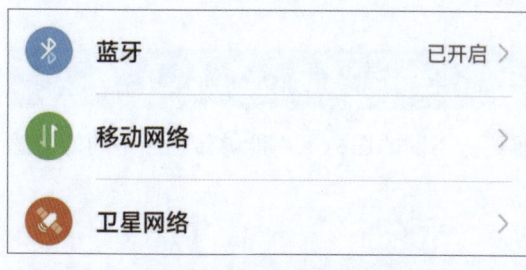

图 4-30 设置界面

图 4-31 控制中心

### 4.3.2 正方形、长方形

正方形和长方形代表着稳定性、秩序和结构感。这些图形常用于表示文件、图片、应用窗口等，因为它们能够清晰地表示内容的边界和框架。例如，在文件管理界面中，文件夹和文档

105

图标通常采用正方形或长方形设计,以直观的方式表示出文件的存储和组织结构。同时,正方形和长方形在布局上也更加灵活,可以适应不同的屏幕尺寸和分辨率,为用户提供更加统一和稳定的视觉体验,如图4-32所示。除此之外,在应用程序列表中,正方形的图标可以表示应用程序的图标或封面,如图4-33所示。

图 4-32　文件管理界面

图 4-33　应用程序图标

### ■ 4.3.3　三角形

三角形图标常用于指示方向或传达动态信息,具有引导和警示的功能。向上的三角形通常表示提升、增长或上升的趋势,而向下的三角形则可能表示下降或收缩。在用户界面中,三角形也常用于下拉菜单、播放和暂停按钮等交互元素,能够有效引导用户的操作,如图4-34所示。由于其独特的形状,三角形图标能够在视觉上形成强烈的焦点,吸引用户的注意。

图 4-34　播放界面

## 4.4　图标的常见风格

在移动UI设计中,选择合适的图标风格至关重要。不同的图标风格能够传达出不同的情感和功能,帮助用户更好地理解和使用产品。

### ■ 4.4.1　线性图标

线性图标,顾名思义,主要由线条构成,具有清晰、简洁的特点。它们通过简单的线条勾勒出图标的轮廓和细节,使得图标看起来更加轻盈和简洁。线性图标通常用于需要强调简洁性和现代感的界面,它们能够迅速传达信息,减少用户的认知负担,同时保持界面的整洁和美观。线性图标可根据设计需求进一步细分为五种类型。

- **单色线性图标**：以其纯粹的色彩和简约的线条，使之易于识别并迅速传递信息，减少视觉干扰。
- **双色线性图标**：通过两种颜色的对比，增加图标的视觉层次感和吸引力，以增强用户视觉注意力，提高操作效率，如图4-35所示。
- **渐变线性图标**：线条采用渐变色彩，使图标看起来更加生动、立体，以增加图标的视觉层次和趣味性，提升用户体验，如图4-36所示。
- **透明度/叠加线性图标**：线条具有透明度或与其他元素叠加，形成独特的视觉效果，以增强界面的整体感和层次感，使设计更加精致。
- **断点线性图标**：线条呈现间断或断点状态，赋予图标独特的视觉风格，以增加图标的辨识度和视觉冲击力，提升用户兴趣。

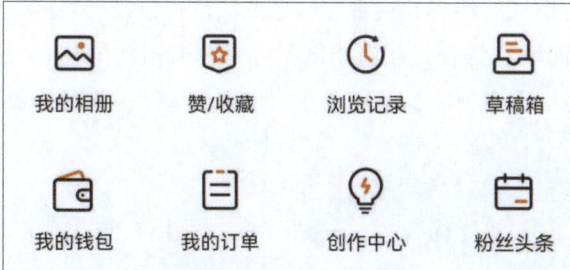

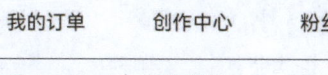

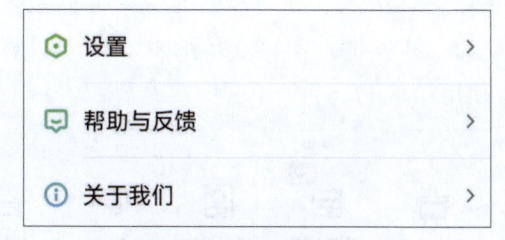

图 4-35 双色线性图标　　　　　　　图 4-36 渐变线性图标

## 4.4.2 面性图标

面性图标是一种以平面设计为基础的图标，通常使用简单的几何形状和明亮的颜色。它们以其鲜艳的色彩和清晰的形状迅速吸引用户注意力。面性图标可以根据设计需求细分为以下五种类型。

- **单色面性图标**：使用单一颜色进行填充，强调简洁性，适合现代和极简的设计风格。这种图标在视觉上更为简约，易于识别，适合运用于简约风格中。
- **双色面性图标**：通过两种颜色的对比，增加视觉层次感和动感，适合用于需要吸引用户注意力的场景，如强调特定功能或元素等。
- **渐变面性图标**：使用两种或多种颜色进行平滑过渡，形成连续的色彩变化。渐变面性图标能够增加图标的视觉吸引力，使图标看起来更加生动和立体。渐变效果可以应用于单色、双色或多色渐变中，并可根据设计需求进行灵活调整，如图4-37所示。
- **多色面性图标**：使用多种颜色创造出丰富的视觉效果，适合娱乐、创意类应用，以及需要营造活泼、欢快氛围的场景，如图4-38所示。
- **图案面性图标**：在基本形状上添加图案或纹理，增强图标的独特性和个性。这种图标适合需要突出品牌特色，增强识别度的场合，以及需要增加图标趣味性的应用中。

图 4-37　渐变面性图标

图 4-38　多色面性图标

### 4.4.3　线面结合图标

线面结合图标巧妙融合了线性图标和面性图标的特点，展现了线条的简洁性以及面块的立体感和层次感。这种风格的图标通过线条与面块的结合，创造出既清晰又富有层次的视觉效果，如图4-39、图4-40所示。线面结合图标适用于多种场景，从企业应用到娱乐产品均可广泛使用。

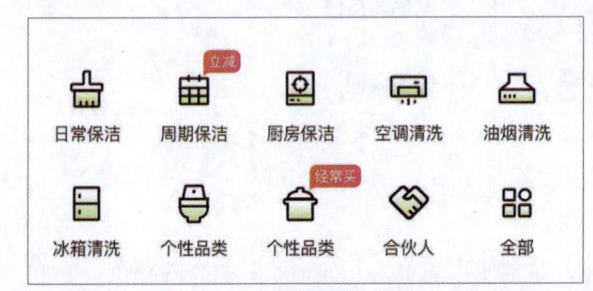

图 4-39　线面结合图标1

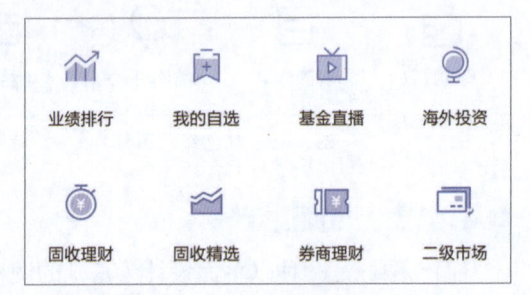

图 4-40　线面结合图标2

### 4.4.4　扁平化图标

扁平化图标采用简洁的形状与线条，摒弃了繁复的细节与阴影，营造出一种干净利落、清晰明了的视觉风格，如图4-41、图4-42所示。该类图标通常运用鲜明饱和的色彩，以增强视觉冲击力，确保即便在小屏幕上也能轻松辨认。通过高度简化的形状与符号，扁平化图标能够迅速传达其功能信息，从而优化用户体验。此外，扁平化设计强调在整个界面中保持统一风格，确保各个图标之间协调一致，营造出和谐的整体视觉效果。

图 4-41　扁平化图标1

图 4-42　扁平化图标2

## 4.4.5 拟物化图标

拟物化图标设计是据实直出，真实地描绘事物，通过将高光、纹理、材料、阴影等各种效果叠加在物体上，模拟现实物品的造型和质感，对实物进行再现。这种设计风格注重现实事物的外观，与现实事物相似，且用户的认知学习成本低。拟物化图标大部分应用在营销类型的界面以及游戏类应用中，如图4-43、图4-44所示。在这些场景中，拟物图标能够增强用户的沉浸感和代入感，提高用户的参与度和满意度。

图4-43 拟物化图标1

图4-44 拟物化图标2

## 4.4.6 轻质感图标

轻质感图标通常采用简单的几何形状和流畅的线条，避免过多的装饰和细节，使图标更加直观且易于识别。在色彩选择上，这些图标倾向于使用低饱和度和柔和的色调，以营造宁静、舒适的氛围，如图4-45所示。此外，通过添加透明或半透明效果，轻质感图标在视觉上显得更加轻盈，增强了界面的空间感和层次感，使整体设计更加现代和时尚，如图4-46所示。

图4-45 轻质感图标1

图4-46 轻质感图标2

## 4.4.7 新拟态图标

新拟态图标结合了扁平化和拟物化的优点，通过添加微妙的阴影和高光效果模拟物体的表面质感，同时保持图标的简洁性和现代感。这种风格能够为用户提供一种直观的视觉体验，增强图标的可识别性。新拟态图标在应用场景上相对受限，通常适用于背景为灰色或中性色调的界面，以确保图标的细节和层次感得以突出，如图4-47、图4-48所示。

除此之外，还有以下一些图标风格。

- **实物贴图**：使用真实物体的贴图，以增加图标的真实感和细节。
- **2.5D**：在二维图标中引入一定的立体效果，使其看起来更具有深度。
- **C4D**：利用Cinema 4D等三维软件制作的图标，具有高度的立体感和视觉冲击力。

- **WBE卡通**：采用卡通风格设计的图标，通常色彩鲜艳、形象生动，适合儿童类或休闲类应用。

图 4-47 新拟态图标 1

图 4-48 新拟态图标 2

## 案例实操 健康追踪应用图标的制作

本案例讲解健康追踪应用图标的制作。健康追踪应用图标巧妙融合了哑铃与心率线条元素，哑铃象征着健身与力量，而心率线条则生动展现了运动过程中的心率监测功能，凸显了健康管理的重要性。设计采用扁平化设计风格，确保图标简洁易懂，同时又具有现代感和动感。

### 1. 导入设计模板

本节将创建图标的参考线。创建文档后，导入素材图像并调整显示，包括大小、显示位置与不透明度等。

**步骤 01** 启动Photoshop，单击"新建"按钮，在弹出的"新建文档"对话框中设置参数，如图4-49所示。

**步骤 02** 单击"确定"按钮后新建文档，效果如图4-50所示。

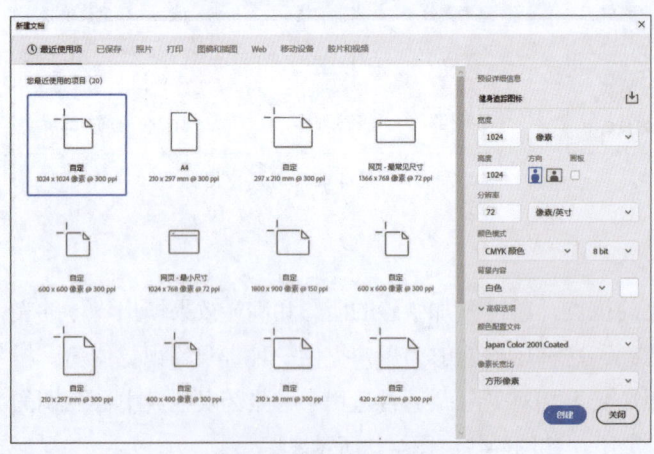

图 4-49 "新建文档"对话框

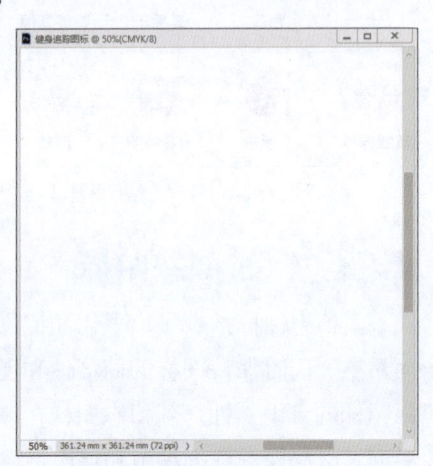

图 4-50 空白文档

**步骤 03** 打开素材文档，选择网格图标，如图4-51所示。

**步骤 04** 将其拖动至新建的文档中，效果如图4-52所示。

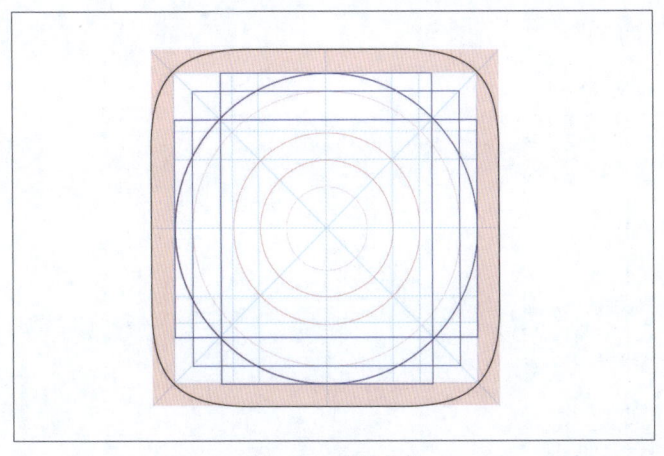

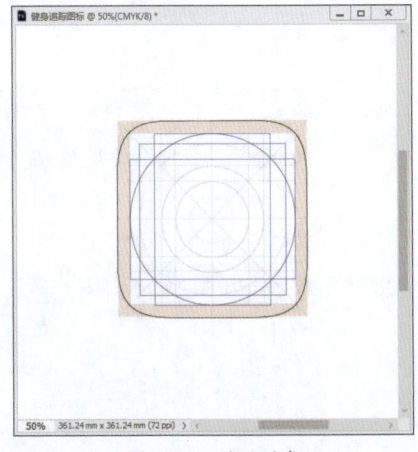

图 4-51　素材文档

图 4-52　移动对象

> **提示**：Step03中的素材文档是HarmonyOS官方提供的设计资源和参考。

**步骤 05** 按Ctrl+T组合键自由变换，在选项栏中设置水平、垂直缩放比为200%，按Enter键完成变换。在"图层"面板中，选择所有图层，在选项栏中分别单击"水平居中对齐"按钮和"垂直居中对齐"按钮，效果如图4-53所示。

**步骤 06** 取消选择背景图层后，按Ctrl+G组合键编组，设置不透明度为50%，效果如图4-54所示。

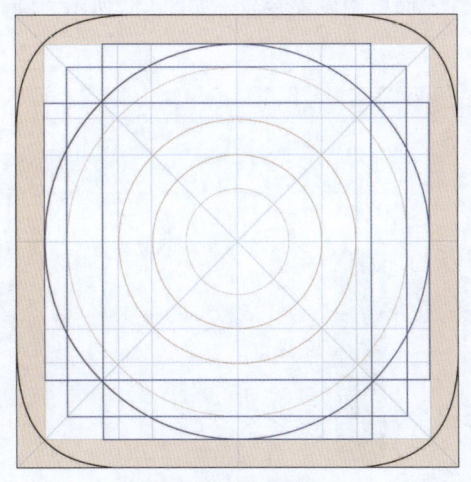

图 4-53　放大效果

图 4-54　更改群组不透明度

> **提示**：设置水平、垂直缩放比为200%，是因为官方模板给的比例为512 px×512 px，而创建的文档为1 024 px×1 024 px。

**步骤 07** 锁定该图层方便后期图形的绘制，效果如图4-55所示。此时画面效果如图4-56所示。

图 4-55　锁定群组

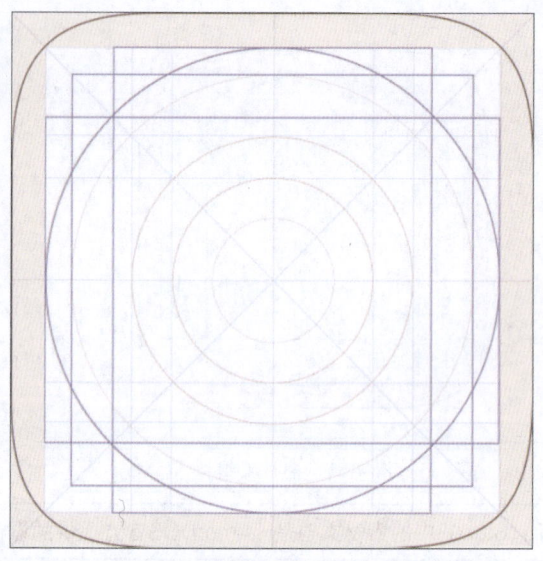

图 4-56　50% 的显示效果

### 2. 绘制图标主体——杠铃

本节将绘制图标主体——杠铃，使用矩形工具绘制多个圆形矩形，借助"属性"面板精准调节大小、位置等参数。

**步骤 01** 选择"矩形工具"绘制矩形，在"属性"面板中设置参数，如图4-57所示。圆角矩形绘制效果如图4-58所示。

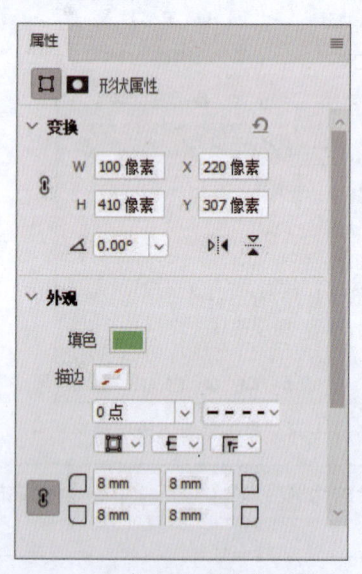

图 4-57　设置参数

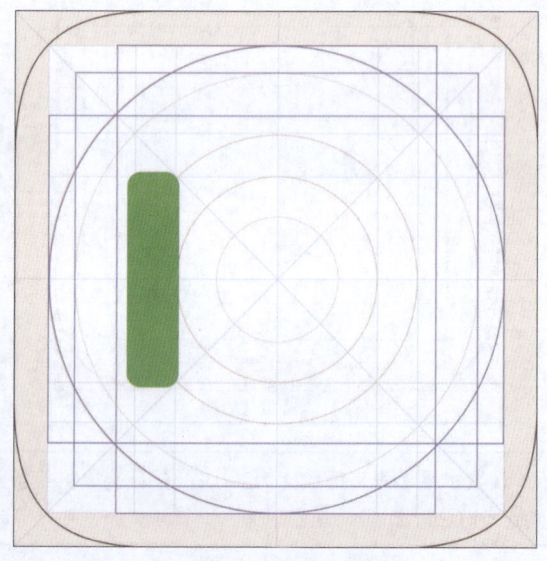

图 4-58　圆角矩形绘制效果

**步骤 02** 继续使用"矩形工具"绘制矩形，在"属性"面板中设置参数，如图4-59所示。效果如图4-60所示。

**步骤 03** 继续使用"矩形工具"绘制矩形，在"属性"面板中设置参数，如图4-61所示。效果如图4-62所示。

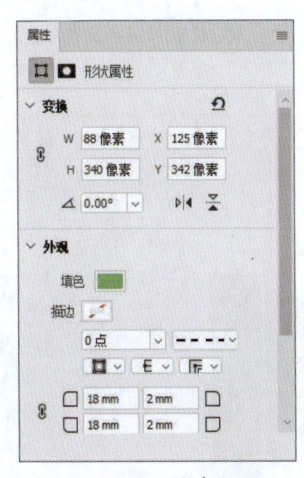

图 4-59 设置参数 1

图 4-60 圆角矩形 1

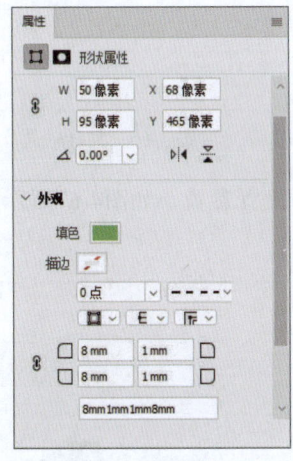

图 4-61 设置参数 2

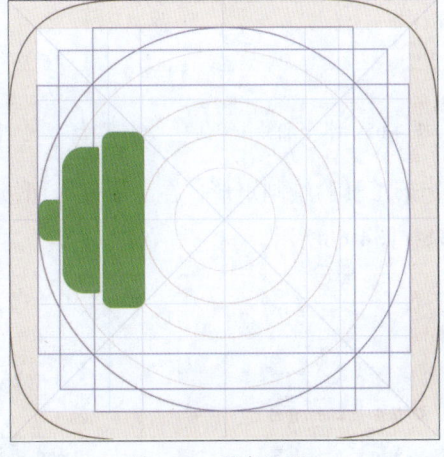

图 4-62 圆角矩形 2

步骤 04 框选3个圆角矩形，按Ctrl+J组合键复制，在"图层"面板中的显示效果如图4-63所示。

步骤 05 按Ctrl+T组合键自由变换，调整变换中心至中心点处，效果如图4-64所示。

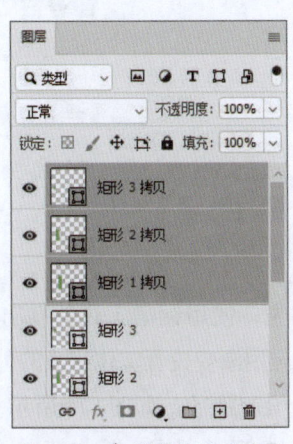

图 4-63 复制图层显示效果

图 4-64 调整变换中心

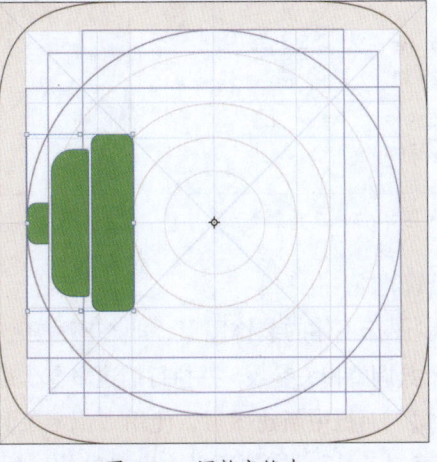

步骤06 右击鼠标,在弹出的菜单中选择"水平翻转"命令,效果如图4-65所示。

步骤07 按Enter键完成变换,效果如图4-66所示。

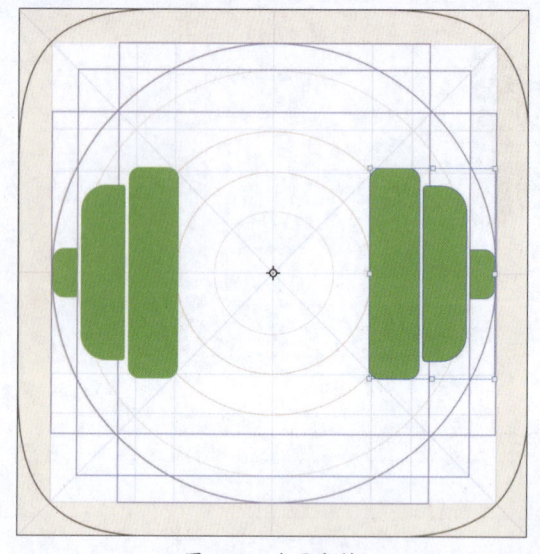

图 4-65 水平翻转　　　　图 4-66 翻转效果

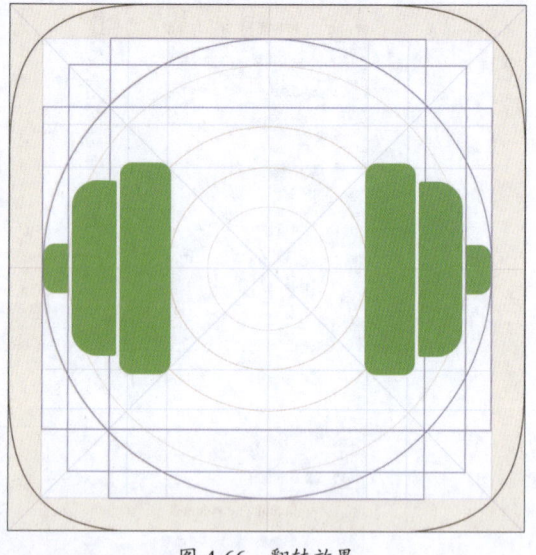

步骤08 使用"矩形工具"绘制矩形,在"属性"面板中设置参数,如图4-67所示。至此完成杠铃的制作,效果如图4-68所示。

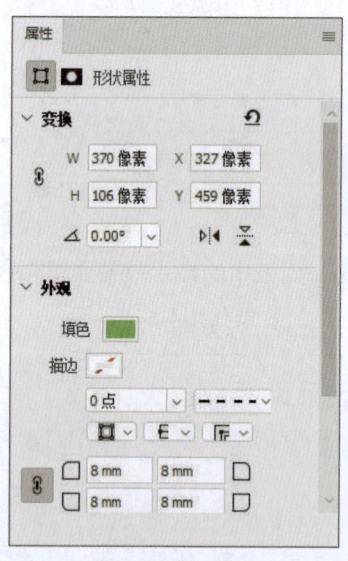

图 4-67 设置参数　　　　图 4-68 圆角矩形

### 3. 绘制装饰图形

本节将绘制图标主体的装饰图形,即心率线条。首先,使用钢笔工具勾勒出线条的路径,随后通过画笔工具调整相关参数,并执行描边命令,最后应用渐变设置美化线条的外观。

步骤01 在"图层"面板中新建图层,使用"钢笔工具"绘制路径,如图4-69所示。

步骤02 选择"画笔工具",在选项栏中设置参数,如图4-70所示。

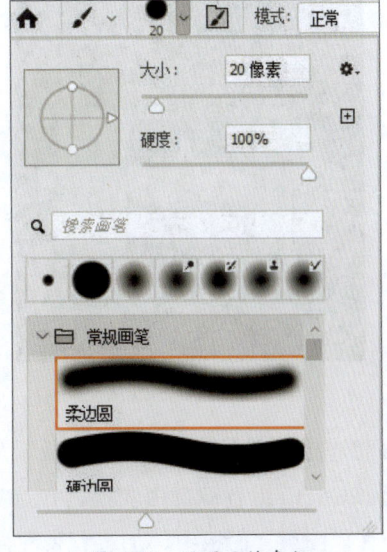

图 4-69　绘制路径　　　　　　　　图 4-70　设置画笔参数

**步骤 03** 切换至"钢笔工具"状态，右击鼠标，在弹出的菜单中选择"描边路径"命令，在弹出的"描边路径"对话框中设置参数，如图4-71所示。

**步骤 04** 单击"确定"按钮后应用描边效果，如图4-72所示。

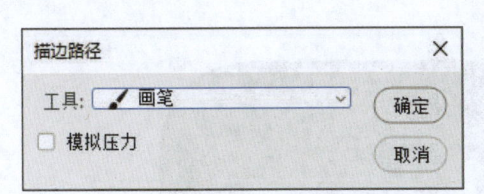

图 4-71　设置描边参数　　　　　　图 4-72　描边效果

### 4. 整体调整

本节将对已绘制完成的主体图标进行全面的调整工作，具体包括添加图标背景以及更换图标的颜色等细节处理。

**步骤 01** 在"图层"面板中单击组1，使用"矩形工具"绘制和画布等大的矩形，填充95%的灰色，效果如图4-73所示。

**步骤 02** 在素材文档中选择图标遮罩，如图4-74所示。

115

图 4-73 绘制背景　　　　　　　　图 4-74 选择遮罩

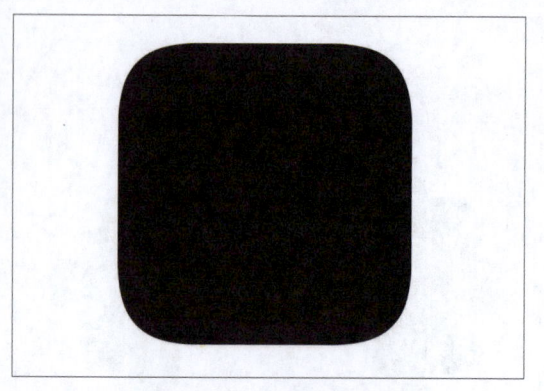

**步骤 03** 将遮罩移动至图标文档中，效果如图4-75所示。

**步骤 04** 按Ctrl+T组合键自由变换，在选项栏中设置水平、垂直缩放比为200%，按Enter键完成变换。在"图层"面板中，加选背景图层，在选项栏中分别单击"水平居中对齐"按钮和"垂直居中对齐"按钮，效果如图4-76所示。

图 4-75 遮罩移动效果　　　　　　图 4-76 等比例放大

**步骤 05** 在"图层"面板中移动图层顺序，按Ctrl+Alt+G组合键创建剪贴蒙版，如图4-77所示。蒙版效果如图4-78所示。

图 4-77 创建剪贴蒙版　　　　　　图 4-78 蒙版效果

**步骤 06** 选择构成杠铃的所有矩形,按Ctrl+J组合键复制,按Ctrl+G组合键编组,隐藏图层组,效果如图4-79所示。

**步骤 07** 继续选择构成杠铃的所有矩形,右击鼠标,在弹出的菜单中选择"合并形状"命令,效果如图4-80所示。

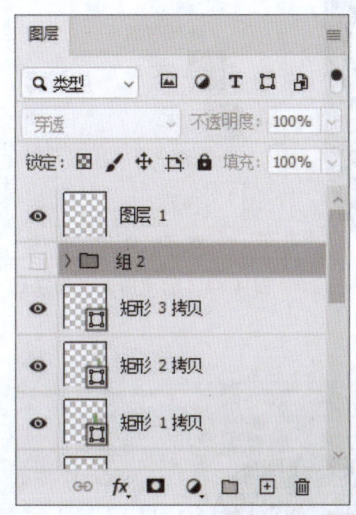

图 4-79 隐藏组　　　　　　图 4-80 合并形状

**步骤 08** 双击"矩形3拷贝"图层,在弹出的"图层样式"对话框中勾选"渐变叠加"样式,在右侧选项区中单击渐变色条,在弹出的"渐变编辑器"对话框中选择渐变,如图4-81所示。

**步骤 09** 应用渐变后,继续设置角度、缩放与方法,如图4-82所示。应用效果如图4-83所示。

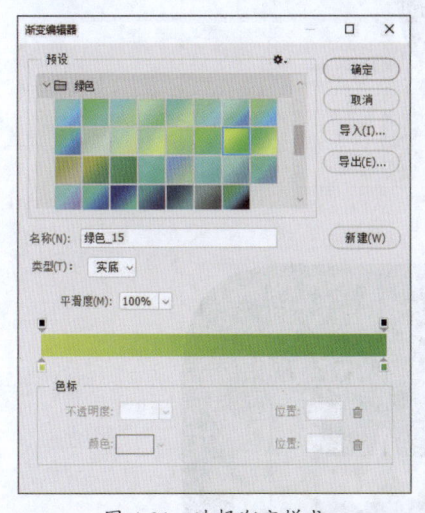

图 4-81 选择渐变样式　　　　　　图 4-82 设置渐变参数

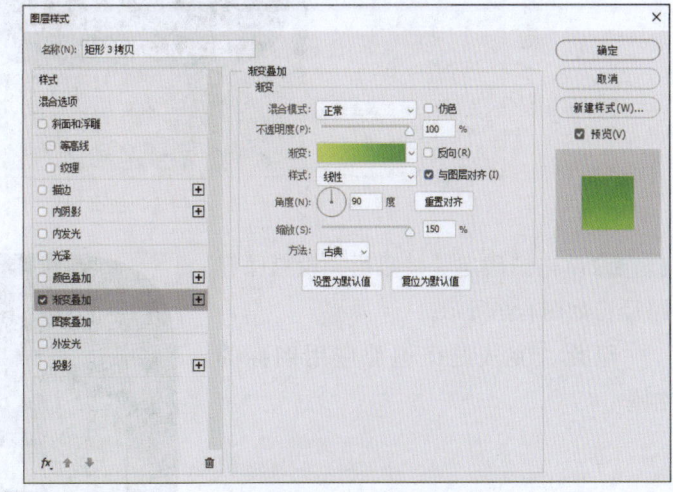

**步骤 10** 在"图层"面板中隐藏背景与组1,如图4-84所示。

**步骤 11** 按Ctrl+S组合键保存该文件。执行"文件"→"导出"→"导出为"命令,在弹出的"导出为"对话框中设置参数,如图4-85所示。

图 4-83 应用效果

图 4-84 隐藏图层与图层组

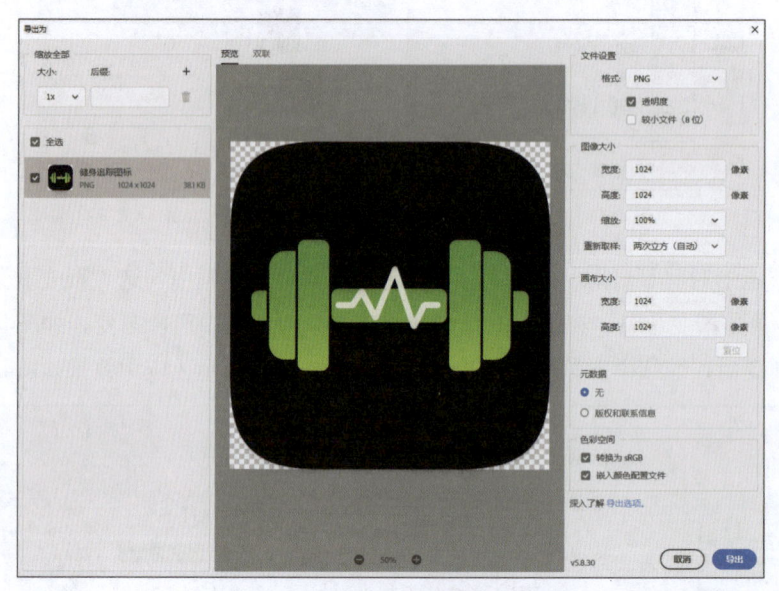

图 4-85 导出图像

**步骤12** 单击"确定"按钮后，设置保存路径，如图4-86所示。

至此，完成健康追踪应用图标的制作。

图 4-86 PNG 格式图像

# 模块 5　UI 组件设计

**内容概要**　本模块详细讲解移动UI中的组件设计，从组件的定义出发，深入介绍基础组件、输入组件、导航组件、显示组件及反馈组件等五大核心组件类别。通过全面、系统学习，掌握组件设计精髓，为未来设计构筑坚实基础。

## 5.1 什么是组件

在移动UI设计中，组件是指屏幕上的可交互元素，它们是用户与应用进行交互的基础。这些元素可以是按钮、文本框、开关、滑块、标签页、图标、列表等，它们共同构成了用户界面的框架。组件的主要特点如下：

- **可重复性**：组件是独立的、可重复使用的界面元素。通过设计和实现一系列通用的组件，开发者可以在不同的屏幕和场景中重复使用这些组件，从而减少开发时间和降低开发成本。
- **一致性**：在同一应用程序中，所有UI组件应遵循统一的设计语言和规范，包括布局、样式、交互模式等，如图5-1所示。这有助于用户快速适应并熟练使用应用程序。

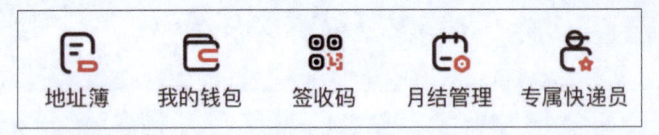

图 5-1 一致性

- **可交互性**：组件通常是可交互的，即用户可以通过点击、滑动、拖拽等操作方式与它们进行交互。这些交互行为应该符合用户的期望和习惯，以提高用户体验。
- **响应性**：在移动UI设计中，组件应该具有响应性，即能够适应不同屏幕尺寸和分辨率的设备。这包括自动调整尺寸、布局和样式，以确保在各种设备上都能提供良好的用户体验。
- **用户友好性**：组件的设计应该注重用户友好性，即确保它们易于理解、易于使用和易于记忆。这包括清晰的标识、明确的反馈和简洁的操作流程等，如图5-2所示。

图 5-2 用户友好性

- **反馈机制**：组件应提供明确的反馈机制，以确认用户的操作。例如，按钮在被点击时可能会有颜色变化，输入框在输入数据时会显示相关的提示信息。

**知识点拨** UI组件通常也被称为界面元素或控件。这些术语在不同的上下文和不同的软件开发领域中可能会有所不同。UI组件强调功能和交互性，界面元素更广泛地涵盖所有视觉元素，而控件则特指用于用户输入的特定组件。

- **UI组件**：指的是用户界面中的各个部分，这些部分允许用户与软件应用程序进行交互。这些组件可以是按钮、菜单、对话框、滑块等，它们是构建用户界面的基础。
- **界面元素**：涵盖了用户界面中所有可视化的元素。界面元素可以是静态的（如图像、文本、图标等），也可以是动态的（如按钮、下拉菜单、动画效果等），它们共同构成了用户与系统交互的基础。
- **控件**：通常是指在用户界面中用于接收用户输入的特定类型的UI组件，如按钮、复选框、滑块等。

## 5.2 基础组件设计

基础组件是构成用户界面的基本单元，设计良好的基础组件能够显著提升用户体验。基础组件主要有图标、文本、按钮、图片、单元格、遮罩层、弹出层等。下面对部分基础组件进行介绍。

### 5.2.1 按钮

按钮是用户界面中最常用的交互元素之一，用户通过点击按钮执行特定操作。不同类型的按钮具有不同的视觉表现和交互行为，旨在引导用户进行正确的操作。常见的按钮类型如下：

#### 1. 普通按钮

普通按钮是最常见的按钮类型，通常具有明确的形状和填充颜色，用于执行用户期望的主要操作，如提交、保存、登录等。其在视觉上突出，易于识别和操作，如图5-3所示。

#### 2. 线框按钮

线框按钮也称为幽灵按钮或边框按钮，其主要特点是只有边框而没有填充背景，如图5-4所示。通常用于次要操作或需要在视觉上保持轻盈感的场景。

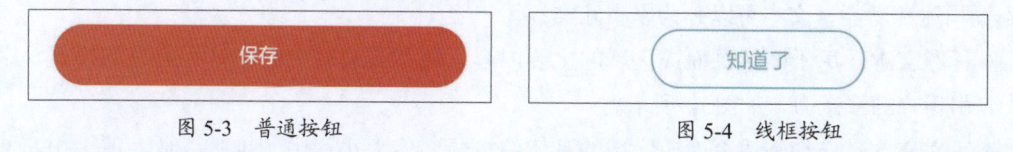

图 5-3　普通按钮　　　　　　图 5-4　线框按钮

**知识点拨**　按钮的边角样式常见的有直角、小圆角以及全圆角等。不同的边角样式可以传达不同的个性和设计风格。
- **直角**：直角按钮通常给人一种简洁、干练的感觉，传达出一种严肃和正式的氛围，适用于企业、金融类、法律类以及科技感强的应用。
- **小圆角**：小圆角按钮可以减少视觉上的尖锐感，使按钮看起来更加柔和，但仍然保持一定的结构感，适合于混合型应用、电商平台以及社交应用。
- **全圆角**：全圆角按钮通常给人一种温和、友好的感觉，适合面向消费者的应用。全圆角按钮适用于社交媒体、娱乐类应用、健康类应用以及儿童类应用。

#### 3. 文本按钮

文本按钮是一种不带背景色或边框的按钮，主要通过文本内容来传达其功能。它们通常用于需要用户点击的链接或操作，具有较高的可读性和灵活性，如图5-5所示。

#### 4. 图标按钮

图标按钮仅使用图标表示操作，适合空间有限的场景，如删除、编辑、分享、返回等操作，如图5-6所示。这类按钮能够有效节省空间，并在视觉上保持界面的整洁。

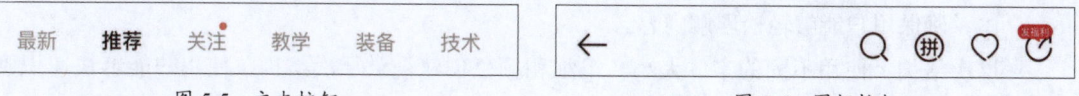

图 5-5　文本按钮　　　　　　图 5-6　图标按钮

### 5. 浮动按钮

浮动按钮（FAB按钮）通常用于执行最重要的操作，其悬浮在界面上，具有明显的视觉效果。它们通常呈现独特的形状（如圆形等）和醒目的颜色，易于用户发现和点击，如图5-7所示。

### 6. 切换按钮

切换按钮用于在两个状态之间进行切换，如开/关、是/否等。用户点击后，按钮会切换到另一个状态，并可能伴随视觉上的变化，如图5-8所示。

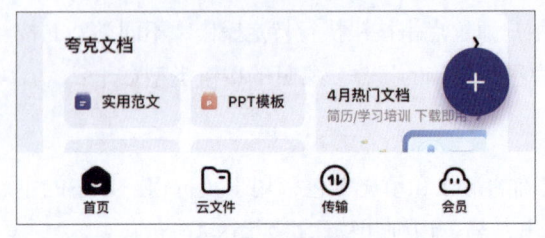

图 5-7　浮动按钮 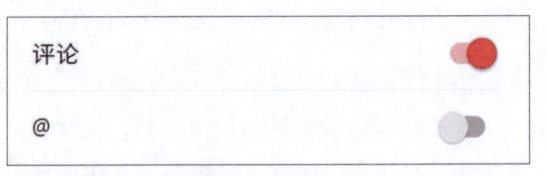　　　　　　　　　　图 5-8　切换按钮

## ■ 5.2.2　文本

文本组件用于显示和输入信息，是用户与应用程序进行交互的重要途径。根据其在界面中的不同用途和功能，文本可以分为以下几类：

- **标题文本**：用于概括页面或区域的主要内容，通常具有较大的字体和醒目的样式，以吸引用户的注意力，如图5-9所示。
- **正文文本**：详细阐述页面或区域的具体信息，字体大小适中，排版清晰，便于用户阅读和理解，如图5-10所示。

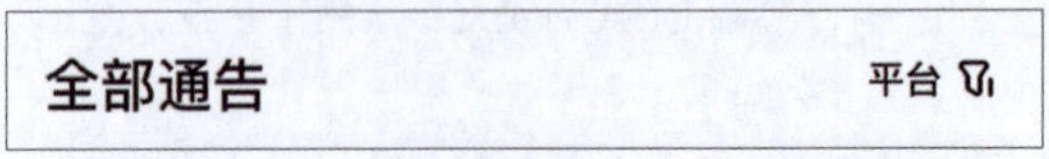

图 5-9　标题文本 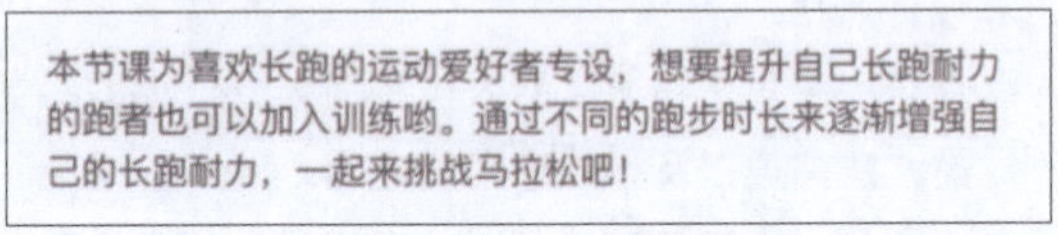　　　　　　　　　　图 5-10　正文文本

- **标签文本**：用于标识或分类界面中的元素，如按钮标签、输入框提示等，通常简洁明了，如图5-11所示。
- **提示文本**：为用户提供操作指南或错误提示，帮助用户正确地进行操作，避免误操作或困惑。它们通常使用不同的颜色和样式，以便突出显示，如图5-12所示。

图 5-11　标签文本 　　　　　　　　　　图 5-12　提示文本

在设计用户界面时，文本的设计应遵循以下原则，以确保可读性和视觉吸引力。

- **可读性**：选择易读的字体和字号，保持适当的行间距和字间距。避免使用过于复杂的字体，确保用户能够轻松理解内容。
- **层次结构**：使用不同的字体大小、粗细和颜色创建视觉层次结构，使用户能够快速识别信息的重要性和相互关系，如图5-13所示。
- **对比度**：确保文本与背景之间有足够的对比度，以提高可读性。使用高对比度的颜色组合（如深色文字配浅色背景等）可以帮助用户更轻松地阅读内容。
- **一致性**：在整个界面中保持文本样式的一致性，包括字体、颜色和大小等，以增强界面的统一性和专业性，如图5-14所示。
- **简洁性**：保持文本风格和术语的一致性，避免使用多种不同的字体、字号或术语，造成用户的困惑。

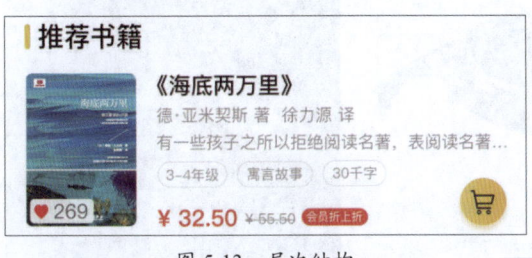

图 5-13　层次结构　　　　　　　图 5-14　一致性

## 5.2.3　图片

作为移动UI设计中的关键视觉元素，图片承载着多重功能和价值。图片组件的主要特点概述如下：

- **视觉吸引力**：高质量的图片能够迅速吸引用户的注意力，提升界面的视觉美感，为用户带来愉悦的视觉体验。
- **信息传达**：图片通过直观的视觉表现，有效地传达复杂或难以用文字描述的信息，提高用户的理解效率，降低认知负担。
- **品牌识别**：与品牌相关的图片，如Logo、宣传图等，有助于塑造品牌形象，增强用户对品牌的认知和记忆。
- **互动性**：可点击的图片组件，如按钮或链接等，能够激发用户的互动兴趣，促进用户参与和互动，提升用户体验。
- **适应性**：图片组件具备出色的屏幕适应性，可根据不同设备和屏幕尺寸进行自动调整，确保在各种设备上都能保持良好的展示效果。

图片组件在移动UI设计中的使用非常广泛，以下是一些常见的应用场景。

- **启动页**：利用图片展示应用品牌或宣传内容，为用户留下深刻的第一印象，增强品牌印象和吸引力。
- **教程引导**：通过一系列图片展示应用的使用方法，帮助新用户快速上手，提高用户体验和满意度。
- **轮播图**：在首页或其他页面展示多个重要信息或广告，吸引用户注意并提供动态内容浏览体验，如图5-15所示。
- **用户头像和社交互动**：用户头像用于展示用户身份，通常出现在评论区、个人资料或社交互动界面。头像可以是用户上传的照片或系统生成的图标。

- **产品展示**：在电商应用中展示商品图片，帮助用户更好地了解产品特性和细节，促进购买决策，如图5-16所示。
- **内容插图**：在文章或教程中提供辅助说明的图像，增强内容的可读性和吸引力，帮助用户更好地理解信息，如图5-17所示。

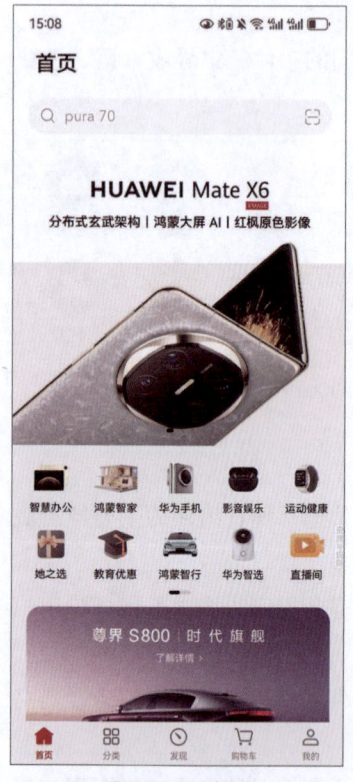

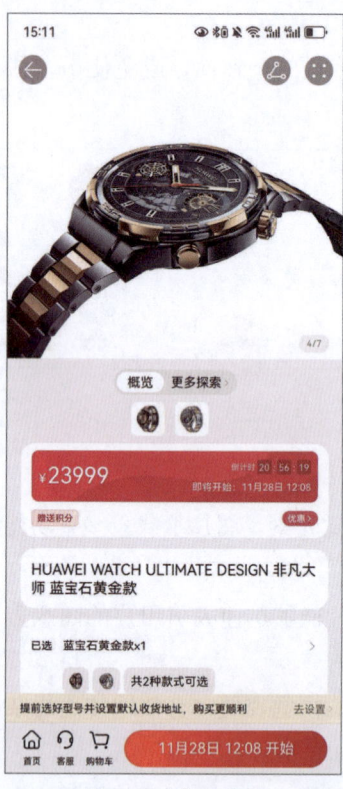

图 5-15  轮播图　　　　图 5-16  产品展示　　　　图 5-17  内容插图

## 5.3　输入组件设计

输入组件是移动UI设计中至关重要的元素，它们用于收集用户信息，进行反馈和选择。常见的输入类组件有单选按钮、复选框、文本框、搜索框、输入框、下拉菜单、表单、选择器、步进器等。下面对部分输入组件进行介绍。

### 5.3.1　文本框

文本框是最基本的输入组件，允许用户输入单行或多行文本。在移动UI设计中，文本框主要用于收集用户的各种信息，如姓名、地址、评论等。在设计文本框时需要考虑以下因素。

**1. 标签与占位符**

为每个文本框配备清晰、简洁的标签，明确指示用户应输入的内容。同时，在文本框内部使用占位符文本，为用户提供输入示例，帮助用户快速理解所需输入的内容，如图5-18所示。

### 2. 输入限制

根据实际需求设置字符限制，限止用户输入过长的文本。在文本框下方显示已输入字符数和最大允许字符数，使用户能够实时了解输入情况。对于需要特定格式的输入（如电话号码、邮箱等），宜提供格式提示，协助用户正确输入，如图5-19所示。

图 5-18　占位符

图 5-19　输入限制

### 3. 多行文本框

当需要输入的内容较多时，提供滚动条功能，使用户能够方便地查看已输入的内容，如图5-20所示。同时，当内容超出文本框的可视区域时，文本框应能够自动扩展，以适应输入内容，如图5-21所示。

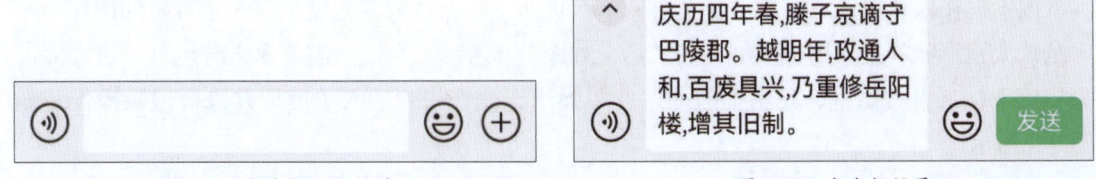

图 5-20　文本框可视区域

图 5-21　文本框扩展

### 4. 安全性与错误提示

对于敏感信息（如密码、信用卡号码等），应使用适当的加密措施保护用户的输入安全。避免在文本框内显示敏感信息，而是使用掩码或隐藏输入。确保用户输入的隐私信息得到妥善处理，避免泄露用户隐私。当用户输入无效信息时，应即时给出明确且易于理解的错误提示，指导用户如何纠正错误，如图5-22所示。

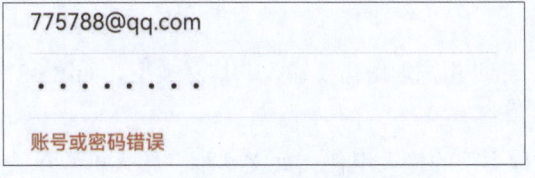

图 5-22　安全性与反馈

> **知识点拨**　文本框和输入框在功能和用途上有所重叠。文本框侧重于显示和编辑文本内容，而输入框则侧重于收集用户输入的数据。

## ■5.3.2　搜索框

搜索框旨在帮助用户快速查找信息或内容。通过搜索，用户可以迅速找到并定位到所需的内容。搜索框还可以结合搜索历史记录、输入自动补全、语音输入等功能，以方便用户快速输入查询。搜索入口的搜索框形式主要分为三种：基础搜索框、基础搜索框+搜索键、隐藏式搜索框。

### 1. 基础搜索框

基础搜索框是最简单的搜索形式，通常由一个文本输入框组成，用户可以直接在其中输入查询内容，如图5-23所示。此形式适用于界面简洁、操作流畅的应用，如搜索引擎应用、电商应用等。基础搜索框的优点在于其简洁性和用户友好性，能够让用户快速进入搜索状态。

#### 2. 基础搜索框+搜索键

除了输入框外，基础搜索框+搜索键还包含一个明确的搜索按钮，用户可以点击该按钮执行搜索，如图5-24所示。这种形式适用于需要强调搜索功能的应用，如电商平台、内容平台等。通过添加搜索按钮，用户可以更直观地理解如何进行搜索，从而减少操作步骤，提升用户体验。

图 5-23　基础搜索框　　　　　　　图 5-24　基础搜索框＋搜索键

#### 3. 隐藏式搜索框

搜索框在默认情况下可能不会直接显示在页面上，而是需要通过单击一个特定的图标（通常是放大镜形状的搜索图标）触发其显示，如图5-25所示。当用户需要搜索时，可以通过点击相应的图标展开搜索框，搜索框随即展开或弹出，允许用户输入关键词并进行搜索操作，如图5-26所示。

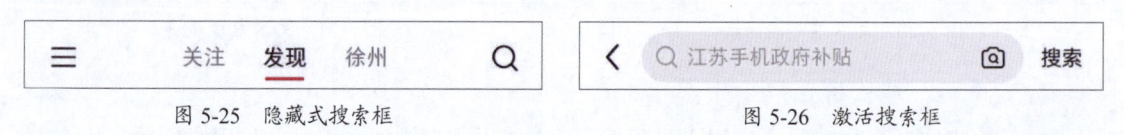

图 5-25　隐藏式搜索框　　　　　　　图 5-26　激活搜索框

### ■5.3.3　表单

表单是收集用户信息的工具集合，通常由多个输入组件组成，广泛应用于各种场景，如注册、登录、反馈、订单处理等。有效的表单设计可以提升用户体验，确保信息的准确收集。表单组件通常由以下几个关键部分组成。

- **表单标签**：用于描述表单项的用途或名称，帮助用户理解需要输入的信息类型，如图5-27所示。
- **表单域**：指用户输入信息的区域，包括多种类型的输入组件，如文本框、输入框、单选框、复选框、选择器、滑动条等。
- **提示信息**：为用户提供输入指导或错误提示，帮助用户正确填写表单。
- **表单按钮**：用于提交表单或触发其他操作，如重置、提交、取消等，如图5-28所示。

在设计过程中，应注重结构与布局，将相关字段分组，合理安排填写顺序，并尽量减少字段数量。同时，使用多种输入类型以适应不同数据需求，提供实时验证和明确的反馈信息（例如，输入错误时显示红色提示）。通过这些设计原则，可以创建出既美观又实用的表单，从而提升用户体验和满意度。

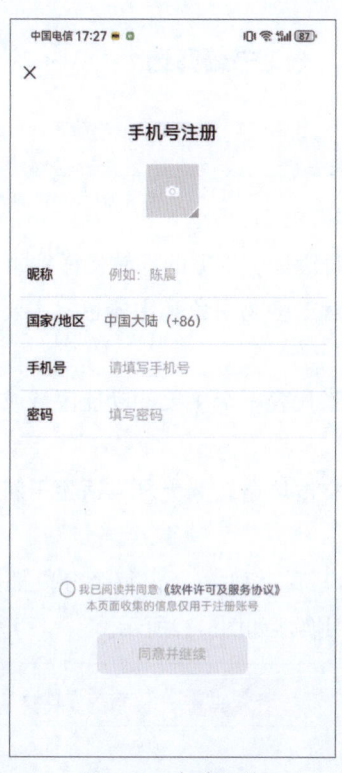

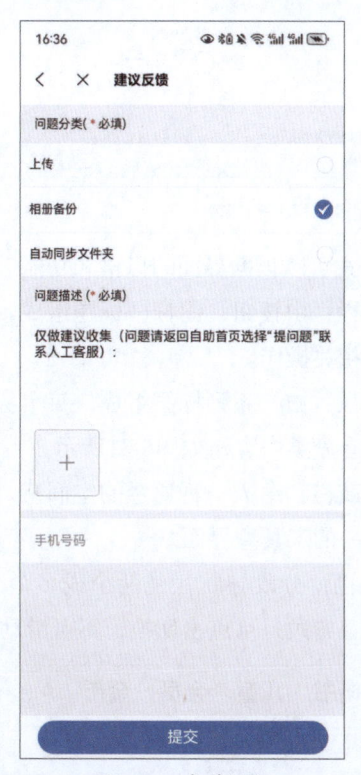

图 5-27 表单标签　　　　图 5-28 表单按钮

## 5.4 导航组件设计

导航类组件，主要帮助用户了解当前位置和指引各个页面跳转。该类组件包括导航栏、标签栏、菜单、宫格、分段控件、分页器等。下面对部分导航组件进行介绍。

### ■ 5.4.1 导航栏

在移动UI中，导航栏通常位于页面的顶部或底部，包含多个链接或图标，帮助用户快速访问不同的页面或功能。根据导航的结构和用途，可以将其主要分为以下两类。

**1. 主导航**

主导航通常位于页面的顶部或底部，便于用户快速访问，如首页、推荐、关注、搜索等，如图5-29所示。主导航应简洁明了，避免选项过多导致用户困惑。同时，每个选项都应配有清晰的标签和图标，以便用户快速识别。

**2. 二级导航**

二级导航是用户在选中某个主导航项后，提供的更为详细或更具体的页面或功能访问路径，如图5-30所示。它辅助用户在特定模块内进行更深入的导航。二级导航应包含至少三层信息结构，即主导航项、二级导航项和具体页面或功能。此外，二级导航的展开和折叠操作应顺畅且易于理解，以防止用户迷失导航路径。

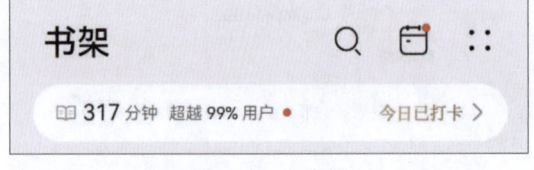

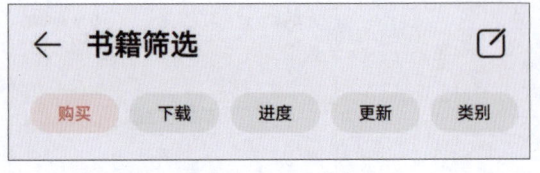

图 5-29　主导航

图 5-30　二级导航

导航栏的样式可以根据界面的风格和功能进行设计。常见的导航栏样式如下：

- **常规导航栏**：由按钮、图标、标题组成，背景多为白色和主体色，主要作用是提供层级指引以及相关操作。
- **标签导航栏**：由一系列标签组成，每个标签代表一个主要的功能区域或视图，可通过滑动查看所有分类内容，如图5-31所示。
- **大标题导航栏**：给人一种通透的空间感，整体风格较为大气，适用于新闻资讯、社交以及较为单一的工具型界面。
- **分段导航栏**：分段导航栏是两个或多个分段的线性集合，每个分段都充当一个互斥按钮。其交互方式只可点击切换，不可滑动切换，如图5-32所示。

图 5-31　标签导航栏

图 5-32　分段导航栏

- **搜索框导航栏**：在常规导航栏的基础上添加一个搜索框代替标题，在摆放图标时，多采用左右间距等分，距离搜索框的间距与边距相等。或者直接用搜索框显示。
- **用户图像导航栏**：在导航栏的右侧或左侧放置用户的头像信息。方便随时调用用户信息，单击后进入个人设置、个人主页等。
- **通栏导航栏**：该样式在视觉层没有容器，可以与背景/图片融为一体，有效减少导航栏与内容区域的割裂感，如图5-33所示。

图 5-33　通栏导航栏

## ■5.4.2　标签栏

标签栏通常位于移动应用的底部，用于提供快速访问应用中的主要功能或内容的途径。为确保标签栏表现清晰、反馈及时，通常建议将底部标签数量控制在3~5个之间。以下是常见的标签栏类型及其特点。

### 1. 图标+文本

每个标签包含一个图标和对应的文本描述，其结合了图标和文本的优点，使用户既可以通过图标快速识别应用功能，又可以通过文本了解更为详细的信息。这种标签栏类型适合功能较多的应用，如社交媒体、购物和内容浏览类应用等，如图5-34所示。

### 2. 纯图标

标签仅由图标组成，没有文本描述，如图5-35所示。这种设计在视觉上更简洁，适合图标设计风格统一的应用，如一些工具类应用等。

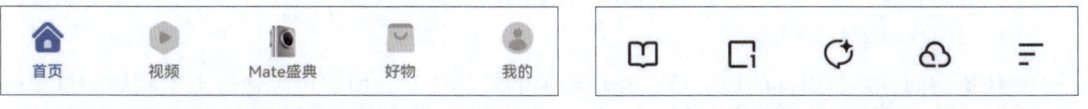

图 5-34　图标+文本

图 5-35　纯图标

### 3. 图标+文本+驼式

标签包含图标和文本描述，并在中间位置加入一个特殊图标（如加号或相机形状等），形成驼式导航，如图5-36所示。这种设计提供了清晰的视觉反馈，帮助用户快速识别当前所在的功能或内容区域。

### 4. 文本+短线

标签只使用文本，并在每个标签下方加上一条短线作为视觉分隔。文本提供了清晰的标签名称，而短线则作为视觉指示器，帮助用户识别当前激活的标签，如图5-37所示。这种标签栏类型适合那些需要强调文本信息的应用，或者当图标不足以表达功能时。

图 5-36　图标+文本+驼式

图 5-37　文本+短线

## 5.4.3　宫格

宫格是一种以网格形式组织内容的导航组件，它将界面划分为多个等大的单元格，每个单元格都可以展示一个内容项或功能入口，如图5-38所示。宫格组件的主要特点如下：

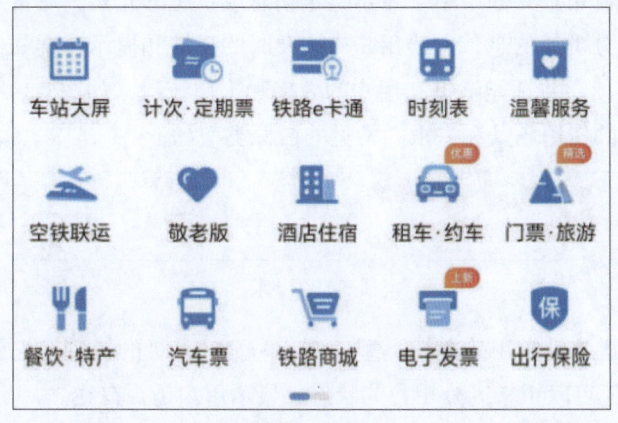

图 5-38　宫格

- **网格布局**：宫格通过行和列的形式组织内容，通常采用均匀分布的网格结构，以此提升界面的可读性和可访问性。
- **等大小单元格**：所有单元格保持相同的大小，确保了界面的整洁和一致性，从而优化用户体验。
- **内容多样性**：单元格内可以容纳多种类型的内容，如文本、图标、图片和按钮等，使得信息的展示更加灵活多样。
- **快速访问**：宫格组件的设计旨在提供快速的功能访问，用户可以通过点击相应的单元格迅速进入所需的页面或功能。
- **响应式设计**：宫格组件通常具有响应式特性，能够根据不同设备的屏幕尺寸自动调整布局，确保在手机、平板和桌面设备上都能良好显示。

宫格组件适用于多种应用场景，包括但不限于：

- **电商应用**：通过宫格展示商品列表或分类，便于用户快速浏览和选择心仪的商品。
- **社交媒体**：利用宫格展示用户的帖子、图片或视频等内容，增强用户的互动体验和参与度。
- **内容平台**：如新闻、视频平台等，可以通过宫格快速呈现各类内容分类或热门话题，方便用户快速找到感兴趣的内容。
- **工具应用**：在工具类应用中，宫格可以作为功能入口的展示方式，让用户能够轻松访问所需的各种工具或服务。

## 5.5 显示组件设计

显示类组件主要用于显示相关数据内容。该类组件包括头像、徽标、标签、列表、轮播图等。下面对部分显示组件进行介绍。

### 5.5.1 徽标

徽标组件是一种在用户界面中用于显示特定信息或状态的元素。通常用于显示未读消息、提醒、数量、状态或分类等信息，它给用户带来及时的反馈和提示，增强信息的可视化效果，使界面更加清晰、易读，并且能够提高用户的效率和工作流程，如图5-39所示。徽标组件有多种类型，以满足不同的使用场景和需求。常见的徽标类型如下：

图5-39 徽标

- **纯圆点徽标**：这是最常用的徽标类型。作为一个轻量级的提醒，它引导用户点击某些特定的功能。它还可以用来区分用户的状态，显示用户是否在线。
- **数值徽标**：用来表示具体的数量，如未读消息数、购物车中的商品数等。其主要用在消息通知、添加购物车、外卖点餐等场景中。

- **文字徽标**：可以是单独的文字，用于显示特定的信息或状态，如优惠促销、热门话题等。也可以作为文字标签，放在UI卡片的任意一角，用来展示浏览量等。
- **图标徽标**：在元素基础上叠加一个图标来显示当前的状态，或者对用户的反馈做出响应。常用的图标状态包括成功、失败、警告等。

## 5.5.2 列表

列表组件用于以线性或网格的形式展示一组相关的数据项，通常包含文本、图像或其他信息。常见的列表类型如下：

- **垂直列表**：以垂直方向排列的列表，通常每个列表项占据一行。垂直列表适合展示较长的内容，用户可以上下滚动浏览，如消息列表、商品列表等。
- **水平列表**：以水平方向排列的列表。水平列表适合展示图像或短文本，用户可以左右滑动浏览，如图5-40、图5-41所示。

图 5-40　水平列表　　　　　　　图 5-41　滑动水平列表

- **滚动列表**：通过滚动条或手势进行上下或左右滚动的列表。滚动列表适合展示大量数据，用户可以通过滚动快速浏览。滚动列表常用于新闻应用、社交媒体动态、长文章内容等。
- **可展开列表**：列表项可以展开以显示更多信息或子项，通常用于层级结构的数据展示。可展开列表常用于文件管理器、FAQ列表、分类导航等。

## 5.5.3 轮播图

轮播图作为一种特殊的显示组件，它通过循环播放一系列的图片或内容吸引用户的注意力，并有效地展示重要的信息或产品，如图5-42所示。轮播图组件通常包含以下重要元素。

- **图片或内容展示区**：轮播图的核心部分，用于展示一系列图片、产品或宣传内容。
- **导航控件**：如左右箭头按钮、滑动条或触摸手势等，允许用户手动切换图片或内容。这些控件提供了用户与轮播图交互的方式。

图 5-42　轮播图

- **自动播放功能**：轮播图可以设置为自动循环播放，无须用户操作即可连续展示内容。该功能常可设置播放速度和延迟时间。
- **过渡效果**：图片或内容在切换时应用的视觉效果，如淡入淡出、滑动、缩放等，这些效果可以增强用户的视觉体验。
- **标题和描述文本**：用来提供图片或内容的额外信息。标题应简洁明了，描述文本可以稍微详细一些，以帮助用户更好地理解展示的内容。
- **行动呼吁（CTA）按钮**：通常位于轮播图的显眼位置，鼓励用户采取特定行动，如了解更多、立即购买等。

## 5.6 反馈组件设计

反馈组件是用户进行操作后，界面提供的一系列响应，这些响应即为反馈类组件。这些响应可以包括内容提示、状态变化、数据确认等。常见的反馈组件包括对话框、Toast提示框、Snackbar提示框、气泡提示框、操作菜单（动作面板）、进度条、下拉刷新等。下面对部分反馈组件进行介绍。

### 5.6.1 对话框

对话框是一种常见的反馈组件，其主要功能在于展示信息、发出警告以及收集用户的输入内容。作为一个模态窗口，对话框在用户未对其内容做出响应之前，通常会暂停用户的其他操作，如确认、取消或输入所需信息等。对话框的具体用途涵盖以下几个方面。

- **显示信息**：对话框可用于向用户展示重要的信息或通知，如系统更新、操作结果等，如图5-43所示。这些信息对用户至关重要，但可能不需要用户立即采取行动。
- **发出警告**：当用户尝试执行可能带来不良后果的操作时，对话框会及时显示警告信息，提醒用户注意并确认是否继续，如图5-44所示。这一功能有助于防止用户的误操作，确保系统的安全性和稳定性。

图 5-43　显示信息

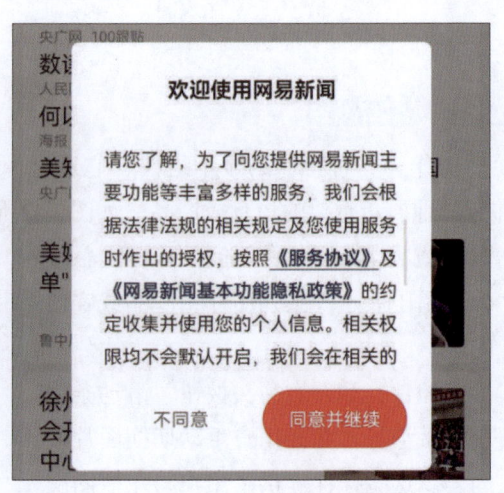

图 5-44　发出警告

- 收集用户输入：对话框还可用于收集用户的输入信息，如用户名、密码、验证码等。这些信息通常用于验证用户身份或执行需要用户授权的操作，从而确保系统的安全性和用户的隐私。

## 5.6.2 提示框

在移动UI中，提示框是用于提供即时反馈的轻量级组件，通常出现在用户进行操作后，显示简短的信息，然后自动消失，不会打断用户的操作流程。以下是提示框的几种常见分类。

- Toast提示框：通常出现在屏幕底部或中间位置，显示内容简洁，通常为一句话或短句，用于告知用户操作的结果或状态变化，如图5-45所示。
- Snackbar提示框：类似于Toast，但通常出现在屏幕底部，并带有一个或多个操作按钮。除了显示信息外，Snackbar提示框还可以引导用户进行下一步操作。
- 气泡提示框：气泡提示框通常用于解释某个元素、按钮或链接的功能或含义。当单击或长按特定元素时，气泡提示框会出现在该元素附近。
- 引导式提示框：通常用于新用户引导或功能介绍。它们会在用户首次使用应用或执行特定操作时显示，帮助用户了解应用的功能和操作方法，如图5-46所示。

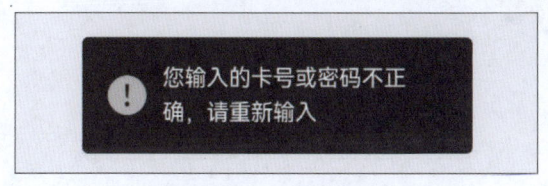

图 5-45 Toast 提示框

图 5-46 引导式提示框

## 5.6.3 加载指示器

加载指示器用于在用户等待加载过程中提供视觉反馈，增强用户的等待体验。在移动UI中，加载指示器通常具有以下形式。

- 进度条：显示加载的进度百分比，让用户了解加载的完成情况。进度条适用于有明确加载时长的任务，如文件下载或视频缓冲等。
- 骨架屏：模仿待加载内容的预期布局，使用占位符呈现，提供视觉预期，如图5-47所示。

图 5-47 骨架屏

- **旋转加载器**：一个不断旋转的图标或动画，表明系统正在处理请求，旋转加载器适用于加载时间不确定或较短的场景中，如页面跳转或数据刷新等。
- **融合动画**：在加载过程中，逐渐显示内容，而不是一次性全部显示。它提供了平滑的过渡效果，使用户感觉内容是在动态加载的。
- **占位符文本或图像**：在内容加载之前，显示一段静态文本或模糊图像作为占位符。占位符文本或图像适用于快速显示内容轮廓，让用户知道即将显示什么类型的内容。
- **全屏加载动画**：在整个屏幕上显示加载动画，适用于加载时间较长且用户无法进行其他操作的情况。
- **自定义动画**：某些应用会使用与其品牌或应用主题相关的动画，比如用品牌Logo的某个部分制作加载动画，如图5-48所示。

图 5-48　自定义动画

## 案例实操 加载动画的制作

本案例讲解的是制作音乐类App页面中的加载动画。该动画中的主体为黑胶唱片，将其表面涂绘成多彩的抽象画，既保留了传统元素，又增强了视觉冲击力。唱臂设计简洁而富有科技感，与黑胶唱片形成了完美的搭配。在加载过程中，巧妙地利用唱片的转速和唱臂的移动速度作为视觉指示器，为用户提供直观的加载进度反馈。下面对该动画的制作过程进行讲解。

### 1. 绘制黑胶唱片素材

本节将绘制黑胶唱片素材。创建文档后，使用椭圆工具绘制光盘效果，使用椭圆工具、钢笔工具和矩形工具绘制唱臂效果。

步骤 01 启动Photoshop，单击"新建"按钮，在弹出的"新建文档"对话框中设置参数，如图5-49所示。

步骤 02 单击"确定"按钮后新建文档，如图5-50所示。

步骤 03 选择"椭圆工具"，绘制宽、高各为500像素的正圆，填充黑色，效果如图5-51所示。

步骤 04 继续绘制宽、高各为300像素的正圆，填充85%的灰色，加选黑色正圆，设置水平、垂直居中对齐，效果如图5-52所示。

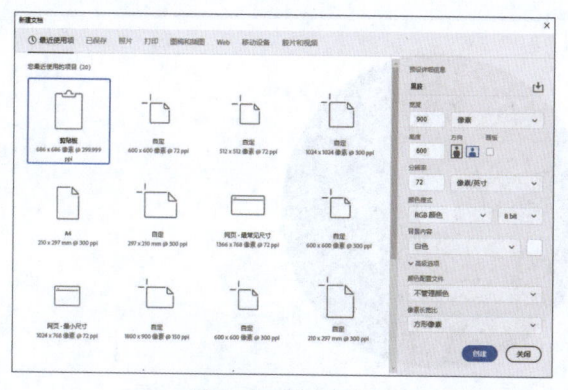

图 5-49　新建文档

图 5-50　空白文档

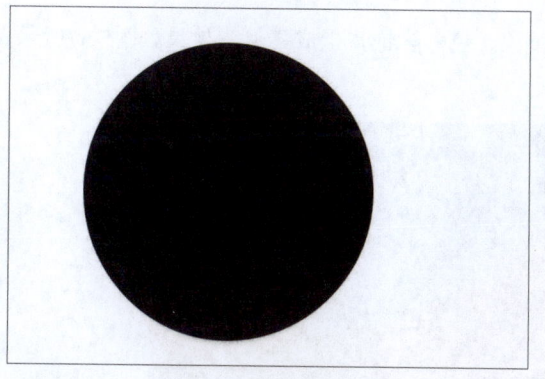

图 5-51　绘制黑色正圆

图 5-52　绘制灰色正圆

**步骤 05** 按Ctrl+J组合键复制正圆，在"属性"面板中设置参数（70%的灰色），如图5-53所示。

**步骤 06** 加选前两个正圆，设置水平、垂直居中对齐，效果如图5-54所示。

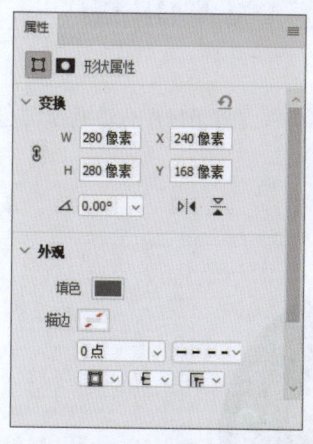

图 5-53　设置参数

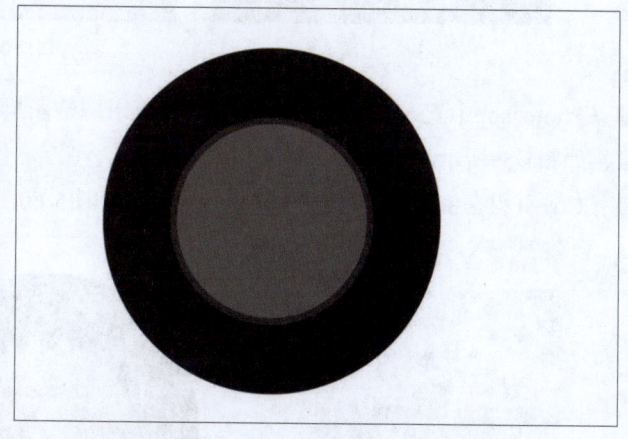

图 5-54　调整显示位置

**步骤 07** 按Ctrl+J组合键复制正圆，在"属性"面板中设置参数（白色），如图5-55所示。

**步骤 08** 加选前两个正圆，设置水平、垂直居中对齐，效果如图5-56所示。

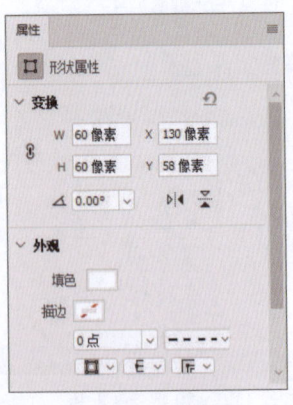

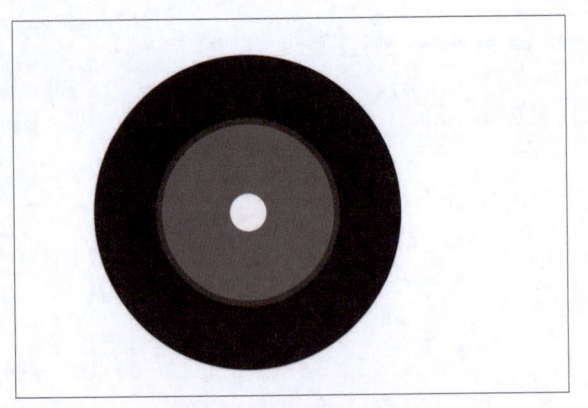

图 5-55 设置参数　　　　　　　　图 5-56 调整显示位置

**步骤 09** 在Midjourney平台中输入关键词（插画，抽象，色彩鲜艳）生成素材，效果如图5-57所示。

**步骤 10** 查看U2并保存，效果如图5-58所示。

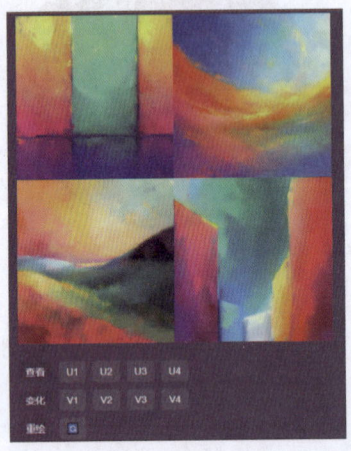

图 5-57 生成素材　　　　　　　　图 5-58 保存素材

**步骤 11** 在Photoshop中置入素材，在"图层"面板中调整图层顺序，按Ctrl+Alt+G组合键创建剪贴蒙版，如图5-59所示。

**步骤 12** 按Ctrl+T组合键调整大小与旋转角度，效果如图5-60所示。

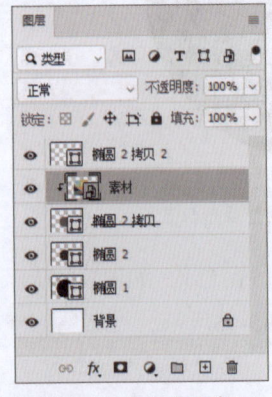

图 5-59 创建剪贴蒙版　　　　　　图 5-60 调整大小与旋转角度

**步骤 13** 选择"椭圆1",按Ctrl+J组合键复制,在"属性"面板中设置变换与外观参数,如图5-61、图5-62所示。应用描边效果如图5-63所示。

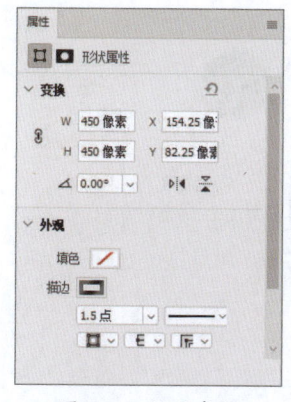

图 5-61　设置参数　　　　图 5-62　描边参数　　　　图 5-63　应用描边效果

**步骤 14** 按Ctrl+J组合键复制"椭圆 1 拷贝"两次,分别更改大小为400像素、350像素,设置水平、垂直居中对齐,效果如图5-64所示。

**步骤 15** 选择三个圆环图层,在"图层"面板中设置混合模式为"颜色减淡",效果如图5-65所示。

图 5-64　复制圆环效果　　　　图 5-65　调整混合模式效果

**步骤 16** 选择除背景图层之外所有的图层,按Ctrl+G组合键创建组,双击重命名为"光盘",如图5-66所示。新建组重命名为"唱臂",如图5-67所示。

图 5-66　创建组　　　　图 5-67　重命名组

步骤 17 选择"椭圆工具"绘制正圆，在"属性"面板中设置参数，如图5-68所示，效果如图5-69所示。

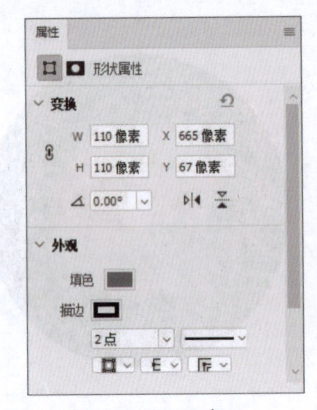

图 5-68 设置参数1

图 5-69 正圆效果1

步骤 18 按Ctrl+J组合键复制正圆，在"属性"面板中设置参数，如图5-70所示。

步骤 19 加选前面正圆，设置水平、垂直居中对齐，效果如图5-71所示。

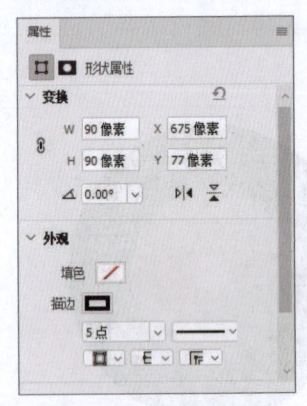

图 5-70 设置参数2

图 5-71 正圆效果2

步骤 20 按Ctrl+J组合键复制正圆，在"属性"面板中设置参数，如图5-72所示。

步骤 21 加选前面正圆，设置水平、垂直居中对齐，效果如图5-73所示。

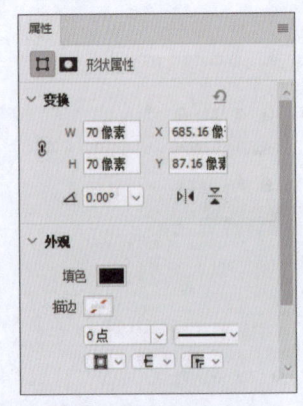

图 5-72 设置参数3

图 5-73 正圆效果3

**步骤 22** 选择"椭圆工具"绘制正圆，按住Shift键继续绘制，在选项栏中将路径操作设置为"减去顶层形状"，使用"路径选择工具"调整显示，如图5-74所示。

**步骤 23** 更改形状颜色为白色，调整显示位置，效果如图5-75所示。

图 5-74 减去顶层形状效果 1　　　　　　　　图 5-75 调整位置

**步骤 24** 选择"钢笔工具"绘制路径，效果如图5-76所示。

**步骤 25** 选择"矩形工具"绘制矩形，调整圆角半径为13像素，效果如图5-77所示。

图 5-76 绘制路径　　　　　　　　图 5-77 绘制圆角矩形

**步骤 26** 绘制两个圆角矩形，路径模式为"减去顶层形状"，使用"路径选择工具"调整显示，效果如图5-78所示。更改形状颜色为白色，调整显示位置，效果如图5-79所示。

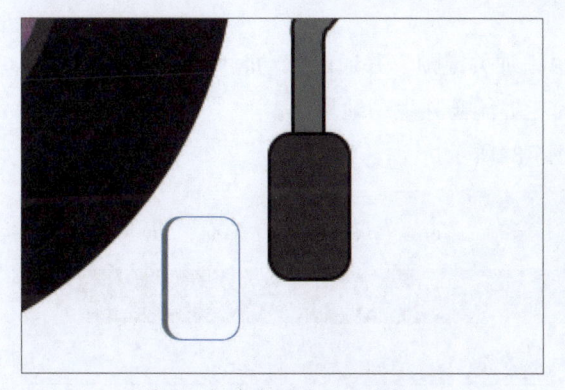

图 5-78 减去顶层形状效果 2　　　　　　　　图 5-79 更改描边与位置

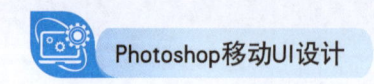

**步骤 27** 选择形状和矩形图层向下移动，如图5-80所示。调整效果如图5-81所示。

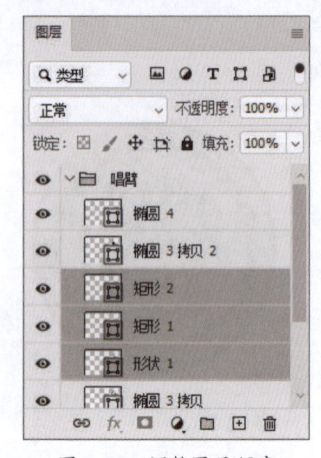

图 5-80　调整图层顺序

图 5-81　调整效果

**步骤 28** 分别选择每个组中的所有图层，右击鼠标，在弹出的菜单中选择"转换为智能对象"，如图5-82所示。

**步骤 29** 使用"移动工具"微调光盘与唱臂的距离，效果如图5-83所示。

图 5-82　转换为智能对象

图 5-83　调整后的效果

### 2. 创建动画效果

本节将创建动画效果。在"时间轴"面板中添加关键帧，并通过移动时间线来调整这些关键帧，同时相应地变换对象的状态，以确保动画能够流畅且生动地呈现。

**步骤 01** 在"时间轴"面板创建视频时间轴，如图5-84所示。

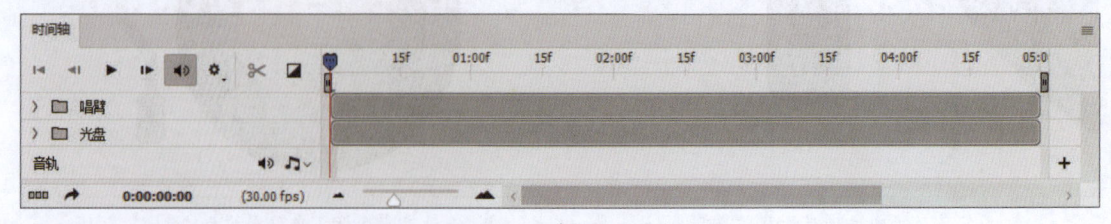

图 5-84　创建视频时间轴

步骤 02 在"时间轴"面板中，单击 启动关键帧动画，如图5-85所示。

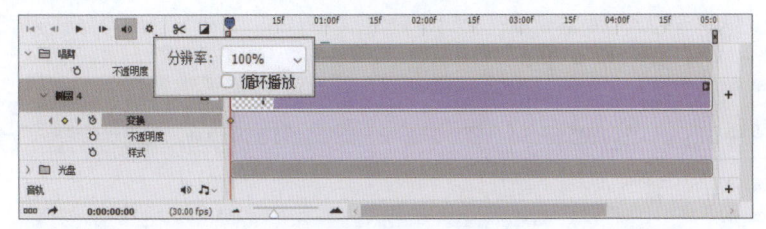

图 5-85 添加关键帧

步骤 03 调整时间线的位置，单击 按钮，设置分辨率为100，如图5-86所示。

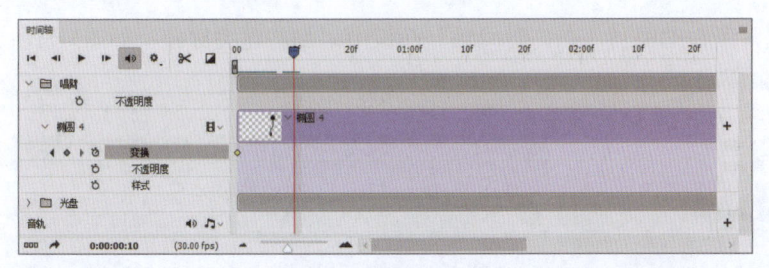

图 5-86 调整时间线

步骤 04 按Ctrl+R组合键显示标尺，创建参考线，效果如图5-87所示。

步骤 05 按Ctrl+T组合键自由变换，拖动调整旋转中心，效果如图5-88所示。

图 5-87 创建参考线效果

图 5-88 调整参考点位置

步骤 06 将光标移动至右下角旋转25°，效果如图5-89所示。

图 5-89 旋转25°效果

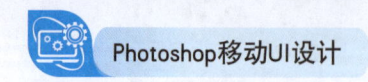

步骤 07 此时"时间轴"面板中的关键帧效果如图5-90所示。

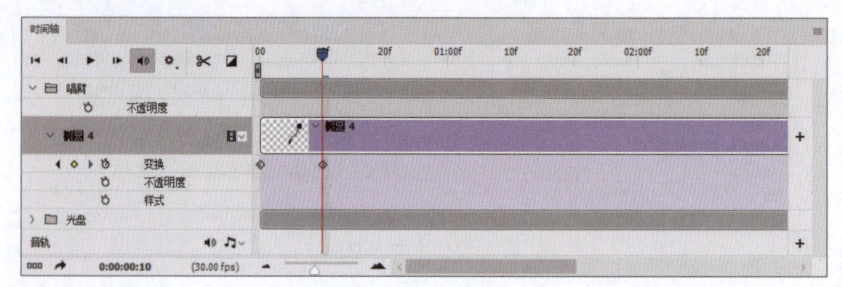

图 5-90　关键帧效果

步骤 08 选择唱片所在的图层，在"时间轴"面板中添加新建关键帧，如图5-91所示。

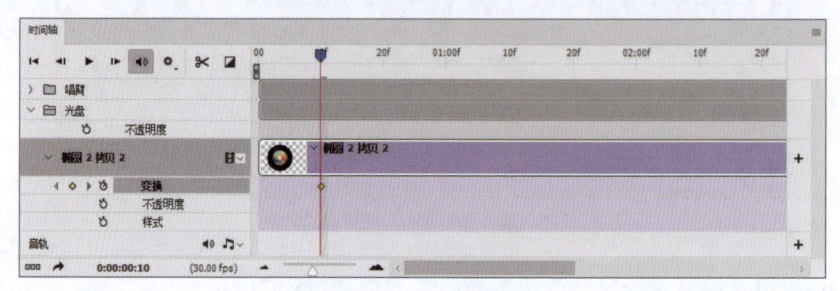

图 5-91　添加关键帧

步骤 09 将时间线移动至01:00f处，如图5-92所示。

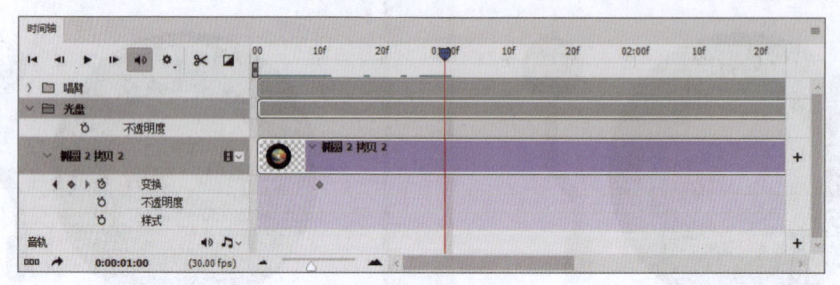

图 5-92　调整时间线

步骤 10 按Ctrl+T组合键，按住Shift键旋转90°，效果如图5-93所示。

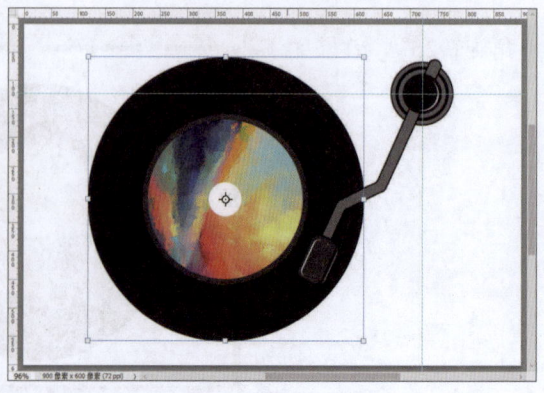

图 5-93　旋转90°效果

步骤 11 将时间线移动至20f处，如图5-94所示。

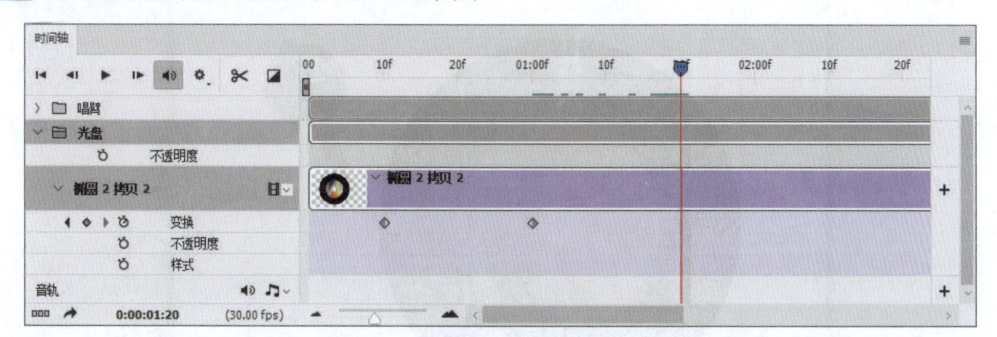

图 5-94　调整时间线

步骤 12 按Ctrl+T组合键，按住Shift键旋转90°，效果如图5-95所示。

图 5-95　旋转 90° 效果

步骤 13 将时间线移动至10f处，如图5-96所示。

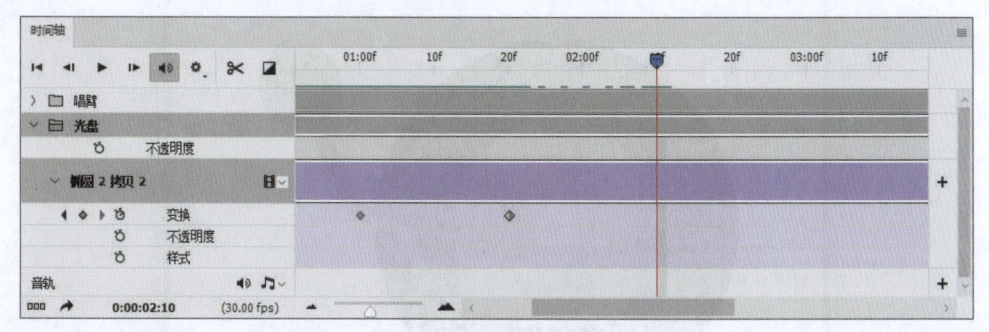

图 5-96　调整时间线

步骤 14 按Ctrl+T组合键，按住Shift键旋转90°，效果如图5-97所示。

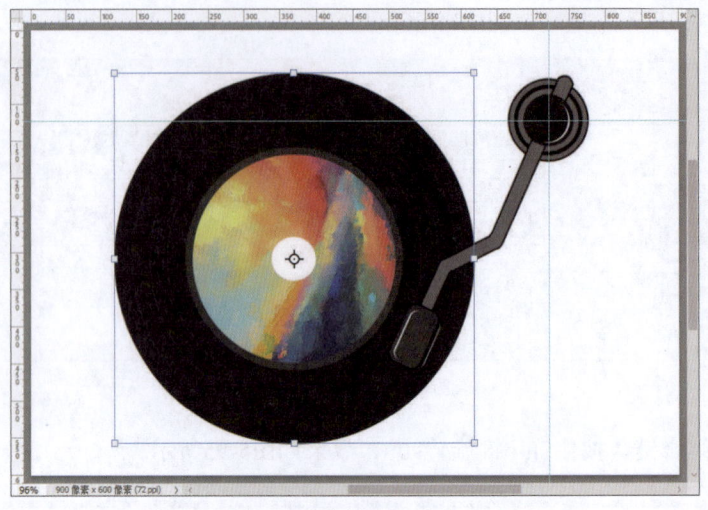

图 5-97 旋转 90° 效果 1

**步骤 15** 将时间线移动至03:00f处，如图5-98所示。

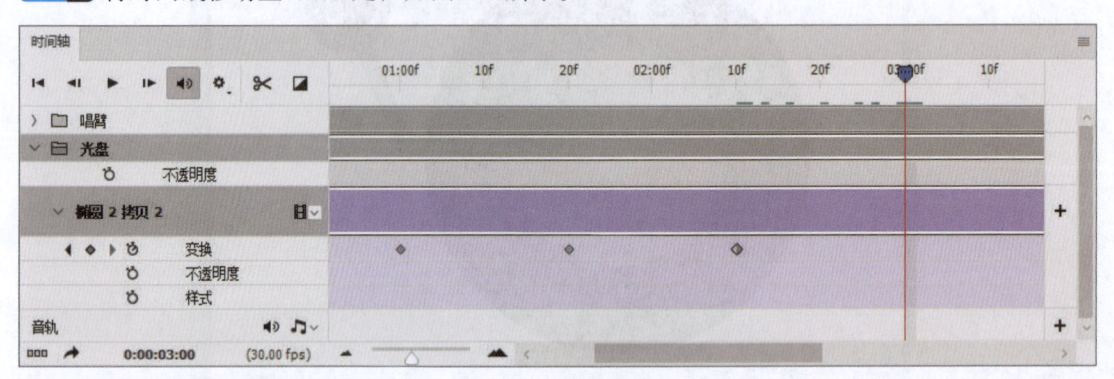

图 5-98 调整时间线

**步骤 16** 按Ctrl+T组合键，按住Shift键旋转90°，效果如图5-99所示。

图 5-99 旋转 90° 效果 2

步骤 17 在"时间轴"面板中调整时长，如图5-100所示。单击▶按钮可查看动画效果。

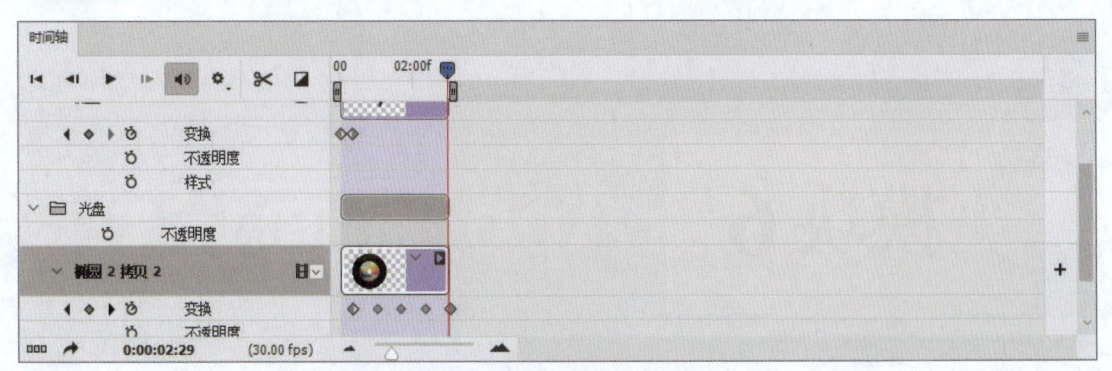

图 5-100 调整时长

步骤 18 在"图层"面板中隐藏背景图层，如图5-101所示。

步骤 19 执行"文件"→"导出"→"存储为Web所用格式"命令，在弹出的"存储为Web所用格式"对话框中设置参数，如图5-102所示。单击"确定"按钮后设置存储格式，存储完成后即可查看制作效果。

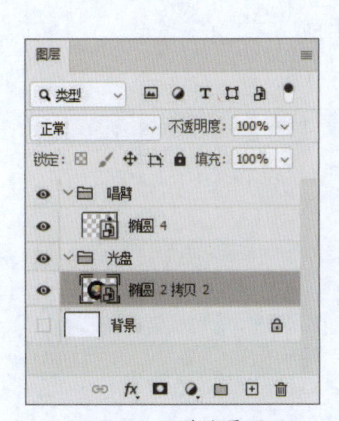

图 5-101 隐藏背景图层

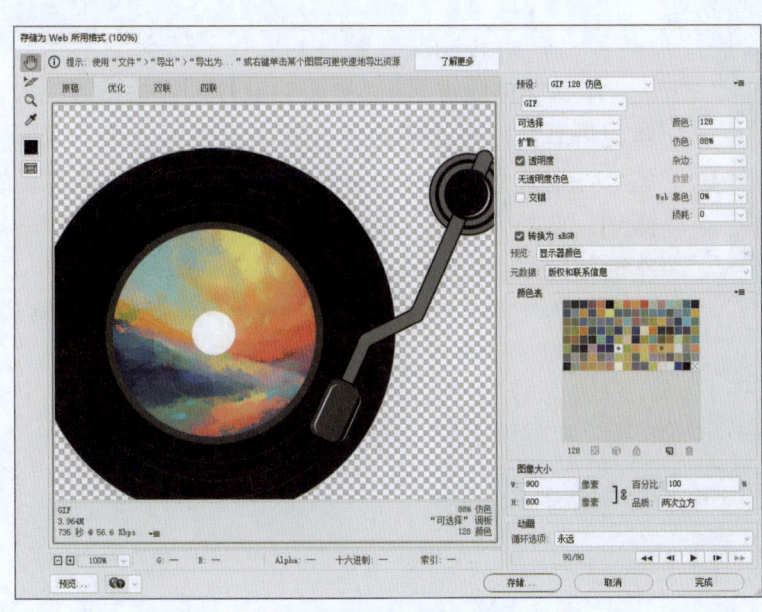

图 5-102 存储为 GIF

至此，就完成了加载动画的制作。

# 模块 6　App 界面设计

**内容概要**

本模块详细讲解App界面的设计，包括设计趋势、界面构成，以及常见屏幕尺寸分析等内容。其中，主要介绍了闪屏页设计的目的与类型，注册登录页的设计原则与布局规划，以及首页的设计定位与布局规划。此外，还深入分析了个人中心界面的类型与构成，有助于读者全面掌握App界面设计知识。

# 6.1 关于App界面设计

App界面设计是移动UI设计的核心环节，它不仅承载着信息的传递功能，更是用户与应用程序之间直接互动的桥梁。

## 6.1.1 App界面的设计趋势

App界面的设计演变受到技术进步、用户需求和设计理念的影响。以下是一些当前和未来的App界面设计趋势。

**1. 视觉设计趋势**

- **清晰的界面**：极简主义强调简洁的布局，减少视觉杂乱，确保重要内容得到突出展示。
- **扁平化元素**：采用简单的形状和色彩，摒弃多余的阴影和渐变效果，使界面更显现代感。
- **深色模式**：深色背景与亮色文本的对比提升了可读性和视觉冲击力。此外，深色模式不仅美观，还能减轻视觉疲劳，特别是在低光环境下使用时。
- **卡片式设计**：将内容划分为卡片形式，便于用户快速浏览和理解信息。设计时结合图像、文本和图标，进一步提升信息的可读性和吸引力。

**2. 交互设计趋势**

- **微交互设计**：通过小巧的动画和即时反馈，提升用户的互动体验，比如按钮点击时的细腻动画效果。
- **自然语言交互**：允许用户通过语音命令与应用互动，极大提升了便捷性。采用聊天界面，使用户通过自然语言与应用进行交互，提供更友好的体验。
- **手势交互**：支持手势操作（如滑动、捏合等），提供更直观的用户体验，减少按钮的使用。
- **动态过渡与动画**：通过流畅的动画和过渡效果，提升界面的连贯性和用户的沉浸感。利用动画引导用户，增强用户对应用的理解和参与感。

**3. 技术与体验趋势**

- **增强现实（AR）和虚拟现实（VR）**：通过提供沉浸式互动体验，显著提升用户体验，尤其在游戏、购物和教育等领域展现出巨大潜力。用户能够实时与虚拟对象进行互动，使应用更加有趣且实用。
- **人工智能（AI）与机器学习**：通过AI分析用户行为，提供个性化的内容和功能推荐，提升用户体验。集成智能助手功能，帮助用户完成任务，提供实时的帮助和建议。
- **可访问性设计**：关注可访问性，确保所有用户（包括残障人士）都能轻松使用该应用。在设计界面时，充分考虑不同设备和用户需求，确保应用的兼容性和易用性。
- **数据驱动设计**：利用数据分析工具了解用户行为，基于数据优化界面设计和功能布局，以便提供更符合用户需求的使用体验。

## 6.1.2　App界面的构成

App界面的构成可以从多个方面进行分析，包括视觉元素、交互元素和功能模块等。

### 1. 视觉元素

视觉元素是App界面最直观、最吸引人的部分，它们共同构成了用户对App的第一印象。一些常见的视觉元素如下：

- **布局**：界面的整体结构设计，决定了各个元素的排列方式和分布格局。常见的布局方式有网格布局、多面板布局、选项卡式布局、手风琴式布局、卡片布局等，如图6-1、图6-2所示。

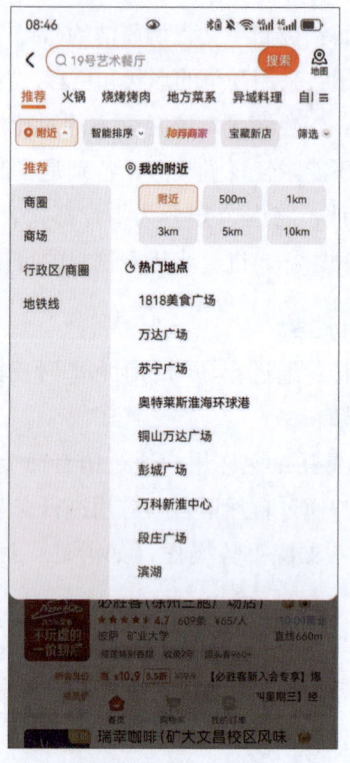

图6-1　网格布局　　　　图6-2　多面板布局

- **色彩**：使用的颜色组合和配色方案，影响用户的情绪和使用体验。色彩应与品牌形象保持一致，同时兼顾可读性和可访问性，确保用户在不同环境下都能舒适地使用App。
- **字体**：界面中使用的文字样式，包括字体类型、大小、粗细和行间距等。选择易读的字体，有助于提高信息的传达效率，如图6-3所示。
- **图标**：表示功能或内容的小图形，能够帮助用户快速识别和理解界面功能。图标应简洁明了，符合用户的认知习惯，降低学习成本。
- **图像**：包括照片、插图和背景图等，用于增强视觉吸引力和信息传达。高质量的图像能够提升用户体验，但需注意加载速度，如图6-4所示。

模块6　App界面设计

图 6-3　字体样式　　　　图 6-4　图像样式

## 2. 交互元素

交互元素是App界面中与用户进行互动的部分，它们决定了用户如何与App进行交互。一些常见的交互元素如下：

- **按钮**：用于触发特定操作，如提交、取消、保存、开启等。按钮设计应具有明确的标签和反馈效果，以引导用户进行正确的操作，如图6-5所示。
- **表单与输入框**：用于收集用户输入的信息。其设计应简洁明了，避免用户产生困惑或误解。同时，应提供适当的提示和验证机制，确保用户输入的信息准确无误。
- **滑块和开关**：滑块用于选择范围值，如图6-6所示。开关用于开启或关闭某个功能。其设计应直观易用，方便用户进行快速调整。
- **导航栏**：帮助用户在不同页面或功能之间切换的元素，包括底部导航栏、侧边栏和顶部导航栏等，如图6-7所示。设计时应考虑用户的操作习惯和页面结构，确保导航流畅且易于理解。
- **提示和反馈**：在用户进行操作后，应提供即时反馈的信息，如成功提示、错误警告和加载指示等。这些反馈机

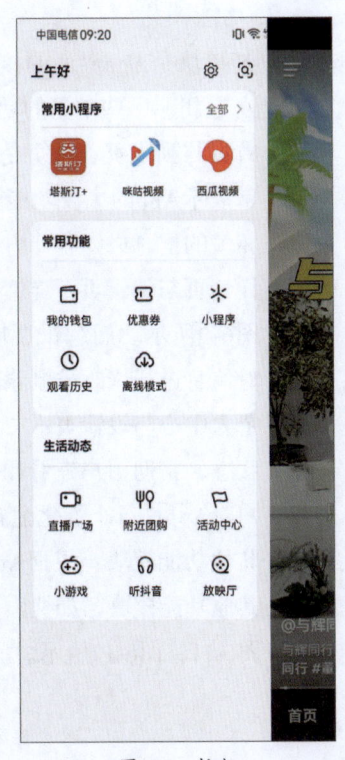

图 6-5　按钮

149

制有助于用户了解操作结果，提高交互的效率和准确性，如图6-8所示。

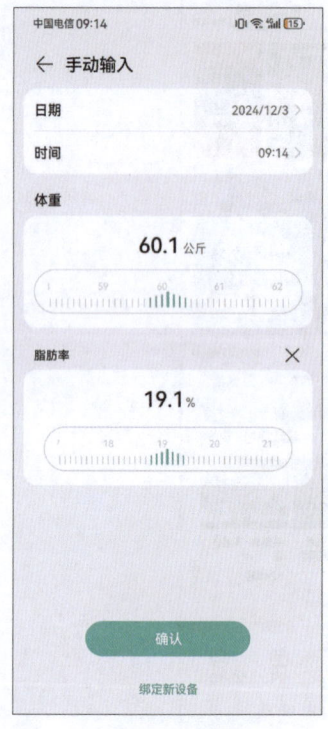

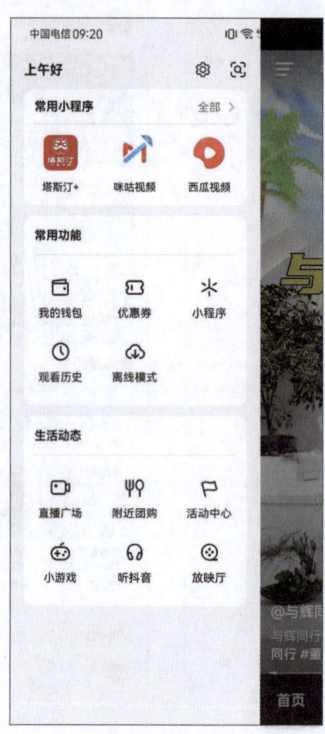

图6-6 滑块　　　　图6-7 侧边栏　　　　图6-8 提示和反馈

### 3. 功能模块

功能模块是App界面的核心部分，它们实现了App的主要功能和业务逻辑。一些常见的功能模块如下：

- **首页与列表页**：首页是用户进入App后的第一个页面，通常展示App的主要功能和内容。列表页则用于展示一系列相关的信息或内容，方便用户浏览。
- **详情页与编辑页**：详情页用于展示具体的信息或内容，如图6-9所示。而编辑页提供了灵活的内容管理，允许用户对信息进行修改或删除，如图6-10所示。
- **个人中心与设置页**：个人中心用于展示用户的个人信息和状态，帮助用户查看和管理自己的账户。设置页则允许用户对App进行个性化配置和调整，以满足个人需求。
- **其他功能模块**：根据App的具体需求和定位，还可以包含其他功能模块，如搜索功能、分享功能、支付功能等，如图6-11、图6-12所示。

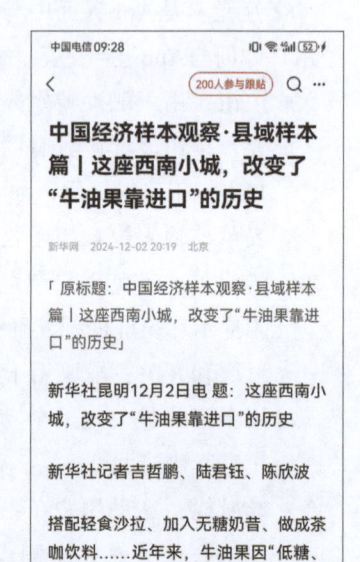

图6-9 详情页

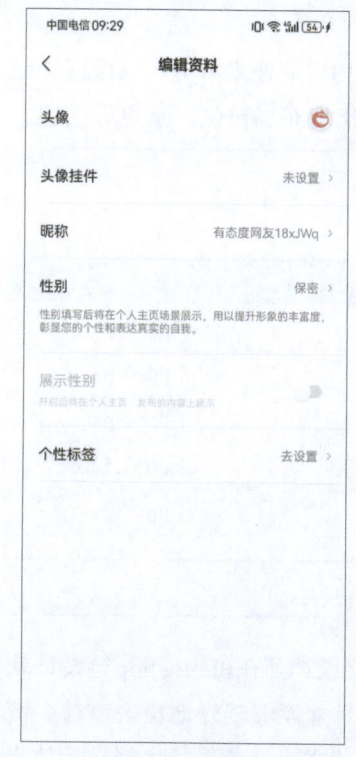

图 6-10　编辑页 　　　　　图 6-11　搜索页 　　　　　图 6-12　分享页

## 6.1.3　常见屏幕尺寸分析

在移动UI设计中，屏幕尺寸是一个至关重要的考虑因素。以下是对常见屏幕尺寸的介绍。

### 1. iOS设备的屏幕尺寸

iOS设备的屏幕尺寸因设备类型和具体型号而异。常见的iOS设备屏幕尺寸如表6-1所示。

表6-1　iOS 设备屏幕尺寸

| 设备名称 | 屏幕尺寸/in | 像素分辨率/px | 逻辑分辨率/pt | 倍率 |
| --- | --- | --- | --- | --- |
| iPhone 14 pro max | 6.7 | 1 290×2 796 | 430×932 | @3X |
| iPhone 14 plus | 6.7 | 1 284×2 778 | 428×926 | @3X |
| iPhone 14 pro | 6.1 | 1 179×2 556 | 393×852 | @3X |
| iPhone 14/13 pro | 6.1 | 1 170×2 532 | 390×844 | @3X |
| iPhone 13 pro max | 6.7 | 1 284×2 778 | 428×926 | @3X |
| iPhone 13 mini | 5.4 | 1 080×2 340 | 375×812 | @3X |
| iPhone 11 pro max | 6.5 | 1 242×2 688 | 414×896 | @3X |
| iPhone 11 | 6.1 | 828×1 972 | 414×896 | @2X |
| iPhone X/XS | 5.8 | 1 125×2 436 | 375×812 | @3X |

## 2. Android屏幕尺寸

根据不同的屏幕密度，Android系统会自动将dp单位转换为相应的像素单位，以保证界面的适配性。同时，还需要考虑屏幕分辨率对布局的影响，避免出现布局错位、重叠等问题。Android设备有多种屏幕分辨率和密度，如表6-2所示。

表6-2 Android 设备屏幕尺寸

| 密度 | 密度数/dpi | 像素分辨率/px | 倍数关系 | 换算 |
| --- | --- | --- | --- | --- |
| xxxhdpi | 640 | 2 160×3 840 | 4X | 1 dp=4 px |
| xxhdpi | 480 | 1 080×1 920 | 3X | 1 dp=3 px |
| xhdpi | 320 | 720×1 280 | 2X | 1 dp=2 px |
| hdpi | 240 | 480×800 | 1.5X | 1 dp=1.5 px |
| mdpi | 160 | 320×480 | 1X | 1 dp=1 px |

> 提示：dpi＝屏幕宽度（或高度）像素/屏幕宽度（或高度）英寸。

为了应对Android设备的多样性，Material Design规范建议设计师在Photoshop等设计软件中，以1 080 px×1 920 px的画布作为基准进行设计。这一尺寸能够较好地覆盖当前主流Android设备的屏幕分辨率范围，从而帮助设计师创建出在不同设备上都能保持良好显示效果的用户界面。

## 3. HarmonyOS设备的屏幕尺寸

HarmonyOS设备的屏幕尺寸因设备类型和具体型号而异。以下是一些搭载HarmonyOS的移动设备的屏幕尺寸的示例。

- **HarmonyOS NEXT智能手机**：屏幕尺寸达到了6.7 in，其屏幕分辨率为2 400 px×1 080 px，配备高达120 Hz的刷新率，保证了图像的流畅度和细腻度。
- **华为Mate系列智能手机**：如Mate 40和Mate 50系列，屏幕尺寸通常在6.5～6.8 in之间，具体尺寸因型号而异。例如，华为Mate 40 Pro尺寸为6.76 in，其屏幕分辨率为2 772 px×1 344 px。
- **华为P系列智能手机**：如P40和P50系列，屏幕尺寸一般在6.1～6.6 in之间，满足不同用户的需求。例如，华为P50 Pro尺寸为6.6 in，其屏幕分辨率为2 700 px×1 224 px。
- **华为平板电脑**：如MatePad系列，屏幕尺寸通常在10.4～12.6 in之间，提供更大的视野和操作空间。例如，华为MatePad Pro尺寸为12.6 in，其屏幕分辨率为2 560 px×1 600 px。
- **华为智能手表**：如Watch GT系列，屏幕尺寸一般在1.2～1.4 in之间，专为便携性和易用性设计。例如，华为Watch GT3尺寸为1.43 in，其屏幕分辨率为466 px×466 px。

## 6.2 闪屏页界面设计

闪屏页通常在应用启动时展示，旨在为用户提供一个视觉上的过渡体验。它不仅是品牌形象的展示窗口，也是用户进入应用的第一步。

### 6.2.1 闪屏页的目的

闪屏页，作为应用程序启动时率先呈现给用户的视觉界面，其重要性不言而喻。它不仅承载着多重功能，更是品牌与用户初次互动的关键环节。以下是闪屏页设计的核心目的。

**1. 品牌展示**

闪屏页是塑造品牌形象的首要窗口，通过展示品牌名称、品牌标识（Logo）和标语，帮助用户快速识别和记忆品牌。一个独特、富有创意且引人注目的闪屏页，能够在用户心中留下深刻印象，有效提升品牌知名度，打造后续的用户黏性。

**2. 加载提示**

在应用启动和加载过程中，闪屏页不仅为用户提供视觉上的缓冲和反馈，还通过动态效果（如渐变、旋转等）或进度条，传达出应用正在积极响应的信息，有效减轻用户的等待焦虑。友好的加载动画和友情提示信息，能引导用户耐心等待，并激发他们对即将呈现内容的期待。

**3. 提升用户体验**

设计精美的闪屏页能够为用户带来视觉上的愉悦，营造出一种高品质、专业的氛围，提升用户对应用的期待值和满意度。通过色彩、字体、图形等设计元素的巧妙运用，闪屏页能够与用户产生情感上的共鸣，增强用户对品牌的情感认同和忠诚度。

**4. 功能引导**

闪屏页可通过简洁明了的文案和图示，向用户介绍应用的核心功能和特色。直观的展示和解释，帮助用户快速掌握应用主要用途，提升使用信心和探索欲望。

**5. 市场营销**

闪屏页是推广当前活动、促销或重要通知的理想平台。吸引人的视觉元素和精练文案，能迅速吸引用户注意力，激发参与热情和购买欲望。利用闪屏页进行市场推广，不仅能提升用户活跃度，还能促进口碑传播，为应用带来更多关注和下载量。

### 6.2.2 闪屏页类型

闪屏页的设计和内容可以根据不同的分类标准和目的进行多样化的划分。以下是对闪屏页主要类型的详细分类和描述。

**1. 按功能和目的分类**

按功能和目的分类主要关注闪屏页的具体功能和设计目的，以便于实现特定的用户体验目标，具体类型如下：

- **品牌宣传型**：主要用于展示和强化品牌形象，包括品牌名称、品牌标识（Logo）、标语等元素，如图6-13所示。其设计简洁明了，力求突显品牌特性，帮助用户更直观地了解品牌，传递品牌情怀和理念。
- **节假关怀型**：在节假日期间推出，用于营造节日氛围，传递祝福和关怀，如图6-14所示。其设计精美，富有节日气息，能够吸引用户的注意力，引起情感共鸣，增加用户对产品的好感和黏性。

图 6-13　品牌闪屏页　　　　图 6-14　节假型闪屏页

- **活动推广型**：推广特定活动或促销的闪屏页，包括活动主题、时间、优惠信息等。其设计热闹、吸引人，注重突出活动主题和时间节点，通过插画、动态效果等元素营造活动氛围，如图6-15所示。
- **广告营销型**：以广告为目的的闪屏页，用于展示广告内容或引导用户点击广告，如图6-16所示。其设计注重视觉效果和吸引力，力求在短时间内抓住用户注意力，并引导用户进行点击或购买等后续操作。
- **功能引导型**：用于引导用户了解应用的核心功能或新功能的闪屏页，如图6-17所示。通过简洁明了的文案或图示，直观展示和解释应用的主要用途，帮助用户快速掌握使用方法，提升使用信心和探索欲望，降低学习成本，提高用户满意度。

模块6　App界面设计

图 6-15　活动闪屏页　　　　图 6-16　广告闪屏页　　　　图 6-17　功能引导闪屏页

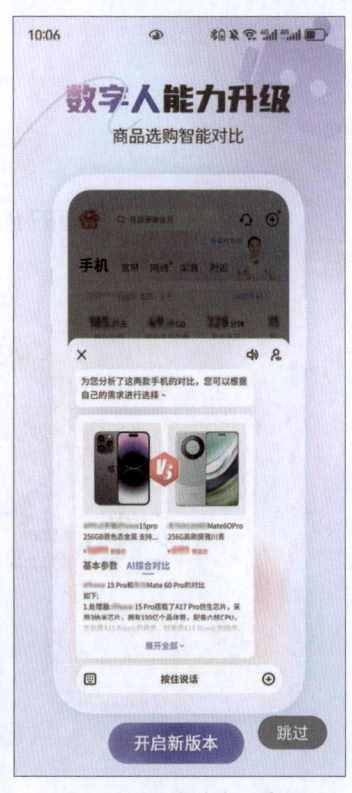

## 2. 按展示形式分类

这一分类关注闪屏页在应用生命周期中的出现时机，以便针对不同阶段的用户需求进行设计。具体类型如下：

- **静态闪屏页**：通常是一张固定的图片或图形，展示品牌标识（Logo）、名称或口号等元素。其设计简洁明了，易于用户快速识别。
- **动态闪屏页**：包含动画效果、渐变效果或视频等，以增加视觉冲击力和吸引力。其设计复杂多变，能够为用户提供更加丰富的视觉体验。

## 3. 按出现时机分类

这一分类关注闪屏页在应用生命周期中的出现时机，以便针对不同阶段的用户需求进行设计。具体类型如下：

- **启动闪屏页**：每次启动应用时都会出现的闪屏页，通常用于品牌宣传或功能引导，如图6-18所示。
- **首次启动闪屏页**：当用户首次安装并打开应用时出现的页面，旨在向新用户介绍应用的主要功能和特点。这类闪屏页通常会包含简洁明了的文案和图示，以及下一步操作的引导，如图6-19所示。
- **版本更新闪屏页**：在应用版本更新时出现的闪屏页，用于展示新版本的功能、修复内容或引导用户进行升级。

图6-18 启动闪屏页　　　　　图6-19 首次启动闪屏页

**4. 其他特殊类型**

这一分类涵盖一些特殊的闪屏页类型，强调其独特的功能或设计特点。具体类型如下：

- **情感故事型**：使用手绘插画和文案展示和叙述一个故事或意境，以唤起用户的情感和情境。这类闪屏页通常富有感染力，能够引起用户的共鸣。
- **个性化定制型**：根据用户的兴趣、偏好或行为等个性化信息定制的闪屏页，以提供更加符合用户需求的体验。

## 6.3 注册登录页界面设计

注册和登录页是用户与系统交互的第一步，通过合理的界面设计，可以帮助用户快速、顺畅地完成注册和登录，进而提高用户的满意度和应用的使用率。

### 6.3.1 登录注册页的设计原则

在设计登录和注册页面时，遵循以下原则可以提升用户体验，确保用户能够顺利完成注册和登录过程。

- **简洁明了**：界面应简洁直观，避免过多的干扰元素。输入框、按钮和提示信息应清晰明了，方便用户快速理解和操作，如图6-20所示。

- **一致性**：登录和注册页面的设计风格、色彩搭配、字体大小等应保持一致性，以提升用户的整体体验。同时，输入格式和验证规则也应统一，避免用户在不同页面间产生困惑。
- **安全性**：在设计中融入安全性考虑。例如，使用密码强度提示、显示隐私政策链接，以及提供安全的密码重置流程，以增强用户对应用的信任。
- **反馈机制**：在用户输入信息后，提供即时反馈。例如，输入框的错误提示、成功注册或登录的确认信息，以帮助用户了解操作结果。
- **易用性**：提供明确的操作指引和错误提示，帮助用户快速定位问题并解决问题。支持多种登录方式（如密码登录、短信验证码登录、第三方账号登录等），以满足不同用户的需求，如图6-21所示。
- **响应性**：界面应具备良好的响应性，确保在各种设备和屏幕尺寸上都能正常显示和操作。同时，应优化加载速度，减少用户的等待时间。
- **个性化**：根据用户的历史行为和偏好，提供个性化的推荐和提示。例如，对于新用户，可以展示注册奖励或引导用户完善个人信息；对于老用户，可以提供便捷的登录入口和个性化服务，如图6-22所示。

图 6-20　简洁明了 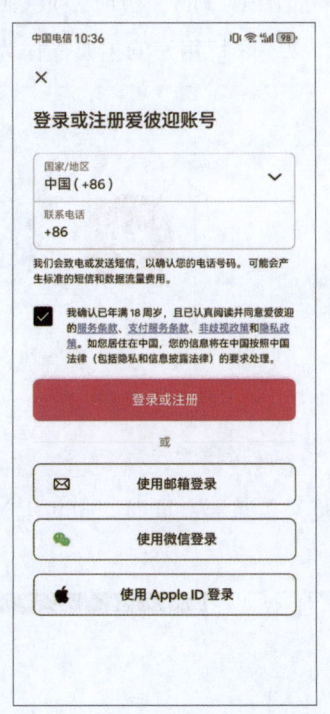　　　　图 6-21　易用性 　　　　图 6-22　个性化

## 6.3.2　登录注册页的布局规划

在策划登录页布局时，需确保页面布局整洁有序，避免过多的空白区域或冗余元素。合理设置输入框和按钮的大小和间距，确保用户能够轻松点击和操作。遵循色彩搭配和视觉层次的原则，突出重要信息和操作按钮。以下是登录注册页的一些布局建议。

### 1. 头部区域

头部区域通常包含应用的品牌标识（Logo）、标题或标语等元素，用于展示品牌信息和定位。同时，可以提供返回按钮或关闭菜单，方便用户进行页面切换。

### 2. 登录/注册表单区域

登录/注册表单区域作为页面的核心部分，用于收集用户的登录或注册信息。该表单应包含必要的输入字段（如用户名/手机号、密码、验证码等）和提交按钮，如图6-23所示。为了提高用户体验，可以添加输入框的浮动标签、占位符提示和实时验证等功能。

### 3. 错误提示区域

用于显示用户输入错误或系统错误的信息。错误提示可以出现在输入框下方，与用户输入的信息相关联。使用红色或其他醒目的颜色突出显示错误信息，但避免使用过于刺眼的颜色。

### 4. 第三方登录/注册入口

提供多种第三方登录/注册选项（如微信、QQ、微博等），满足不同用户的需求。这些入口可以放置在表单区域的下方或底部，以不干扰用户的主要操作为原则，如图6-24所示。

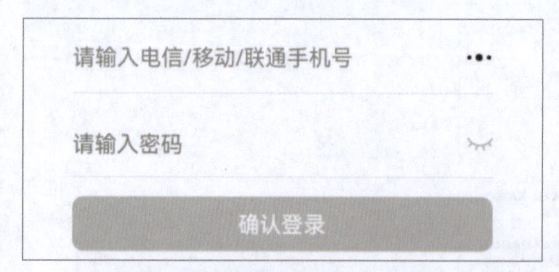

图 6-23　登录/注册表单区域

图 6-24　第三方登录/注册入口

### 5. 附加功能区域

该区域包含找回密码、注册协议、隐私政策、反馈问题等链接或按钮，如图6-25所示。这些功能对于提升用户的安全感和信任度至关重要。同时，也可以提供用户协议和隐私政策的简要说明，以便用户快速了解相关条款。

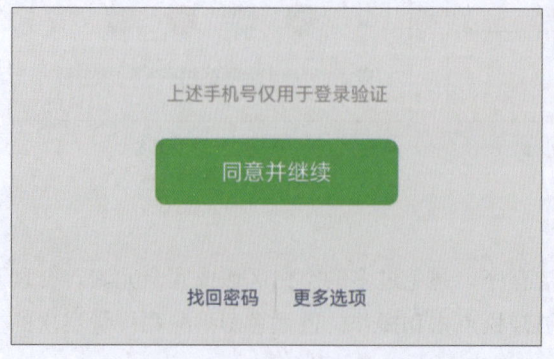

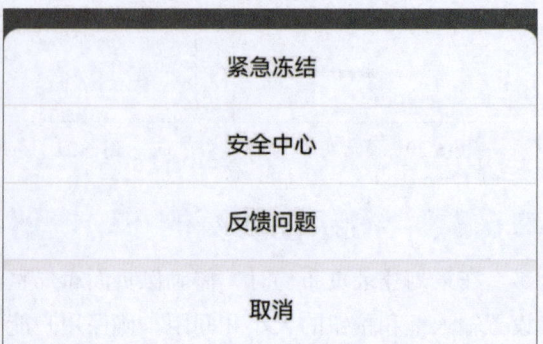

图 6-25　附加功能区域

## 6.4 首页界面设计

在移动UI设计中，首页是用户与应用程序的第一接触点，承载着重要的信息传递和功能展示。

### 6.4.1 首页的设计定位

设计定位是首页设计的基石，它决定了首页的整体风格、色彩搭配、内容布局以及用户交互方式。以下是首页设计定位的一些重要因素。

**1. 以用户体验为核心**

用户体验是首页设计的首要考虑因素。优秀的首页设计应该能够迅速吸引用户的注意力，同时提供直观、流畅的操作体验。这包括合理的布局、清晰的导航、易于理解的界面元素以及快速的响应速度等，如图6-26所示。

**2. 品牌形象传达**

首页是品牌形象的重要展示窗口。通过色彩搭配、字体选择、图标风格以及整体设计风格，首页应该能够准确地传达出品牌的核心理念和价值观。这有助于增强用户对品牌的认知和认同感。

**3. 功能导向明确**

首页应该具备明确的功能导向，即清晰地告诉用户这里可以做什么。无论是浏览商品、查找信息、参与活动还是进行交易，首页都应该提供明确的入口和引导，让用户能够快速找到所需功能，如图6-27所示。

**4. 信息层次分明**

首页上的信息应该按照其重要性和优先级进行分层展示。重要的信息应该放在显眼的位置，以便用户能够快速获取，如图6-28所示。同时，通过合理的排版和布局，可以引导用户的视线流动，提高信息的可读性和可理解性。

图 6-26　以用户体验为核心

**5. 响应式设计**

随着移动设备的普及，响应式设计已经成为首页设计的必备要素。响应式设计意味着首页能够在不同设备和屏幕尺寸上都能良好地显示和交互。这包括调整页面布局、字体大小、图片尺寸等以适应不同屏幕尺寸，确保用户在不同设备上都能获得一致且优质的体验。

159

#### 6. 个性化体验

个性化体验是提升用户满意度和忠诚度的重要手段。通过收集和分析用户数据，首页可以为用户提供个性化的推荐、内容和服务，如图6-29所示。这不仅可以提高用户的满意度，还可以增加用户的黏性和活跃度。

| 图 6-27 功能导向明确 | 图 6-28 信息层次分明 | 图 6-29 个性化体验 |

### ■6.4.2 首页的布局规划

首页的布局规划是实现设计定位的具体表现，涉及信息的排列和功能的组织。以下是对App首页布局的详细介绍，主要围绕其构成元素进行阐述。

#### 1. 头部区域

顶部区域：作为App首页的"门面"，顶部区域承载着展示品牌标识、导航信息以及吸引用户注意的重要任务。

- **状态栏**：通常显示系统默认信息，如时间、信号强度、电池电量等。这部分信息对用户了解设备状态至关重要，且通常不可自定义，如图6-30所示。
- **导航栏**：包含分类、搜索框、扫一扫、消息通知等常用功能按钮，如图6-31所示。这些按钮的设计应遵循简洁、直观的原则，方便用户快速找到所需功能。

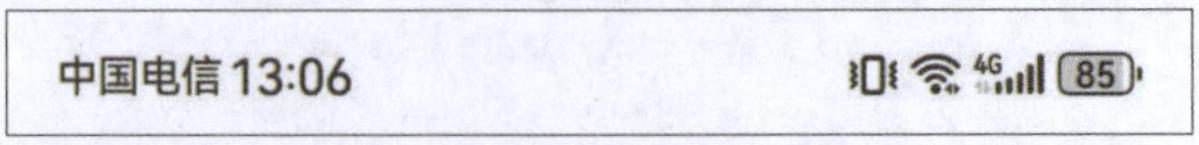

图 6-30 状态栏 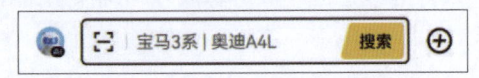　　　　图 6-31 导航栏

### 2. 主要内容区域

主要内容区域是App首页的核心部分，用于展示App的核心功能、内容或服务，是吸引用户、留住用户的关键所在，如图6-32所示。以下是主要内容区域的几个重要组成部分。

- **轮播图/Banner**：位于首页顶部或显眼位置，用于展示App的最新活动、热门推荐或重要信息，通过视觉吸引用户点击，提升用户参与度和转化率。
- **快速通道/功能入口**：以图标或卡片形式展示的快速访问入口，通常包含App的核心功能，如首页、分类、购物车等，方便用户快速进入所需功能页面。
- **内容展示区**：这是根据App类型和功能特点展示不同类型内容的区域，如商品列表、新闻资讯、视频推荐等。通过精心设计的布局和排版，提升内容的可读性和吸引力。

### 3. 底部区域

底部区域作为App首页的"基石"，承载着提供主要功能分类快捷入口的任务，同时保持用户界面的整洁和一致性。标签栏是位于页面底部的功能分类快捷入口，通常包含App的主要功能分类图标，一般为2~5个不等，方便用户在不同功能间快速切换，如图6-33所示。

图6-32 主要内容区域

图6-33 底部区域

### 4. 其他元素

除了上述三个主要区域外，App首页还可能包含一些其他元素，这些元素旨在为用户提供更丰富的功能和服务，提升用户满意度和黏性，具体如下：

- **广告位**：用于展示广告或推广信息的区域，通常位于首页显眼位置，帮助App实现盈利或推广目的。

- **下拉刷新**：下拉刷新允许用户通过向下拉动屏幕刷新页面内容，这是一种常见的用户交互方式，用于获取最新信息。
- **个性化推荐**：根据用户兴趣和行为数据定制的内容推荐，通过算法分析用户的浏览历史、兴趣爱好等信息，为用户推荐个性化的商品、文章、视频等内容，提升用户满意度和参与度。
- **悬浮按钮**：提供快速访问功能的浮动按钮，通常位于页面右下角或左下角，以简洁明了的图标形式展示，用户可以通过点击按钮快速进入特定功能或页面，提升用户操作的便捷性。
- **通知横幅**：通知横幅在屏幕顶部或底部短暂出现，用于推送即时通知，如促销信息、系统消息等。
- **空白状态/错误提示**：当页面没有内容或发生错误时，空白状态和错误提示会向用户展示友好的信息，指导用户进行下一步操作或解决问题。

## 6.5 个人中心界面设计

个人中心界面是用户与应用互动的重要区域，提供用户管理个人信息、查看历史记录和设置偏好的功能。

### 6.5.1 个人中心界面的类型

个人中心界面通常在标签栏中以"我的"或"账户"命名，是用户管理个人信息、查看订单状态、管理支付方式、享受会员权益以及获取消息通知等功能的集中入口。根据不同的分类标准和设计目的，个人中心界面可以划分为多种类型。

**1. 基本信息展示型**

基本信息展示型界面主要展示用户的头像、昵称、性别、生日等基本信息，便于用户查看和确认个人身份及信息。例如，在社交媒体应用中，用户可以通过点击"我的"进入个人中心，在该页面中可看到自己的头像、昵称等基本信息，便于确认个人身份及信息，如图6-34所示。

**2. 功能导航型**

功能导航型界面提供清晰的导航结构，帮助用户快速找到并访问如订单管理、支付设置、消息通知等关键功能区域。例如，在电商应用中，个人中心界面可能包含"订单""支付""消息"等多个功能按钮，用户点击相应按钮即可快速进入相关功能页面，如图6-35所示。

图6-34 社交媒体界面

**3. 设置与配置型**

设置与配置型界面允许用户根据个人喜好和需求，对应用进行个性化设置，如调整界面主题、字体大小、隐私权限等。例如，在新闻阅读类应用中，用户可以在个人中心界面中调整界面主题（如白天模式、夜间模式等）、字体大小、隐私权限（如是否允许应用访问通信录等）等设置，以符合自己的使用习惯，如图6-36所示。

图 6-35　电商应用类界面　　　　　　图 6-36　新闻阅读类界面

**4. 互动信息型**

互动信息型界面展示用户的社交互动信息，如好友动态、评论回复等，增强用户间的互动与联系。例如，在社交媒体应用中，个人中心界面可能包含"关注""粉丝""评论"等互动信息，用户可以通过这些功能查看和管理自己的社交关系，如图6-37所示。

**5. 会员与积分型**

会员与积分型界面展示用户的会员等级、积分余额、优惠券等会员相关信息，并提供兑换、使用等积分管理功能。例如，在购物类应用中，用户可以在个人中心界面查看自己的会员等级、积分余额以及可兑换的优惠券等信息，同时还可以进行积分兑换、优惠券使用等操作，如图6-38所示。

**6. 内容创作型**

对于支持用户生成内容（UGC）的应用，个人中心界面还可能包含用户发布的内容管理功能，如草稿箱、已发布的内容查看等。例如，在视频创作应用中，用户可以在个人中心界面查

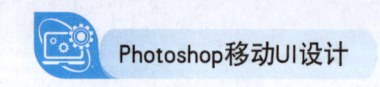

看和管理自己发布的草稿箱内容、已发布的内容以及评论回复等。这些功能使得用户能够方便地管理和优化自己的内容创作，如图6-39所示。

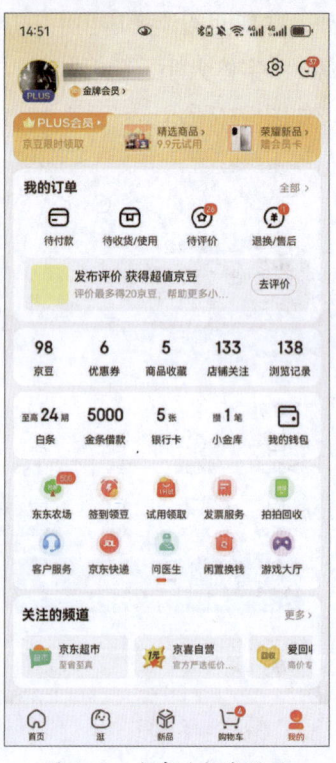

图 6-37　社交媒体类界面　　　图 6-38　电商购物类界面　　　图 6-39　视频创作类界面

## ■6.5.2　个人中心界面的构成

在移动UI设计中，个人中心页是一个综合性的用户信息管理区域，其关键部分包括头像区域和信息内容区域，它们共同构成了用户与个人中心交互的核心。

**1. 头像区域**

头像是个人中心的视觉焦点，通常位于页面的顶部。它不仅代表用户的身份，还可以通过点击进入个人信息编辑界面。头像区域的设计应考虑以下几点。

- **头像展示**：头像应清晰可见，一般采用圆形设计，以突出用户形象。支持用户上传和更换头像的功能，确保用户能够个性化其资料，如图6-40所示。
- **编辑功能**：允许用户点击头像进入个人信息编辑界面，进行头像更换、裁剪等操作。在编辑过程中提供即时预览功能，让用户能够实时看到修改效果，如图6-41、图6-42所示。
- **用户昵称**：昵称通常位于头像下方或右侧，与头像形成视觉上的联系。允许用户修改昵称，并提供合理的字符长度限制，确保界面的可读性。
- **状态信息**：允许用户设置个人状态，如心情、地点等，以增加用户的互动性。头像下方可展示在线状态、会员等级或积分等信息，增强用户的归属感。

图 6-40　头像展示　　　　　图 6-41　编辑头像　　　　　图 6-42　裁剪头像

## 2. 信息内容区域

信息内容区域是个人中心页面的主体，集中展示用户的个人信息、功能模块及交互入口。此区域可细分为以下子模块。

- **个人信息**：包括用户的基本信息，如邮箱、手机号码、地址等。以列表或卡片形式展示，提供"编辑"按钮，用户可快速进入编辑界面。
- **订单管理**：展示用户的历史订单、当前订单状态等信息。使用列表或卡片形式展示订单信息，包括商品名称、状态、日期等，用户可以点击查看详细信息。
- **收藏夹**：展示用户收藏的商品或内容，方便用户快速访问。使用网格布局或列表形式，直观展示收藏项，用户可以点击进入详细页面。
- **设置与偏好**：提供账户设置、隐私设置、通知偏好等选项。设置项应清晰分类，使用图标辅助识别，便于用户快速找到并调整。
- **帮助与反馈**：提供帮助文档、常见问题解答和反馈渠道。确保用户在遇到问题时能够获得及时的帮助和支持。

除了头像和信息内容外，个人中心页还可能包含其他重要的元素和功能，如个性化设置（如主题、皮肤、通知管理等）、客户服务与支持（如在线客服、帮助中心等）、社交互动（如好友列表、关注/粉丝列表等）以及成就与奖励系统等。这些元素和功能共同构成了个人中心页的完整框架，为用户提供了丰富多样的交互体验。

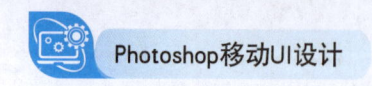

## 案例实操 阅享云端App界面制作

本案例详细讲解了阅享云端App的界面设计与制作过程。其中：闪屏页主要是图标的绘制以及文字的添加；注册登录页涉及图标、文本框、登录按钮等组件的制作；首页则是文字、图标、图像素材的综合应用。App主色调选用蓝色，象征广阔与深邃，云朵与书本的结合则传达了阅读主题。整体布局清晰简洁，美观且实用，旨在为用户提供优质的阅读体验。下面对阅享云端App多个界面的制作进行讲解。

### 1. 绘制闪屏页

本节将制作闪屏页。新建文档后置入图标，并进行调整，使用文字工具与字符面板输入并编辑文字。

**步骤 01** 按Ctrl+N组合键，在弹出的"新建文档"对话框中设置参数，如图6-43所示。

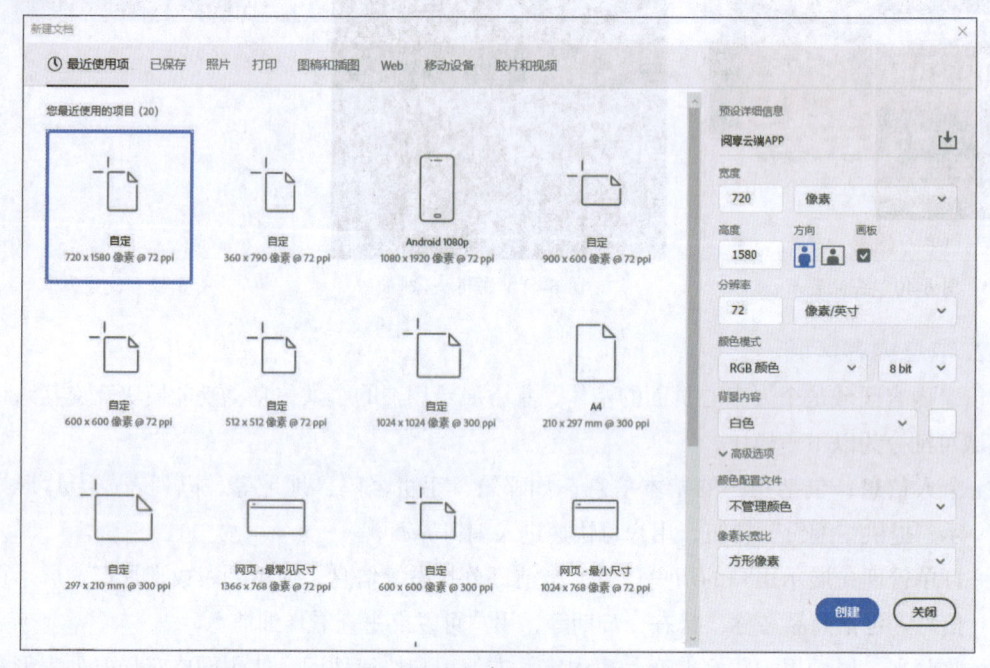

图6-43 "新建文档"对话框

**步骤 02** 单击"确定"按钮后新建文档，效果如图6-44所示。

**步骤 03** 置入素材（状态栏.png）并移动至顶端，效果如图6-45所示。

**步骤 04** 选择"矩形工具"绘制和画板等大的矩形，在选项栏中设置填充颜色，如图6-46所示。渐变效果如图6-47所示。

**步骤 05** 置入素材（图标.png），调整比例为25%，效果如图6-48所示。

**步骤 06** 选择"横排文字工具"输入文字"阅享云端"，在"字符"面板中设置参数，如图6-49所示。

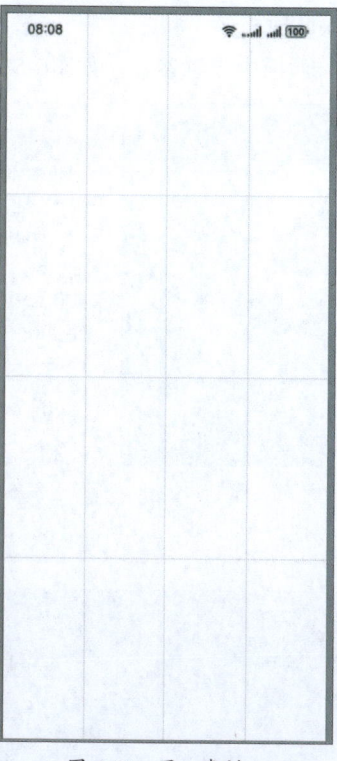

图 6-44　空白文档　　　　图 6-45　置入素材1　　　　图 6-46　设置渐变参数

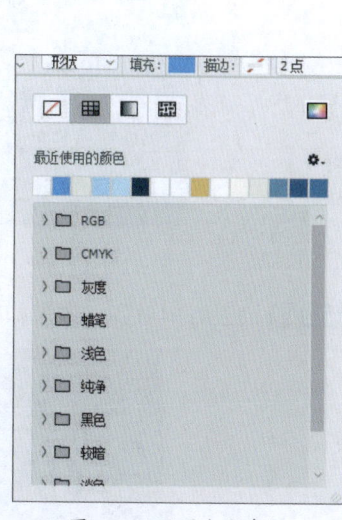

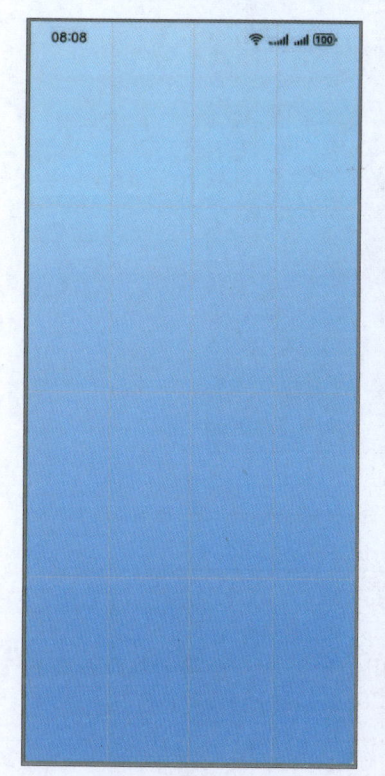

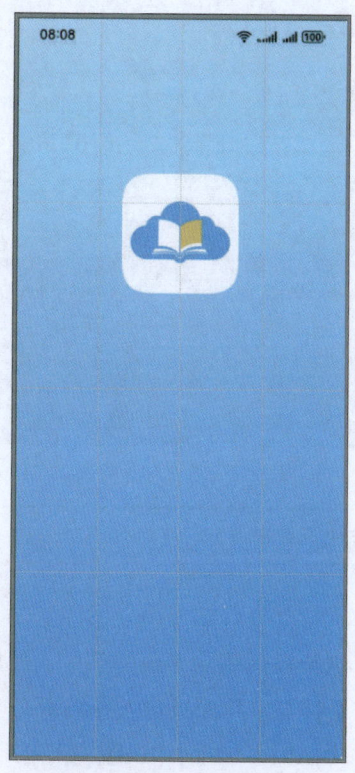

图 6-47　渐变效果　　　　图 6-48　置入素材2　　　　图 6-49　设置文字参数

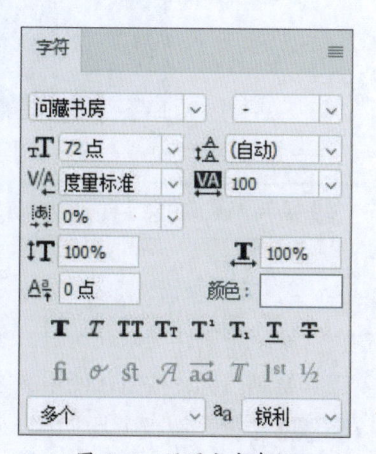

167

步骤 07 设置居中对齐，效果如图6-50所示。

步骤 08 继续输入文字，在"字符"面板中设置参数，如图6-51所示。

图 6-50 居中对齐效果 1

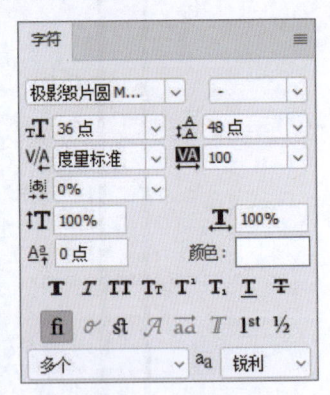

图 6-51 设置文字参数

步骤 09 设置居中对齐，效果如图6-52所示。

图 6-52 居中对齐效果 2

!提示：该节中文字部分的内容均由"智谱清言"平台生成。

## 2. 制作登录注册页

本节将制作登录注册页。复制画板后删除多余的部分，使用矩形工具、直线工具以及椭圆工具绘制图标、按钮，使用文字工具与字符面板输入并编辑文字。

步骤 01 选择"画板工具"，按住Alt键的同时单击按钮复制画板，如图6-53所示。

步骤 02 删除画板2中的文字与图标，如图6-54所示。

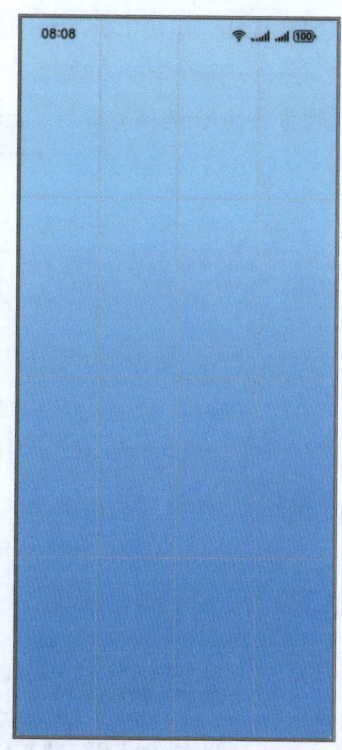

图 6-53　复制画板　　　　　　　　　　　　图 6-54　删除素材

**步骤 03** 选择矩形图层，在"矩形工具"状态下，单击"填充"色块设置参数，如图6-55所示。填充颜色效果如图6-56所示。

图 6-55　设置填充颜色　　　　　　　图 6-56　填充颜色效果

**步骤 04** 选择"矩形工具"绘制矩形,在"属性"面板中设置宽度为4像素,高度为40像素,填充为黑色,圆角半径为2像素,效果如图6-57所示。

**步骤 05** 按住Alt键移动复制,旋转45°后,设置水平、垂直居中对齐,效果如图6-58所示。

图 6-57 绘制矩形　　　　　　　　　　图 6-58 居中对齐

**步骤 06** 在"图层"面板中选中两个矩形图层,右击鼠标,在弹出的快捷菜单中选择"合并形状"选项,效果如图6-59所示。

**步骤 07** 按住Alt键移动复制,旋转45°后,设置水平、垂直居中对齐,效果如图6-60所示。

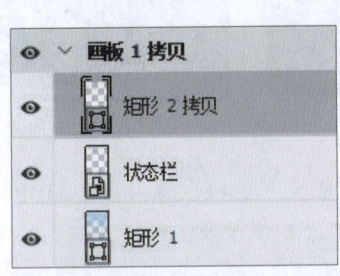

图 6-59 合并形状　　　　　　　　　　图 6-60 调整位置

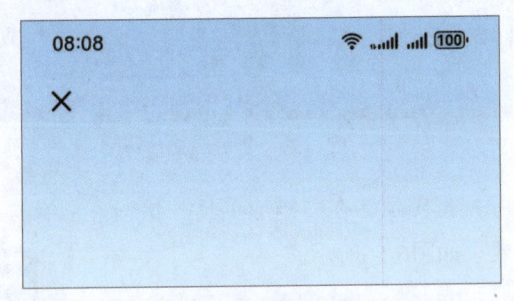

**步骤 08** 选择"横排文字工具"输入文字"云端阅读,从这里开始",在"字符"面板中设置参数,如图6-61所示。文字效果如图6-62所示。

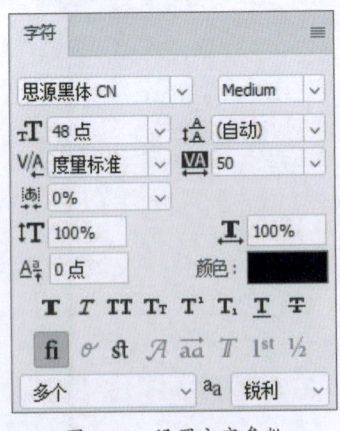

图 6-61 设置文字参数　　　　　　　　图 6-62 文字效果

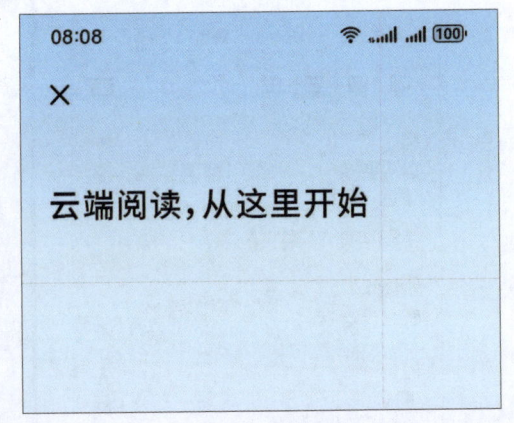

**步骤 09** 继续输入文字"手机号码",在"字符"面板中设置参数(#b1b0b5),如图6-63所示。文字效果如图6-64所示。

图 6-63　设置文字参数　　　　　　　图 6-64　文字效果

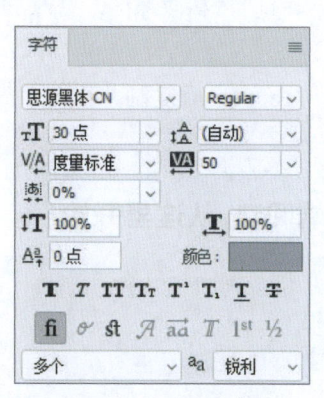

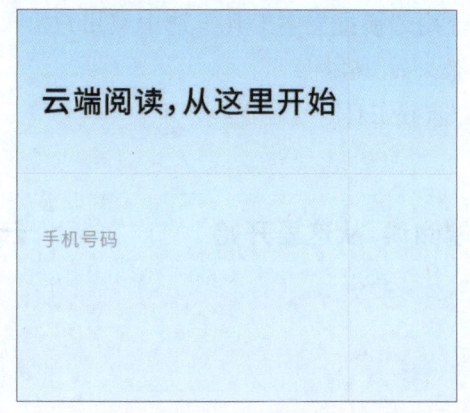

**步骤 10** 选择"直线工具"拖动绘制直线,在"属性"面板中设置参数(颜色#dcdcdc),如图6-65所示。居中对齐后效果如图6-66所示。

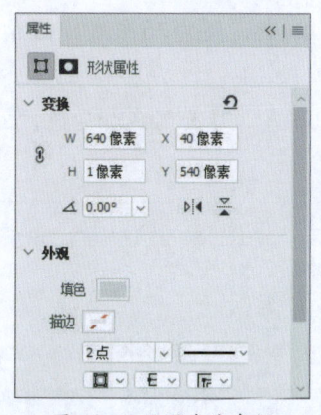

图 6-65　设置直线参数　　　　　　　图 6-66　居中对齐效果

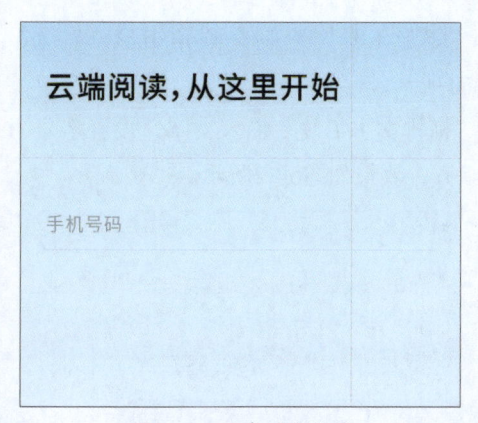

**步骤 11** 选择"椭圆工具",按住Shift键绘制正圆(宽、高各为32像素,填充为无,描边为2像素,颜色为#dcdcdc),效果如图6-67所示。

**步骤 12** 选择"横排文字工具"输入文字并设置参数(字号为24点,字间距为0,颜色为#777777),效果如图6-68所示。

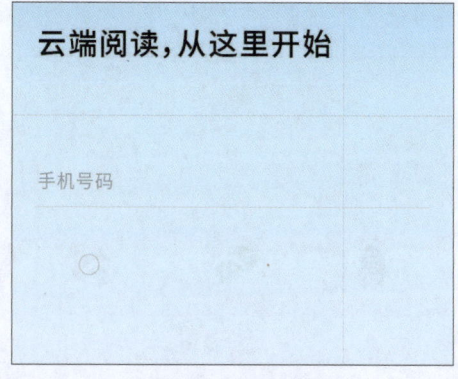

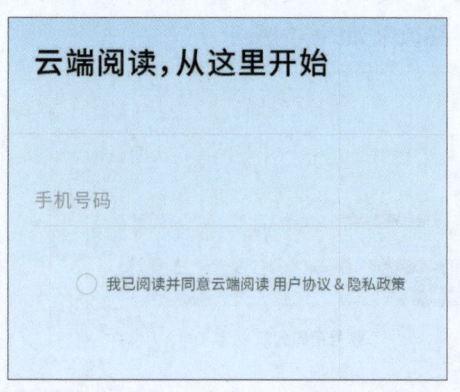

图 6-67　绘制正圆　　　　　　　图 6-68　输入并设置文字

171

步骤 13 分别使用"横排文字工具"选中"用户协议"和"隐私政策",更改文字填充颜色(#00b7ee),效果如图6-69所示。

步骤 14 选择"直线工具"绘制直线,设置填充颜色(#7ecef4)后复制并移动,效果如图6-70所示。

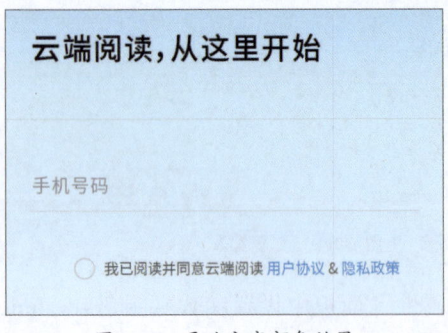

图 6-69　更改文字颜色效果

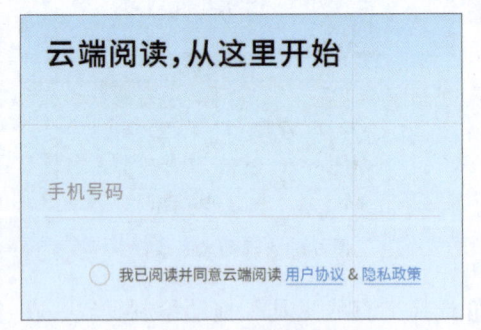

图 6-70　绘制直线

步骤 15 选择"矩形工具"绘制全圆角矩形(宽为640像素,高为76像素,圆角半径为38像素),如图6-71所示。

步骤 16 选择"横排文字工具"输入文字,设置字号为30像素,填充颜色为白色,加选圆角矩形后设置居中对齐,效果如图6-72所示。

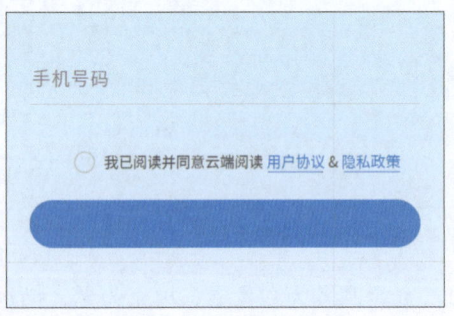

图 6-71　绘制全圆角矩形

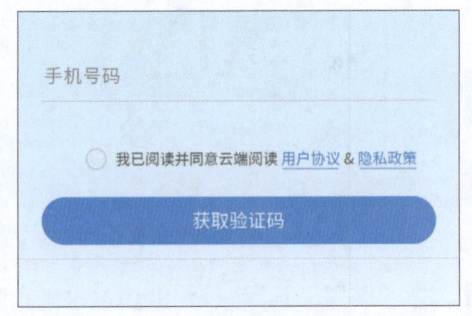

图 6-72　居中对齐文字

步骤 17 按住Alt键移动复制文字,更改文字内容与颜色,如图6-73所示。

步骤 18 置入素材(QQ、Weechat、Weibo),设置缩放比例为50%,借助对齐与分布功能调整显示,最终效果如图6-74所示。

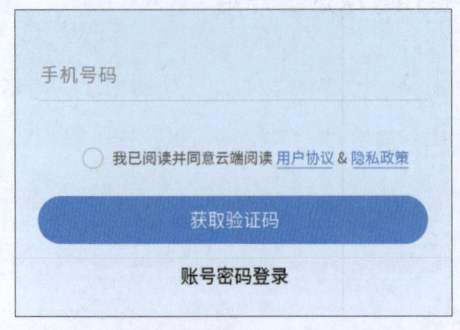

图 6-73　复制更改文字内容与颜色

图 6-74　最终效果

## 3. 制作首页

本节将制作首页。复制画板后删除多余的部分，使用文字工具与字符面板输入文字内容，使用矩形工具和图层样式等工具绘制图标、按钮等效果。需要注意的是，部分素材需要置入。

**步骤01** 选择"画板工具" ，按住Alt键的同时单击 按钮复制画板，如图6-75所示。删除多余的部分，如图6-76所示。

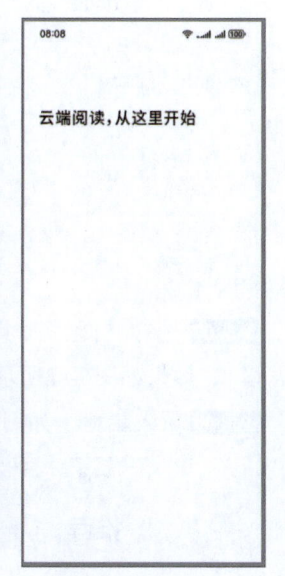

图 6-75 复制画板　　　　　　　　　　　　　　　图 6-76 删除素材

**步骤02** 选择"矩形工具"绘制和画板等大的矩形，填充颜色为10%的灰色，如图6-77所示。
**步骤03** 使用"横排文字工具"更改文字内容并调整其位置，如图6-78所示。
**步骤04** 选择"横排文字工具"，在"字符"面板中设置参数（#5e5f61），如图6-79所示。

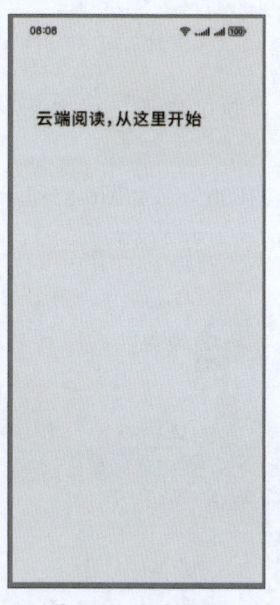

图 6-77 绘制矩形　　　图 6-78 更改文字内容　　　图 6-79 设置文字参数

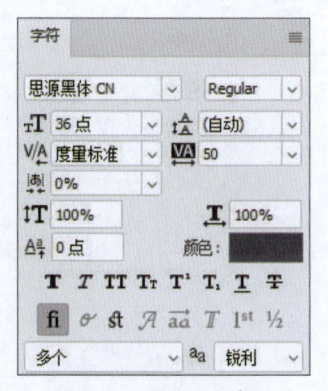

步骤 05 输入文字内容后，按住Alt键移动复制并更改文字内容多次，借助对齐与分布功能调整显示，效果如图6-80所示。

步骤 06 置入素材，如图6-81所示。

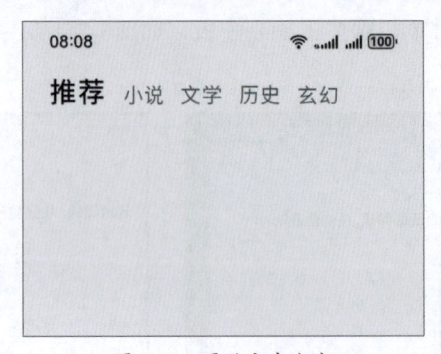

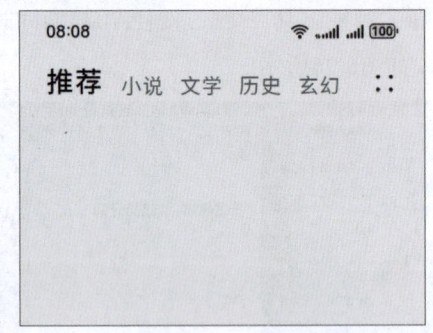

图 6-80　更改文字内容　　　　　图 6-81　置入素材1

步骤 07 选择"矩形工具"绘制全圆角矩形（宽为656像素，高为84像素，圆角半径为42像素），效果如图6-82所示。

步骤 08 置入素材，如图6-83所示。

图 6-82　绘制全圆角矩形　　　　图 6-83　置入素材2

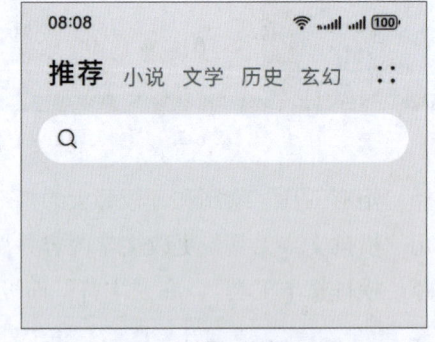

步骤 09 双击该图层，在弹出的"图层样式"对话框中勾选"颜色叠加"选项并设置颜色（#b1b0b5），效果如图6-84所示。

步骤 10 选择"横排文字工具"，在"字符"面板中设置参数（#b1b0b5），如图6-85所示。

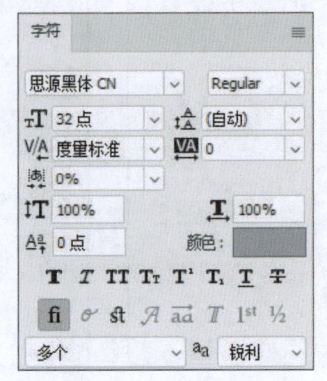

图 6-84　更改颜色　　　　　　　图 6-85　设置文字参数

步骤 11 输入文字内容后，借助对齐与分布功能调整显示，效果如图6-86所示。

步骤 12 选择"矩形工具"绘制圆角矩形（宽为668像素，高为340像素，圆角半径为24像素），效果如图6-87所示。

图 6-86　输入文字内容　　　　图 6-87　绘制圆角矩形

步骤 13 置入素材后，按Ctrl+Alt+G组合键创建剪贴蒙版，更改底部矩形的颜色，效果如图6-88所示。在"图层"面板，单击按钮添加图层蒙版，效果如图6-89所示。

步骤 14 使用"渐变工具"自左向右创建渐变，效果如图6-90所示。

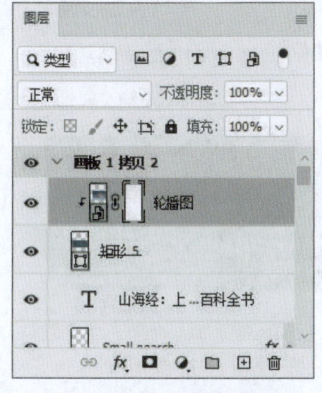

图 6-88　创建剪贴蒙版　　　　图 6-89　添加图层蒙版　　　　图 6-90　创建渐变

步骤 15 选择"横排文字工具"输入文字，在"字符"面板中设置参数（#c16d77），如图6-91所示。文字显示效果如图6-92所示。

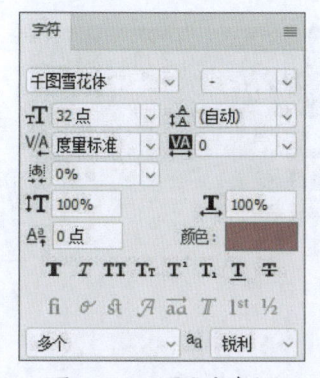

图 6-91　设置文字参数　　　　图 6-92　文字显示效果

❗ 提示：该宣传语是根据图片在"文心一言"平台生成。

步骤 16 按Ctrl+J组合键复制图层，更改文字颜色为白色，向右上方向移动，效果如图6-93所示。

步骤 17 选择"矩形工具"绘制圆角矩形（宽为120像素，高为36像素，圆角半径为16像素），如图6-94所示。

图 6-93　更改文字颜色及位置　　　　图 6-94　绘制圆角矩形

步骤 18 选择"横排文字工具"输入文字，在"字符"面板中设置参数（#c16d77），如图6-95所示。文字显示效果如图6-96所示。

步骤 19 置入素材并调整其大小后居中对齐，效果如图6-97所示。

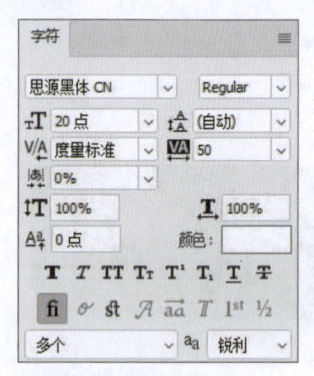

图 6-95　设置文字参数　　　图 6-96　文字显示效果　　　图 6-97　置入素材1

步骤 20 选择"横排文字工具"输入文字，在"字符"面板中设置参数，效果如图6-98所示。

步骤 21 继续输入标签文字，更改字体参数，效果如图6-99所示。

步骤 22 置入素材并调整其大小，添加颜色叠加样式（#b1b0b5），效果如图6-100所示。

图 6-98　添加小标题　　　图 6-99　添加标签文字　　　图 6-100　置入素材2

步骤 23 选择"矩形工具"绘制圆角矩形（宽为126像素，高为178像素，圆角半径为12像素），效果如图6-101所示。

步骤 24 按住Alt键移动复制三次，借助对齐与分布功能调整显示，效果如图6-102所示。

步骤 25 按住Alt键向下移动复制，效果如图6-103所示。

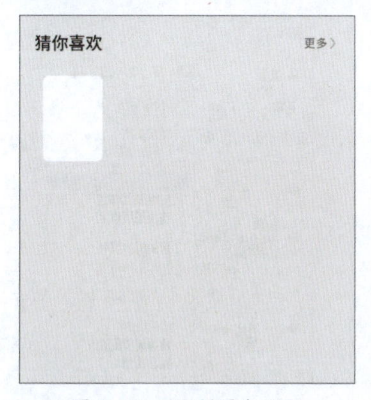

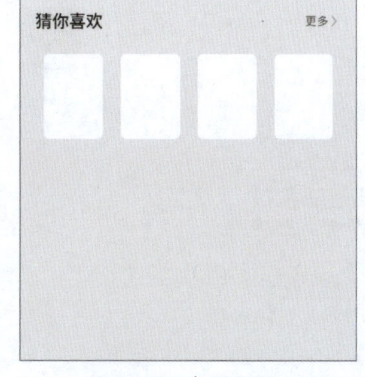

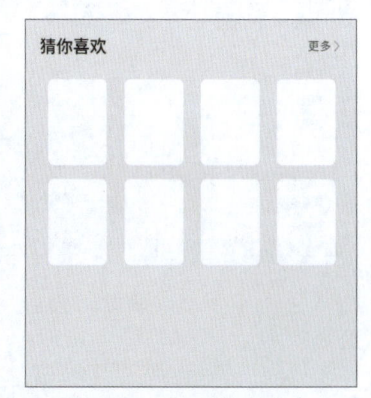

图 6-101　绘制圆角矩形　　　　图 6-102　复制矩形 1　　　　图 6-103　复制矩形 2

步骤 26 选择"矩形7"图层，置入素材，按Ctrl+Alt+G组合键创建剪贴蒙版，效果如图6-104所示。

步骤 27 按Ctrl+T组合键调整显示，效果如图6-105所示。

步骤 28 使用相同的方法置入并调整素材图像，效果如图6-106所示。

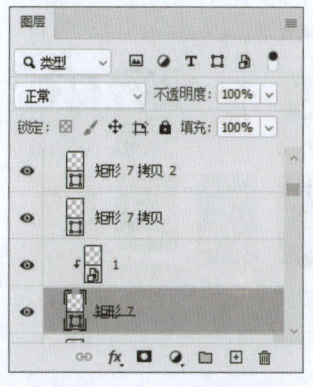

图 6-104　创建剪贴蒙版　　　　图 6-105　调整显示　　　　图 6-106　置入并调整素材

> 提示：置入素材前，可以先选中作为容器的矩形图层，接着置入素材图像，确保图像位于矩形图层的上方。随后，直接为这两个图层创建剪贴蒙版，这样图像就会被限制在矩形的边界内。

步骤 29 选择并双击"矩形7"图层，在弹出的"图层样式"对话框中设置参数，如图6-107所示。

步骤 30 在"图层"面板中，右击鼠标，在弹出的快捷菜单中选择"拷贝图层样式"选项，如图6-108所示。

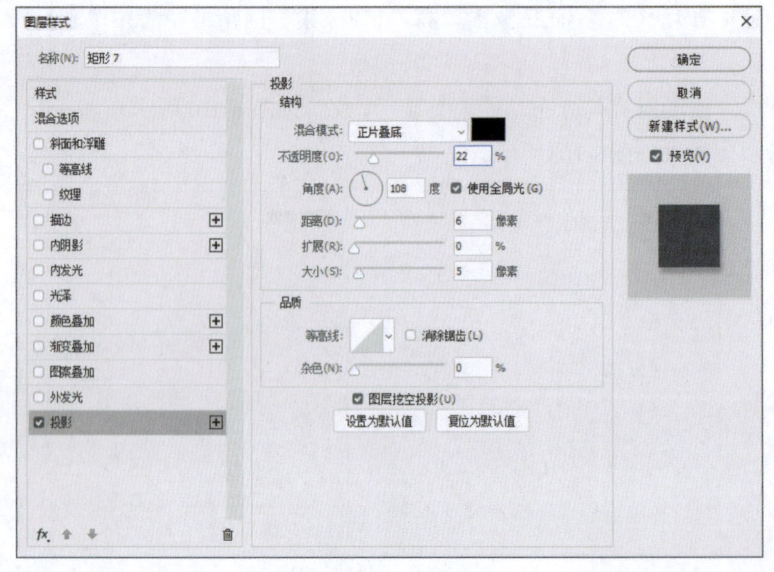

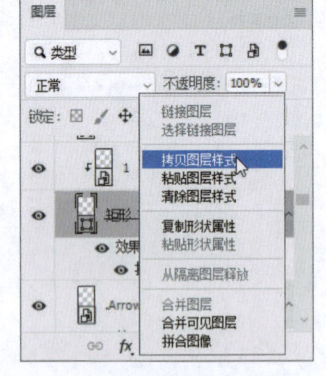

图 6-107　添加投影样式

图 6-108　拷贝图层样式

**步骤 31** 按住Ctrl键加选矩形7的拷贝图层，右击鼠标，在弹出的快捷菜单中选择"粘贴图层样式"选项，此时"图层"面板的显示效果如图6-109所示。画板投影效果如图6-110所示。

**步骤 32** 选择"矩形工具"绘制圆角矩形（宽为656像素，高为70像素，圆角半径为12像素，25%的灰色），效果如图6-111所示。

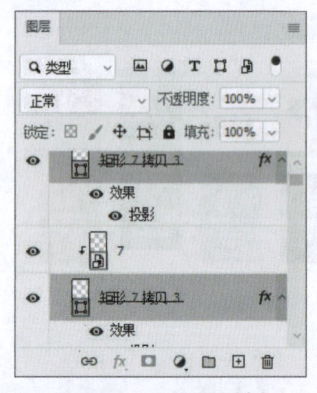

图 6-109　粘贴图层样式

图 6-110　画板投影效果

图 6-111　绘制圆角矩形

**步骤 33** 选择"横排文字工具"输入文字，更改颜色为70%的灰色，设置居中对齐，效果如图6-112所示。

**步骤 34** 选择小标题（猜你喜欢、更多>），移动复制后更改文字内容，效果如图6-113所示。

**步骤 35** 选择"矩形工具"绘制圆角矩形（宽为668像素，圆角半径为24像素，白色），效果如图6-114所示。

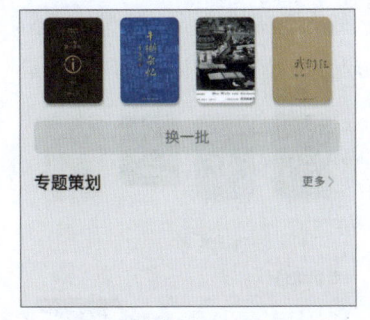

图 6-112　添加文字　　　图 6-113　复制并更改文字内容　　　图 6-114　绘制圆角矩形

**步骤 36** 置入素材后创建剪贴蒙版，按Ctrl+T组合键调整显示，效果如图6-115所示。

**步骤 37** 使用"矩形工具"继续绘制同文档等宽的矩形，设置高度为104像素（#fcfcfc），效果如图6-116所示。

图 6-115　置入素材　　　　　　图 6-116　绘制矩形

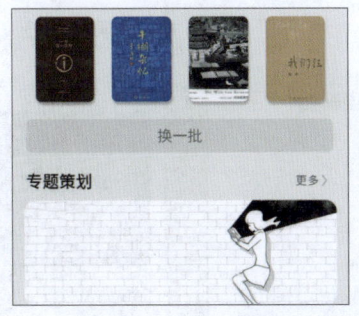

**步骤 38** 双击该图层，在弹出的"图层样式"对话框中设置参数，如图6-117所示。应用投影样式效果如图6-118所示。

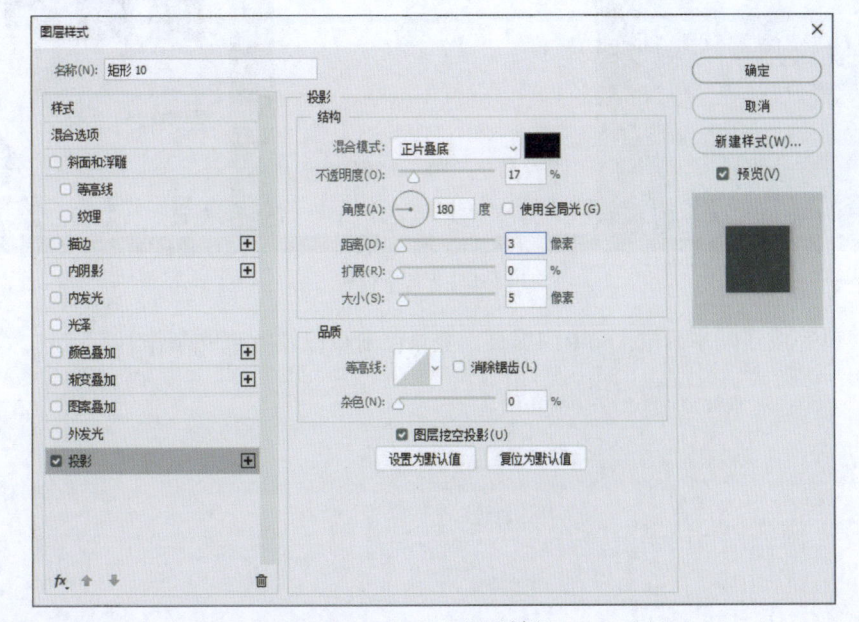

图 6-117　添加投影样式

步骤 39 置入素材，借助对齐与分布功能调整显示，效果如图6-119所示。

步骤 40 分别输入文字（字号为10点），效果如图6-120所示。最终效果如图6-121所示。

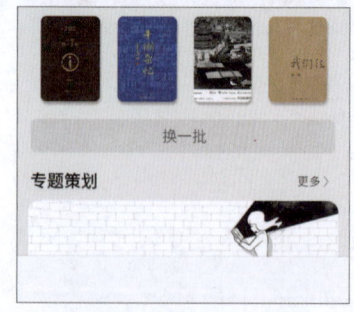

图 6-118　应用投影样式效果

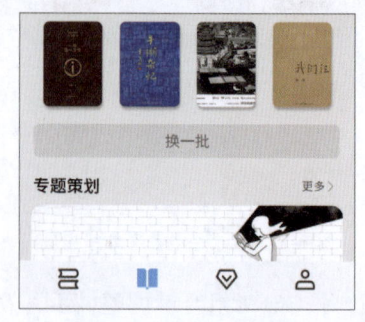

图 6-119　置入素材

图 6-120　添加文字

图 6-121　最终效果

至此，就完成了阅享云端App中闪屏页、登录注册页以及首页的制作。

# 模块 7　游戏 UI 设计

**内容概要**　本模块详细介绍游戏UI设计知识，包括定义、移动游戏UI与传统UI设计的区别，以及游戏UI设计原则。详细讲解了游戏UI风格和移动游戏UI设计的核心要素。旨在帮助读者对游戏UI设计有更全面和深入的了解。

## 7.1　关于游戏UI设计

游戏界面设计是移动UI设计中的一个特殊领域,它专注于为游戏应用创建直观、吸引人且功能齐全的用户界面。

### 7.1.1　什么是游戏UI

游戏UI是指在电子游戏中,玩家与游戏进行交互的界面元素和设计。它涵盖了所有可视化的组件,这些组件帮助玩家理解游戏状态、控制角色、访问功能和获取信息。以下是对游戏UI各组成部分的详细讲述。

**1. 菜单系统**

菜单系统是游戏UI的核心部分,通常包括主菜单、设置菜单、暂停菜单和其他功能菜单等,如图7-1所示。其设计时的注意事项如下:

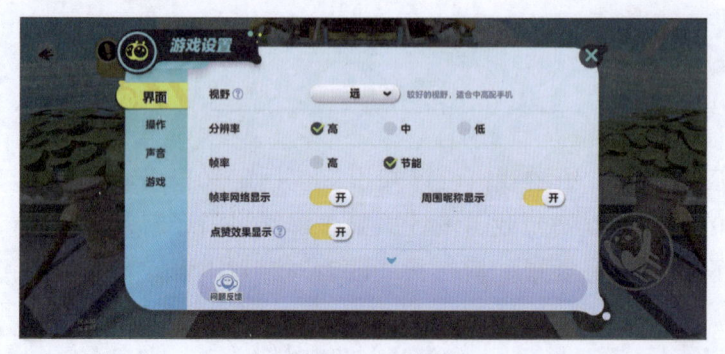

图7-1　游戏菜单

- **简洁性与易操作性**:设计时应避免复杂的层级结构,确保玩家能够快速找到所需功能。
- **响应速度**:优化菜单的响应时间,提升用户体验。
- **适配性**:在移动设备上使用时需考虑触控操作的便捷性,应优化按钮大小和间距。

**2. 按钮与图标**

按钮与图标是游戏UI中的基础元素,它们承担着触发游戏操作、展示功能信息等重要职责,如图7-2所示。其设计时的关注点如下:

图7-2　按钮与图标

- **触控精准性**：设计适合手指触控的按钮和图标，便于玩家轻松点击和识别。
- **反馈效果**：提供颜色变化、震动反馈等视觉和触觉反馈，增强玩家的互动体验。
- **一致性**：按钮和图标的风格应与整体视觉风格保持一致，增强品牌识别性。

### 3. 提示与通知

提示与通知是游戏UI中用于引导玩家、传达重要信息的一种手段，如图7-3所示。其设计时应考虑如下一些因素。

图7-3　游戏提示

- **信息呈现**：使用简洁的文字、图像或声音形式，确保玩家在专注游戏时能接收到必要的信息。
- **适时性与准确性**：确保提示和通知及时且准确，避免对玩家造成干扰。
- **可关闭性**：提供关闭选项，允许玩家控制提示的显示。

### 4. 进度条与加载界面

进度条用于显示游戏加载进度、任务进度等，而加载界面则是玩家在等待游戏加载时看到的界面，如图7-4所示。其设计要点如下：

图7-4　进度条加载界面

- **清晰的进度指示**：使用易于理解的进度条或动画展示加载状态。
- **吸引人的设计**：通过动画或提示信息减轻玩家的等待焦虑，保持玩家的兴趣。
- **品牌元素**：在加载界面中融入游戏的视觉风格和主题，增强品牌识别度。

#### 5. 角色与场景界面

角色与场景界面是游戏UI中用于展示角色状态、游戏世界和场景信息的元素，如图7-5所示。其设计时需关注如下几个方面。

图 7-5　场景界面

- **信息清晰性**：保持界面的简洁明了，以便玩家在空间有限的屏幕上快速获取所需信息。
- **氛围匹配**：界面设计需与游戏氛围和角色风格相匹配，增强沉浸感。
- **动态更新**：确保界面能够实时更新，反映角色状态和环境变化。

#### 6. 动画与过渡效果

动画与过渡效果是游戏UI中用于增强视觉和听觉体验的元素，如图7-6所示。其设计时应注意的事项如下：

图 7-6　过渡界面

- **流畅性与自然性**：确保动画效果流畅自然，避免对游戏体验造成负面影响。
- **引导视线**：合理控制动画的时长和节奏，引导玩家的视线和注意力。
- **主题一致性**：动画风格应与游戏整体视觉风格保持一致，确保统一性。

#### 7. 视觉风格与主题

视觉风格与主题是游戏UI的整体设计方向，它们决定了游戏UI的色彩搭配、字体选择、图形元素等，如图7-7所示。设计时需考虑的一些因素如下：

- **简洁性与清晰度**：由于屏幕尺寸和分辨率的限制，设计时应注重视觉效果的简洁性和清晰度。
- **一致性**：保持视觉风格与主题及游戏整体一致。
- **文化适应性**：考虑不同文化背景的玩家，设计时应避免可能的误解或不适。

图 7-7 主题设置

## 7.1.2 移动游戏UI与传统游戏UI设计的区别

移动游戏UI与传统游戏UI设计之间存在着显著区别，这些区别要求设计师在针对不同平台时应采取相应的设计策略，以满足和符合玩家的多样化需求和习惯。二者具体区别如下：

#### 1. 应用平台

移动游戏UI主要运行于智能手机、平板电脑等移动设备，需考虑设备的屏幕尺寸、分辨率和操作系统等因素。而传统游戏UI则主要运行于计算机或专用游戏主机，通常具有更大的屏幕尺寸、更高的分辨率和更强的性能。

#### 2. 设计元素

移动游戏UI通常使用较大、易于触摸的按钮和图标，以适应手指操作。界面元素往往经过简化，以避免在小屏幕上造成视觉拥挤。其风格多样，通常更为鲜艳和卡通化，以吸引玩家的注意力。相比之下，传统游戏UI可以使用更小的按钮和更复杂的布局，设计元素更为精细，因为玩家通常使用鼠标或手柄进行精确操作。其风格更加多样，可能包含写实、科幻、复古等多种风格，通常更注重细节和艺术表现，如图7-8所示。

图 7-8 设计元素

#### 3. 用户体验

移动游戏UI注重快速上手和短时间内的游戏体验，设计通常易于理解和操作，适合碎片化的游戏时间。游戏往往设计为短时间内可以完成的任务或关卡，适合随时随地的游戏体验。而传统游戏UI则更注重深度和沉浸感，其提供复杂的游戏机制和长时间的游戏体验，通常需要玩家投入更多时间，鼓励玩家深入探索游戏世界。

#### 4. 交互方式

移动游戏UI主要依赖触摸屏，常见的交互方式包括点击、滑动和捏合等，设计时需考虑手指的操作习惯，并提供即时反馈，如动画效果和音效，以增强互动体验。传统游戏UI则依赖键盘、鼠标或游戏手柄等物理输入设备，支持更为复杂的输入方式，如多键组合和精确瞄准等，如图7-9所示，满足玩家在策略、动作、射击等多种类型游戏中的需求。

图7-9 鼠标控制

#### 5. 技术限制

移动游戏UI需要考虑移动设备的性能限制，如处理能力、内存和电池续航能力等，因此设计需优化以减少资源消耗。此外，许多移动游戏依赖于网络连接，设计时需考虑网络延迟和数据加载的影响。相对而言，传统游戏UI通常可以利用更强大的硬件性能，允许更为复杂的图形和计算，设计时不那么受限于资源消耗，且许多传统游戏可以离线运行，设计时无须过多考虑网络问题。

### 7.1.3 游戏UI设计原则

游戏UI设计原则旨在优化玩家体验，确保界面有效传达信息并适应不同设备和用户群体。以下是一些关键的游戏UI设计原则。

- **简洁性**：界面设计应尽量简洁，避免冗余元素和复杂信息，使玩家能够快速理解和操作。通过减少视觉干扰，帮助玩家专注于游戏内容。
- **一致性**：保持游戏内所有界面元素（如按钮、字体、颜色等）的一致性，以增强品牌识别和用户熟悉度。相似功能的元素应采用相同的设计风格，减少学习成本。
- **视觉明确**：利用清晰的视觉层次和对比度来凸显关键信息，确保玩家能够快速识别重要内容。设计需直观易理解，便于玩家快速找到所需功能和信息。
- **实时反馈**：在玩家进行操作后，提供即时的视觉或听觉反馈，以确认操作已被接受（如按钮点击效果等）。通过状态指示（如进度条、提示信息等）增强玩家的参与感和满意度。
- **符号暗示**：使用易于理解的图标和符号来表示功能和操作，帮助玩家快速识别界面元素的用途。符号应与游戏主题相符，并在不同文化背景下保持通用性。
- **操作适应性**：界面设计应考虑不同设备的触控特性，确保按钮和交互元素尺寸适中，便于玩家操作。设计应适应不同屏幕尺寸和分辨率，以提供良好的用户体验。

## 7.2 移动游戏UI界面风格

移动游戏UI界面风格多种多样,每种风格都有其独特的魅力和适用场景。选择合适的UI风格不仅能够增强游戏的整体氛围,还能提升玩家的沉浸感和体验。

### ■ 7.2.1 超写实风格

超写实风格追求极致的真实感,通常采用高质量的3D建模和精细的纹理,力求在视觉上接近现实世界。此风格的UI设计常常融入真实的物理特性,色彩鲜明且细节丰富,适合于模拟类、射击类或冒险类游戏。玩家在这样的界面中能感受到强烈的代入感和真实体验,如图7-10所示。

图 7-10 超写实风格

### ■ 7.2.2 涂鸦风格

涂鸦风格通常具有随意、自由和个性化的特点,常见于休闲益智类和创意类游戏。界面设计往往采用手绘效果、明亮的色彩和不规则的形状,给人一种轻松、愉快的感觉,如图7-11所示。涂鸦风格的UI能够传达出一种年轻、活泼的气息,适合追求独特视觉体验的玩家群体。

图 7-11 涂鸦风格

## 7.2.3 暗黑风格

暗黑风格以阴暗、神秘的色调为主，常常使用深色背景和对比鲜明的亮色元素，营造出紧张和悬疑的氛围。这种风格适合于恐怖、动作或角色扮演类游戏，能够有效增强游戏的沉浸感和情感共鸣，如图7-12所示。UI设计中的图标和字体通常具有锐利的边缘和独特的造型，增强了视觉冲击力。

图 7-12　暗黑风格

## 7.2.4 卡通风格

卡通风格以生动、夸张的形象和鲜艳的色彩为特点，通常采用简单的线条和形状，给人一种轻松、愉快的视觉体验。这种风格广泛应用于儿童游戏、休闲游戏和平台跳跃类游戏，能够吸引年轻玩家，如图7-13所示。卡通风格的UI设计通常具有友好的形象，易于理解和操作，增强了玩家的亲和力。

图 7-13　卡通风格

## 7.2.5 二次元风格

二次元风格以其独特的审美、丰富的角色设定和精美的画面而备受追捧。它通常融合了日本动漫、轻小说和游戏等元素，通过精美的插画、华丽的特效和丰富的故事情节，营造出一种梦幻、浪漫、富有情感的游戏世界。这种风格适用于那些面向年轻受众、强调角色塑造和情感表达的游戏，如角色扮演类、卡牌类等，如图7-14所示。

图 7-14　二次元风格

## 7.3　移动游戏UI设计核心要素

移动游戏UI设计是确保玩家在小型屏幕上获得最佳游戏体验的关键。在有限的屏幕空间内，有效地传达信息、引导操作并创造吸引人的视觉效果至关重要。

### ■7.3.1　图标设计

图标是用户界面的重要组成部分，直接影响玩家的操作体验。一个设计良好的图标不仅能够传达功能，还能吸引玩家的注意力，增强游戏的整体美感，如图7-15所示。移动游戏UI设计中的图标应具备以下几个特点。

图 7-15　图标设计

- **简洁明了**：在移动设备上，屏幕空间有限，图标应尽可能简洁，确保玩家一眼就能识别其功能。
- **一致性**：游戏内的所有图标应遵循统一的设计风格，如线条粗细、色彩搭配等，以保持界面的整体性和一致性。
- **辨识度**：图标应具有高度的辨识度，即使在复杂背景或不同光线条件下，玩家也能轻松识别。

### ■7.3.2　文字设计

文字设计是信息传达的关键，对提升玩家的阅读体验和信息传达效率至关重要。合理的排版和字体选择能帮助玩家轻松理解游戏内容,如图7-16所示。移动游戏UI中的文字设计应注意以下几个方面。

图 7-16 文字设计

- **可读性**:选择适合移动设备阅读的字体大小和样式,确保文字清晰易读,避免过小的字体导致阅读困难。
- **简洁性**:文字内容应简洁明了,避免冗长和复杂的句子结构,以减少玩家的阅读负担。
- **排版合理性**:合理的排版能够提升文字的可读性和美观度,包括行间距、字间距、段落对齐等。

## 7.3.3 色彩搭配

色彩在游戏UI设计中起着至关重要的作用,能够影响玩家的情绪和行为。合理的色彩搭配不仅能提升视觉吸引力,还能增强信息的传达效果,如图7-17所示。移动游戏UI设计中的色彩搭配应遵循以下原则。

图 7-17 色彩搭配

- **和谐统一**:整体色彩应和谐统一,避免过于刺眼或混乱的色彩搭配,以营造舒适的游戏氛围。
- **重点突出**:通过色彩对比,突出关键信息和功能按钮,引导玩家的视线和操作。
- **文化适应性**:考虑不同文化背景下的色彩偏好和禁忌,避免使用可能引起误解或不适的色彩。

## 7.3.4 布局与导航

布局与导航是确保玩家能够顺利进行游戏的一个重要因素。良好的布局设计和清晰的导航结构能够提升用户体验，使玩家能够轻松找到所需的功能和信息，如图7-18所示。移动游戏UI中的布局与导航应主要考虑以下几个方面。

图 7-18 布局与导航

- **直观性**：界面布局应直观易懂，避免过于复杂和混乱的排列方式，确保玩家能够快速了解界面结构。
- **逻辑性**：界面布局应遵循玩家的操作习惯和逻辑顺序，合理安排功能区域和按钮位置，提高操作效率。
- **反馈机制**：通过视觉、听觉或触觉反馈，及时向玩家传达操作结果和状态变化，增强玩家的参与感和控制感。
- **自适应能力**：针对不同设备和屏幕尺寸，界面布局应具有自适应能力，确保在各种设备上都能提供最佳的游戏体验。

## 案例实操 国风游戏界面制作

本案例详细讲解了国风类游戏界面设计与制作的过程。其中：启动页的主视觉采用了AIGC平台生成的插画，为游戏界面增添了一抹浓厚的国风色彩；登录页面则巧妙地将启动页的主视觉进行模糊处理，以此作为背景，同时添加了简洁明了的登录组件；设置页则采用了另一张与游戏主题相符的素材图，并精心布局了各种设置选项，包括音效、震动、画面质量等，为玩家提供了丰富的个性化选择。下面对多个界面的制作进行讲解。

### 1. 绘制启动页

本节将制作闪屏页。打开素材文档，绘制闪屏页所需要的图标，新建文档后置入图标调整显示，然后使用文字工具与字符面板输入并编辑文字。

**步骤01** 在Midjourney平台中输入关键词（田园、水墨画、治愈系、农家小镇，-ar 16∶9）生成素材，如图7-19所示。

**步骤02** 单击U1查看素材，如图7-20所示。

图 7-19　生成素材

图 7-20　查看素材

> **提示**：在AIGC平台中，即使输入的关键词一样，生成的图像也会有所不同。

**步骤 03** 单击■拉伸，效果如图7-21所示。

**步骤 04** 单击U2查看素材后，保存如图7-22所示的图像。

图 7-21　素材变化

图 7-22　查看素材

**步骤 05** 启动Photoshop，在弹出的"新建文档"对话框中设置参数，如图7-23所示。

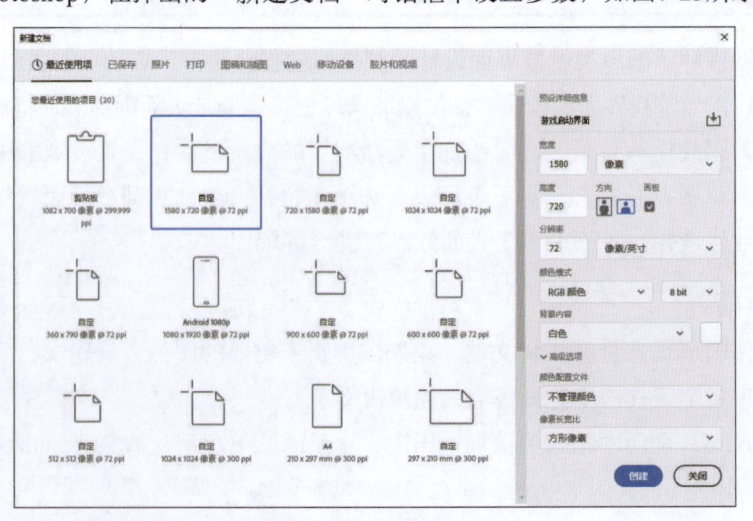

图 7-23　"新建文档"对话框

步骤 06 单击"确定"按钮后新建文档，效果如图7-24所示。
步骤 07 置入素材并调整大小，效果如图7-25所示。

图7-24 空白文档　　　　　　　　　　图7-25 置入素材

步骤 08 选择"横排文字工具"输入文字，在"字符"面板中设置参数，如图7-26所示。文字效果如图7-27所示。

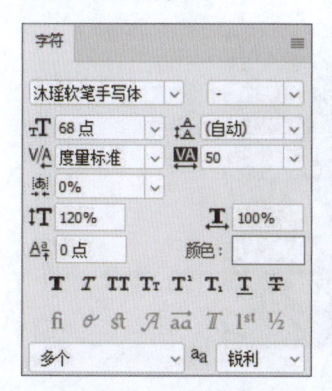

图7-26 设置字符参数　　　　　　　　图7-27 文字效果

步骤 09 在"图层"面板中双击该文字图层，在弹出的"图层样式"面板中勾选"描边"选项并设置参数（#5f6e2c），如图7-28所示。
步骤 10 单击⊞按钮，继续设置描边参数，如图7-29所示。

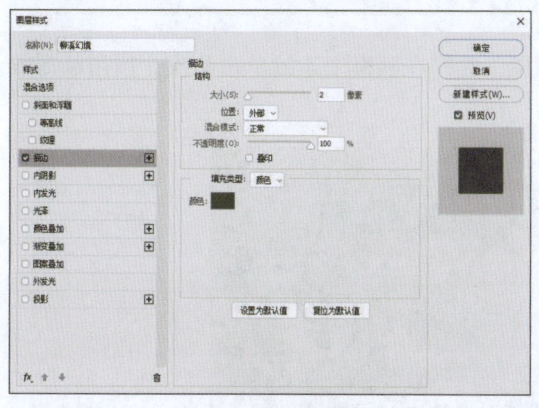

图7-28 添加描边　　　　　　　　　　图7-29 添加描边

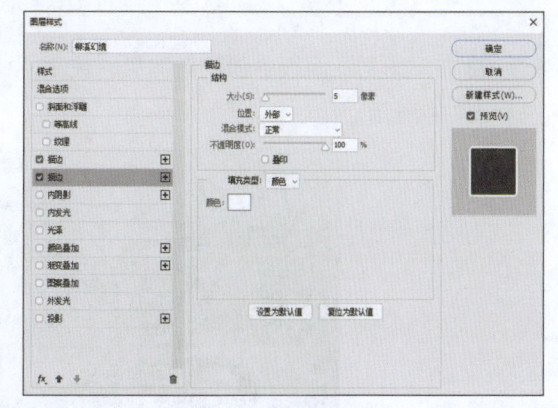

步骤 11 单击⊞按钮，继续设置描边参数（#3d472f），如图7-30所示。

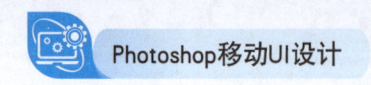

步骤 12 勾选"投影"选项并设置参数，如图7-31所示。

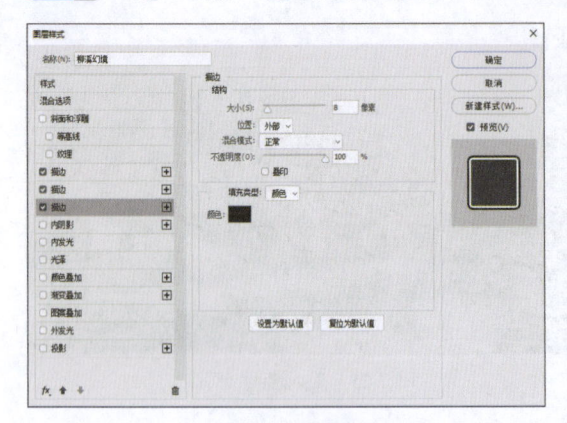

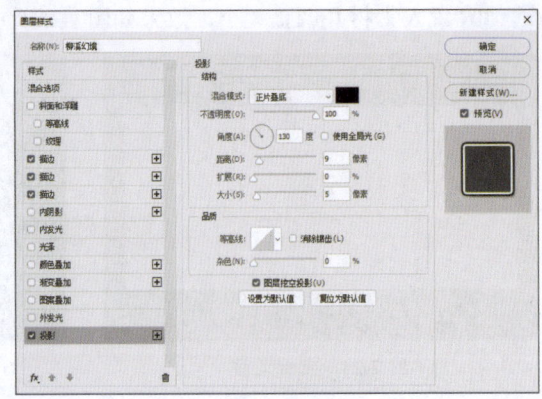

图 7-30 添加描边　　　　　　　　　　　　图 7-31 添加投影

步骤 13 单击"确定"按钮后应用效果，如图7-32所示。

图 7-32 应用效果

步骤 14 使用"吸管工具"吸取背景的颜色（#e6ede6）。

步骤 15 选择"画笔工具"，在选项栏中设置参数，如图7-33所示。

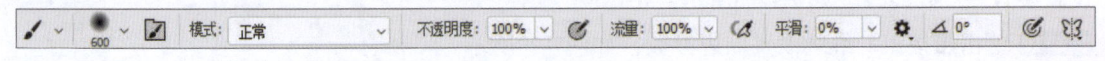

图 7-33 设置画笔参数

步骤 16 在"图层"面板中创建新图层，使用"画笔工具"在画板上连续单击两次，应用画笔效果如图7-34所示。

图 7-34 应用画笔效果

步骤 17 按Ctrl+T组合键调整高度和宽度，效果如图7-35所示。

图 7-35 自由变换

步骤 18 按Ctrl+J组合键复制，调整不透明度为60%，如图7-36所示。

图 7-36 复制图层

步骤 19 选择"横排文字工具"输入文字，在"字符"面板中设置参数，如图7-37所示。文字效果如图7-38所示。

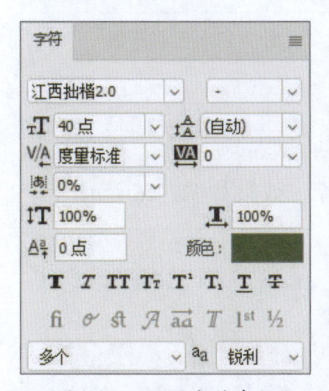

图 7-37 设置字符参数　　　　图 7-38 文字效果

步骤 20 在"图层"面板中双击该文字图层，在弹出的"图层样式"面板中勾选"投影"选项并设置参数，如图7-39所示。投影效果如图7-40所示。

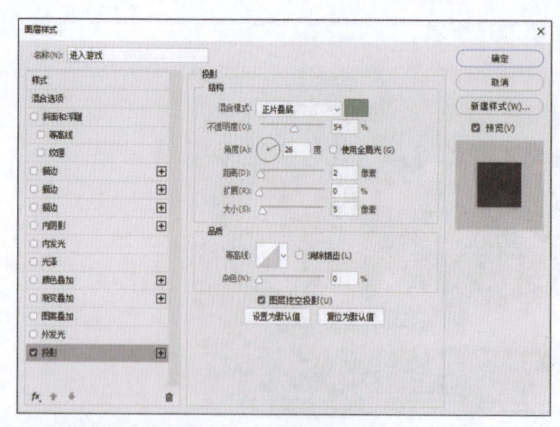

图 7-39　添加投影样式　　　　　　　　　　　图 7-40　投影效果

**步骤 21** 打开素材，解锁背景图层，如图7-41所示。

**步骤 22** 按Ctrl+I组合键反相，效果如图7-42所示。

**步骤 23** 执行"选择"→"色彩范围"命令，弹出"色彩范围"对话框，使用"吸管工具"吸取背景后调整"颜色容差"，如图7-43所示。

图 7-41　打开素材　　　　　图 7-42　反相　　　　　图 7-43　色彩范围

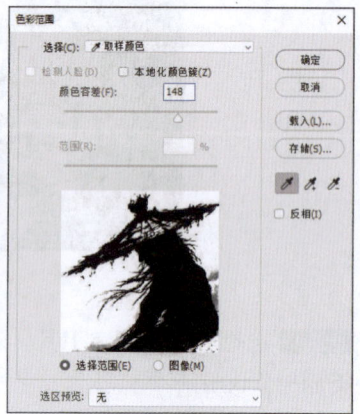

**步骤 24** 单击"确定"按钮后应用效果，如图7-44所示。

**步骤 25** 选择"背景橡皮擦工具"，单击擦除部分背景，效果如图7-45所示。

**步骤 26** 在"图层"面板中添加图层蒙版，使用"画笔工具"涂抹擦除，效果如图7-46所示。

图 7-44　应用色彩范围　　　　图 7-45　擦除背景　　　　图 7-46　调整蒙版

步骤 27 将其移动至文档中，缩放5%，移动至右侧，效果如图7-47所示。

图 7-47　置入素材

步骤 28 使用"横排文字工具"输入文字，更改颜色为白色，字号为20点，字间距为200，效果如图7-48所示。

图 7-48　输入文字

步骤 29 打开素材，如图7-49所示。

步骤 30 双击该图层，在弹出的"图层样式"对话框中勾选"颜色叠加"选项，填充白色，单击"确定"按钮后应用效果，如图7-50所示。

步骤 31 在"图层"面板中添加图层蒙版，效果如图7-51所示。

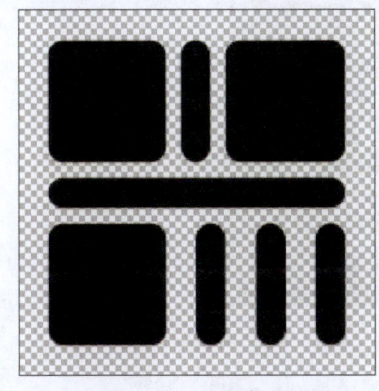

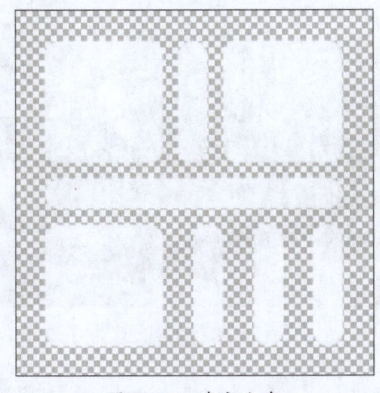

图 7-49　打开素材　　　　图 7-50　填充白色　　　　图 7-51　添加图层蒙版

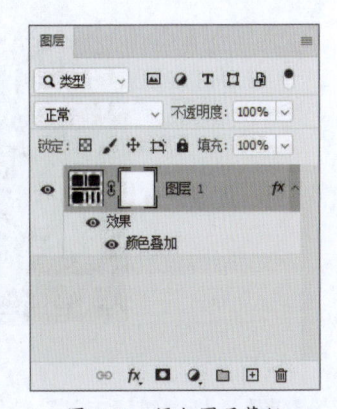

197

**步骤32** 选择"画笔工具"，在选项栏中设置参数，如图7-52所示。

**步骤33** 将前景色设置为黑色并单击涂抹，使其呈现斑驳效果，如图7-53所示。

**步骤34** 在"图层"面板中，右击鼠标，在弹出的快捷菜单中选择"转换为智能对象"选项，效果如图7-54所示。

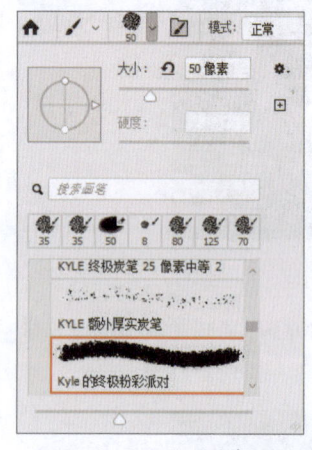

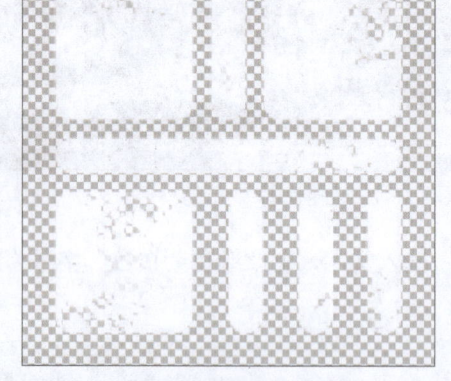

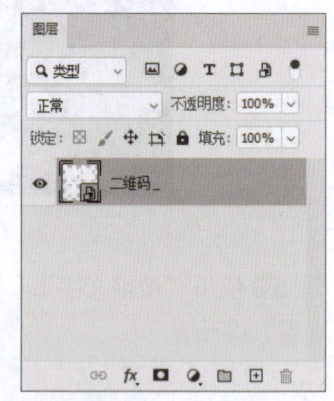

图 7-52　设置画笔参数　　　　图 7-53　调整显示效果　　　　图 7-54　添加图层蒙版

**步骤35** 将其移动至文档中，缩放5%后移动至右侧，效果如图7-55所示。

图 7-55　置入素材

**步骤36** 按住Alt键移动复制"客服"，更改文字内容为"扫码"，效果如图7-56所示。

图 7-56　复制并更改文字内容

**步骤37** 选择"矩形工具"绘制矩形，在"属性"面板中设置参数，如图7-57所示。

步骤 38 继续绘制矩形（宽度为74像素，高度为76像素，圆角半径为4像素，颜色为#567534），加选底部的圆角矩形，设置水平居中对齐，效果如图7-58所示。

图 7-57 设置参数　　图 7-58 矩形效果　　图 7-59 绘制矩形

步骤 39 分别使用"横排文字工具"输入文字，字号分别为35点、20点、18点，字间距为0，选中三个文字部分，设置水平居中对齐，效果如图7-60所示。

步骤 40 选中三组文字与两组矩形，按Ctrl+T组合键缩放80%，效果如图7-61所示。

图 7-60 添加文字效果　　图 7-61 缩放图像

步骤 41 分别使用"横排文字工具"输入两组文字，字号均为10点，字间距为100，黑色文字部分设置为"居中对齐文本"，效果如图7-62所示。

图 7-62 添加文字效果

## 2. 绘制登录页

本节将制作登录页。复制画板后，将其转换为智能对象图层，模糊背景后，使用矩形工具、画笔工具以及横排文字工具制作登录组件。

**步骤01** 选择"画板工具"，按住Alt键的同时单击 按钮复制画板，效果如图7-63所示。

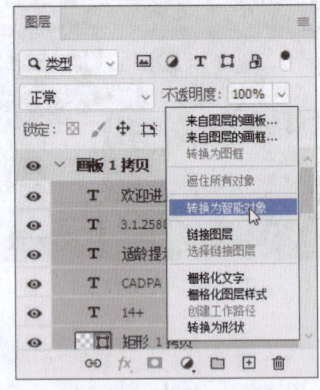

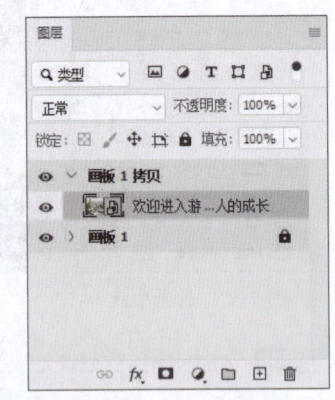

**步骤02** 选中复制的画板中的所有图层，右击鼠标，在弹出的菜单中选择"转换为智能对象"选项，如图7-64所示。转换效果如图7-65所示。

图 7-63　复制画板　　　　图 7-64　选择"转换为智能对象"选项　　　　图 7-65　智能对象图层

**步骤03** 执行"滤镜"→"模糊"→"高斯模糊"命令，在弹出的"高斯模糊"对话框中设置参数，如图7-66所示。应用高斯模糊效果如图7-67所示。

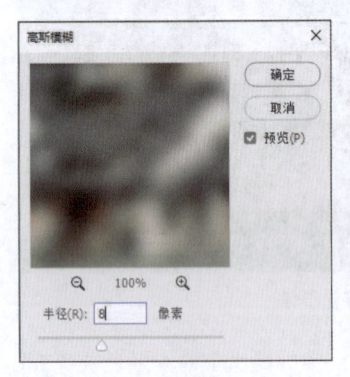

图 7-66　"高斯模糊"对话框　　　　图 7-67　应用高斯模糊效果

**步骤04** 选择"矩形工具"绘制矩形，在"属性"面板中设置参数（#567534），如图7-68所示。矩形效果如图7-69所示。

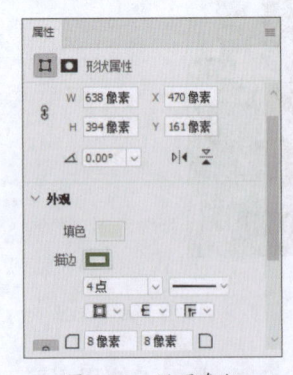

图 7-68　设置参数　　　　图 7-69　矩形效果

步骤 05 执行"滤镜"→"滤镜库"命令,弹出图7-70所示的提示框,单击"转换为智能对象"选项按钮。

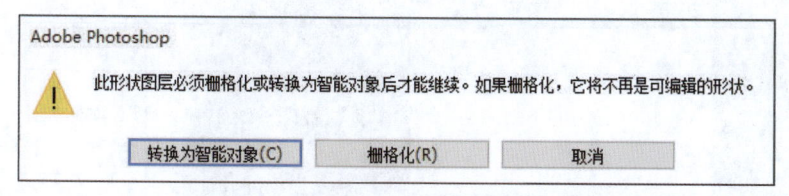

图 7-70 提示框

步骤 06 在滤镜库中选择"喷色描边"滤镜,在右侧设置参数,如图7-71所示。

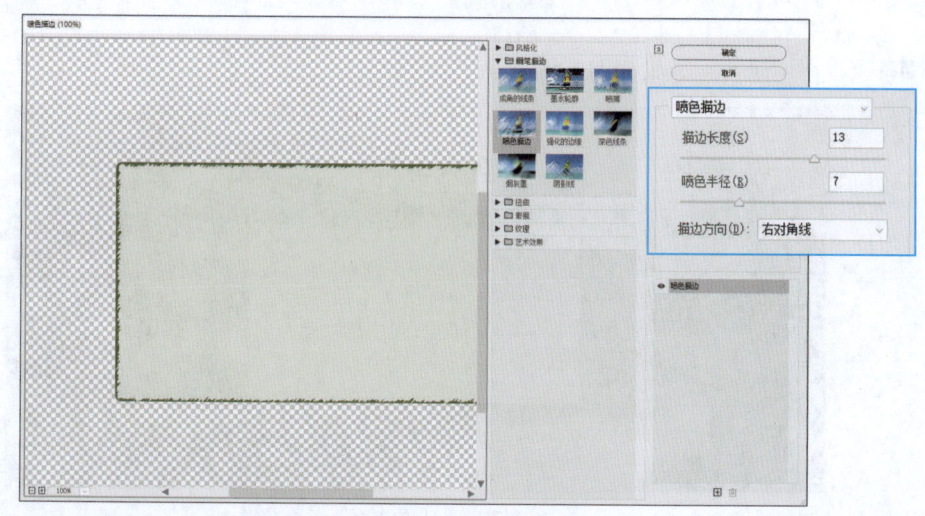

图 7-71 "喷色描边"滤镜参数设置

步骤 07 单击"确定"按钮应用效果,如图7-72所示。
步骤 08 使用"吸管工具"吸取背景颜色(#8da870)。
步骤 09 选择"画笔工具",在选项栏中设置参数,如图7-73所示。

图 7-72 喷色描边效果

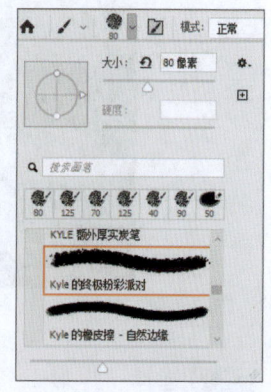

图 7-73 设置参数

步骤 10 新建透明图层,按住Shift键绘制直线,效果如图7-74所示。
步骤 11 选择"横排文字工具"输入文字,在"字符"面板中设置参数(#35461f),如图7-75所示。

201

图 7-74　直线效果

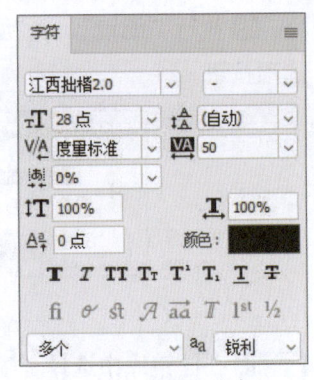

图 7-75　设置字符参数

**步骤 12** 水平居中对齐，效果如图7-76所示。

图 7-76　水平居中对齐效果

**步骤 13** 置入素材并缩放50%，调整摆放位置，水平居中对齐后的效果如图7-77所示。

图 7-77　置入素材效果

**步骤 14** 选择"矩形工具"绘制矩形，在"属性"面板中设置参数（#64bfdb、#026491），如图7-78所示。矩形效果如图7-79所示。

**步骤 15** 选择"横排文字工具"输入文字，在"字符"面板中设置参数，如图7-80所示。文字效果如图7-81所示。

图 7-78 设置参数

图 7-79 矩形效果

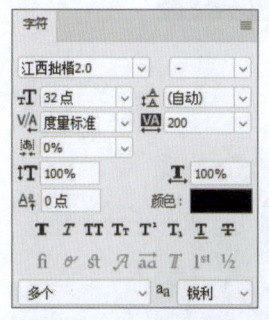

图 7-80 设置字符参数

图 7-81 文字效果

**步骤 16** 选择矩形和文字图层，按住Alt键移动复制，在"属性"面板中更改填充与描边颜色（#8ea972、#5a5f45），效果如图7-82所示。

图 7-82 更改颜色与文字内容

**步骤 17** 选择"椭圆工具"，按住Shift键绘制宽、高各为30像素的正圆，在"属性"面板中设置填充为无，描边为5点（#567534），效果如图7-83所示。

图 7-83 绘制正圆

步骤18 选择"横排文字工具"输入文字,在"字符"面板中设置参数(字号为15点,字间距为200,颜色为#35461f、#b84b16),效果如图7-84所示。

图 7-84　文字效果

步骤19 置入素材并缩放60%,调整摆放位置,效果如图7-85所示。

图 7-85　置入素材

### 3. 制作设置页

本节将制作设置页。借助AIGC平台生成素材,新建画板后置入素材,使用矩形工具、椭圆工具以及横排文字工具绘制设置所需的组件。

步骤01 在Midjourney平台中以图为垫图,输入关键词(国风,水墨,人物,草帽,剪影,游戏,-ar 16∶9)生成素材,如图7-86所示。

步骤02 单击U1查看素材,如图7-87所示。

图 7-86　生成素材　　　　　　　　图 7-87　查看素材

步骤 03 单击▣拉伸素材，效果如图7-88所示。
步骤 04 单击U3查看素材，效果如图7-89所示。

图 7-88 拉伸素材　　　　　　　　图 7-89 查看素材

步骤 05 放大1.5x，效果如图7-90所示。
步骤 06 单击U1后，保存如图7-91所示的图像。

图 7-90 放大素材　　　　　　　　图 7-91 保存图像

步骤 07 在步骤 01 生成的素材框中，单击重绘▣，效果如图7-92所示。查看并保存U2和U4。
步骤 08 选择"画板工具"▣，单击▣按钮新建画板，效果如图7-93所示。

图 7-92 重绘素材效果　　　　　　图 7-93 新建画板

步骤09 置入素材并调整大小，效果如图7-94所示。

图7-94 置入素材

步骤10 选择"矩形工具"绘制矩形，在"属性"面板中设置参数（#567534），如图7-95所示。矩形效果如图7-96所示。

图7-95 设置参数　　图7-96 矩形效果

步骤11 为该图层添加图层蒙版，使用"画笔工具"涂抹矩形边缘，效果如图7-97所示。

图7-97 涂抹矩形边缘效果

步骤12 双击该图层，在弹出的"图层样式"面板中勾选"描边"选项并设置参数（#8ea972），如图7-98所示。

步骤13 继续勾选"描边"选项并设置描边参数（#2f3901），如图7-99所示。

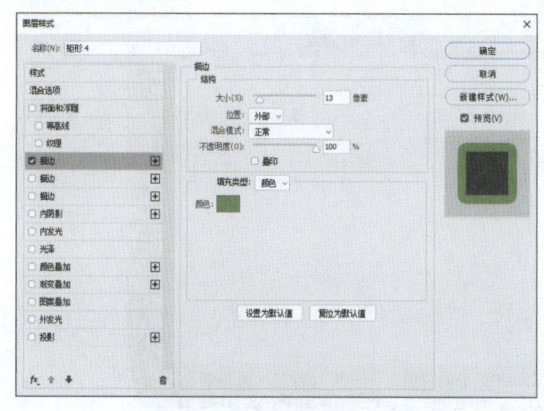

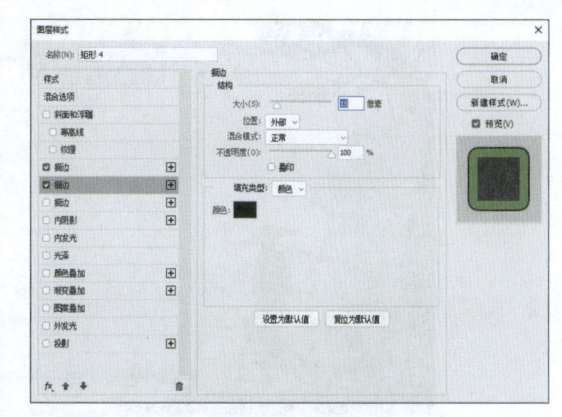

图 7-98　添加描边样式 1

图 7-99　添加描边样式 2

**步骤 14** 单击"确定"按钮后应用描边样式效果如图7-100所示。

图 7-100　应用描边样式效果

**步骤 15** 选择"矩形工具"绘制宽度为260像素，高度为70像素，圆角半径为8像素的矩形（#8ea972），效果如图7-101所示。

图 7-101　矩形效果

**步骤 16** 双击该图层，在弹出的"图层样式"对话框中设置参数（描边，#2f39011，3像素），效果如图7-102所示。

**步骤 17** 为该图层添加图层蒙版，使用"画笔工具"涂抹矩形边缘，效果如图7-103所示。

图 7-102　描边效果

图 7-103　涂抹效果

步骤 18 打开如图7-104所示的素材，在"图层"面板中解锁图层。

步骤 19 选择"橡皮擦工具"，在选项栏中设置参数，如图7-105所示。

图 7-104　打开素材　　　　　　图 7-105　设置参数

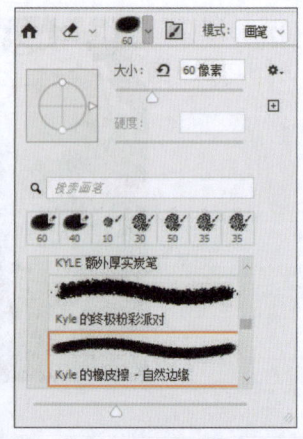

步骤 20 涂抹擦除背景，效果如图7-106所示。

步骤 21 置入素材并缩放15%，调整摆放位置，效果如图7-107所示。

图7-106 擦除效果

图7-107 置入素材

**步骤22** 选择"横排文字工具"输入文字,在"字符"面板中设置参数,如图7-108所示。文字效果如图7-109所示。

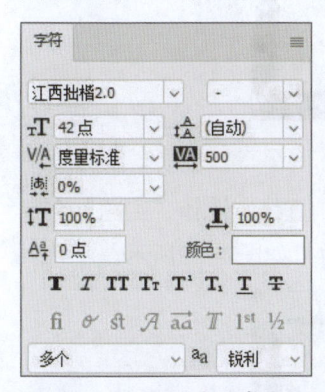

图7-108 设置字符参数

图7-109 文字效果

**步骤23** 选择"矩形工具"拖动绘制矩形并填充颜色(#becc57),选择"横排文字工具"输入文字(#3d7e32),效果如图7-110所示。

**步骤24** 加选文字和矩形,按住Alt键移动复制,借助智能参考线水平分布(间距为48像素),效果如图7-111所示。

图 7-110　矩形及文字效果

图 7-111　移动复制

**步骤 25** 分别更改文字内容与颜色（#1a5e0f），以及矩形颜色（#a6bf8c），选中三组标题向上移动，效果如图7-112所示。

图 7-112　更改效果

**步骤 26** 设置前景色（#bdc77e），选择"画笔工具"，按住Shift键绘制直线。选择"主题"文字按住Alt键移动复制，更改文字内容为"声音"，更改字号为26点，效果如图7-113所示。

图 7-113　添加文字效果

步骤 27 选择"矩形工具"绘制宽、高各为24像素的矩形（# bdc77e），添加描边样式（描边1：白色、1像素；描边2：#bdc77e、3像素）。选择"主题"文字按住Alt键移动复制，更改文字内容为"音乐"，更改字号为20点（#66793d），效果如图7-114所示。

图 7-114　添加选项

步骤 28 选择"矩形工具"绘制全圆角矩形，选择"椭圆工具"，按住Shift键绘制正圆（填充为# bdc77e，描边为1.5像素、#8ea972），效果如图7-115所示。

图 7-115　绘制矩形和正圆

步骤 29 新建图层，使用"吸管工具"吸取"主题"的颜色，选择"画笔工具"，设置大小为9像素，绘制曲线，效果如图7-116所示。

图 7-116　绘制曲线

步骤 30 加选音乐选项的所有图层，按住Alt键水平移动复制，更改文字内容与正圆的位置，效果如图7-117所示。

图 7-117 复制并更改选项内容

**步骤 31** 选择"声音"标题组件,按住Alt键移动复制并更改文字内容。使用"横排文字工具""矩形工具"绘制选项组件,效果如图7-118所示。

图 7-118 添加选项组件

**步骤 32** 选择"声音"标题和"声音"复选项组件,按住Alt键移动复制并更改文字内容,效果如图7-119所示。

图 7-119 添加选项组件

**步骤 33** 打开素材,如图7-120所示。

**步骤 34** 使用"魔术橡皮擦工具""橡皮擦工具"擦除背景,保留人物主体,效果如图7-121所示。

图 7-120 打开素材

图 7-121 抠除背景

**步骤35** 将其移动至文档中,放置于"矩形4"上方,调整大小后将不透明度设置为17,效果如图7-122所示。最终效果如图7-123所示。

图 7-122 添加素材

图 7-123 最终效果

至此,完成游戏中启动页、登录页与设置页面的制作。

# 模块 8　小程序 UI 设计

**内容概要**　本模块详细介绍小程序UI的设计,包括小程序的定义、应用场景、小程序UI与App的区别,以及小程序UI界面的设计原则。详细讲解了小程序UI界面的基础元素、布局策略和导航结构,旨在帮助读者对小程序UI设计有更全面和深入的理解。

## 8.1 关于小程序UI界面设计

作为一种轻量级的应用形式，小程序因其便捷性和高效性而广受欢迎。UI界面设计在小程序的用户体验中起着非常重要的作用。

### ■ 8.1.1 小程序的定义

小程序是一种轻量级的应用程序，用户无须下载安装即可通过微信、支付宝等平台直接访问和使用，如图8-1、图8-2所示。它们通常以网页形式存在，但具备应用程序的交互性和功能性，旨在提供快速、便捷的使用体验。

图 8-1　微信小程序

图 8-2　支付宝小程序

### ■ 8.1.2 小程序的应用场景

小程序的应用场景非常广泛，几乎涵盖了人们日常生活的方方面面。

**1. 生活服务**

生活服务类小程序涵盖了人们日常生活的多个方面，如餐饮、出行、旅游、医疗健康等。用户可以通过小程序预订餐厅、购买电影票、预订酒店、查看航班信息和公交地铁线路、进行健康咨询等，如图8-3、图8-4所示。这些小程序极大地提升了生活的便利性，并为用户带来了多样化的选择和定制化服务。

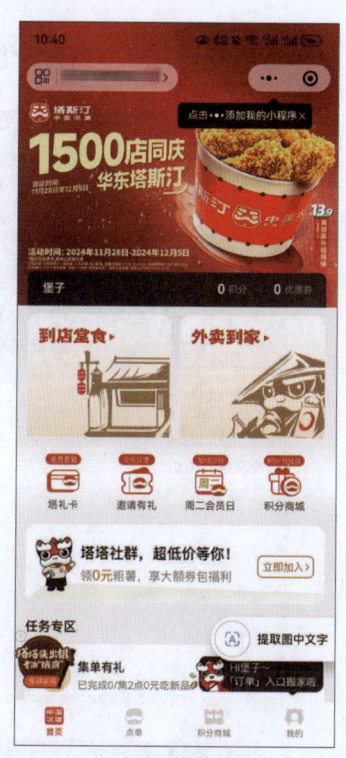

图 8-3　餐饮小程序

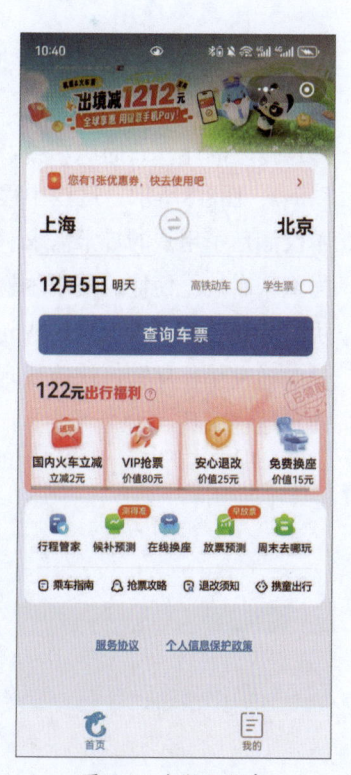

图 8-4　出行小程序

### 2. 电商购物

电商购物类小程序是小程序中最常见的应用场景之一，如图8-5、图8-6所示。用户可以通过小程序浏览商品、下单购买、在线支付，并享受快速的物流配送服务。这种购物方式不仅节省了用户的时间，还提供了更加便捷的购物体验。同时，小程序还支持优惠券、积分、会员等营销手段，帮助商家提升销售额和用户黏性。

图 8-5　某电商购物小程序首页　　图 8-6　商品详情页

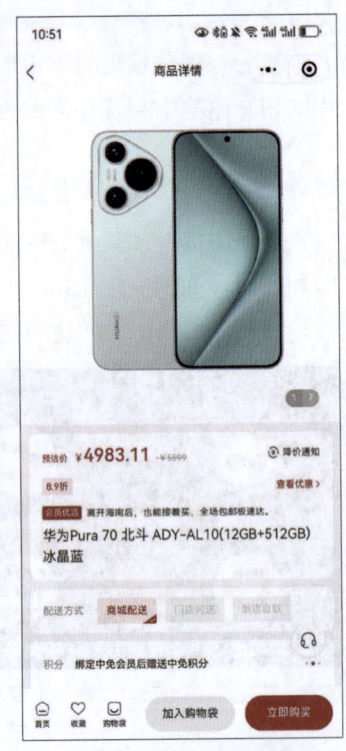

### 3. 工具类应用

工具类小程序提供了各种实用的工具和服务，如计算器、天气预报、翻译、扫描识别等，如图8-7、图8-8所示。这些小程序不仅满足了用户的日常需求，还提供了高效、便捷的使用体验。用户无须下载多个独立的App，只需通过小程序即可快速找到并使用这些工具。

图 8-7　天气小程序　　图 8-8　翻译小程序

## 4. 企业服务

企业服务类小程序主要用于企业的线上展示、客户服务、营销推广等方面。企业可以通过小程序展示自己的产品和服务，提供在线咨询和售后服务，还可以发布活动信息、优惠券等营销内容，吸引用户的关注和参与，如图8-9、图8-10所示。这种小程序不仅提升了企业的品牌形象，还增强了与用户的互动和黏性。

图 8-9　海尔小程序

图 8-10　公牛小程序

## 5. 游戏娱乐

游戏娱乐类小程序是用户休闲娱乐的好去处。用户可以通过小程序玩各种小游戏、观看短视频、听音乐等，如图8-11所示。这些小程序不仅提供了丰富的娱乐内容，还为用户提供了轻松、愉悦的使用体验。同时，小程序还支持社交分享功能，用户可以将游戏成绩、短视频等内容分享给朋友或社交群组，增加互动和乐趣，如图8-12所示。

图 8-11　网易云音乐小程序

图 8-12　王者荣耀小程序

## 8.1.3 小程序UI与App的区别

小程序和App都是现代数字应用的一种重要形式，但它们在使用方式、功能、开发和用户体验等方面存在显著的区别。二者的主要区别如下：

### 1. 安装方式

小程序用户无须下载安装，可以通过扫描二维码、搜索或点击链接等直接访问，如图8-13所示，其使用门槛低，方便快捷。App用户需要从应用商店下载并安装，增加了使用的复杂性和时间成本。

### 2. 功能复杂性

小程序功能相对简化，适合提供快速、单一的服务，如查询、购物、预订等。设计上注重快速完成任务。App可以提供更为复杂和全面的功能，支持更深层次的用户交互和多样化的服务，适合需要持续使用和深入体验的应用。

### 3. 更新机制

小程序支持即时更新，用户每次访问时都能体验到最新的功能和内容，无须手动更新。App用户需要手动下载和安装更新，可能导致用户使用的版本滞后于最新版本。

### 4. 社交属性

小程序具备较强的社交属性，用户可以轻松分享小程序的链接或二维码，促进传播和使用，如图8-14所示。尽管App也具备分享功能，但其便捷性和传播效率通常不及小程序。

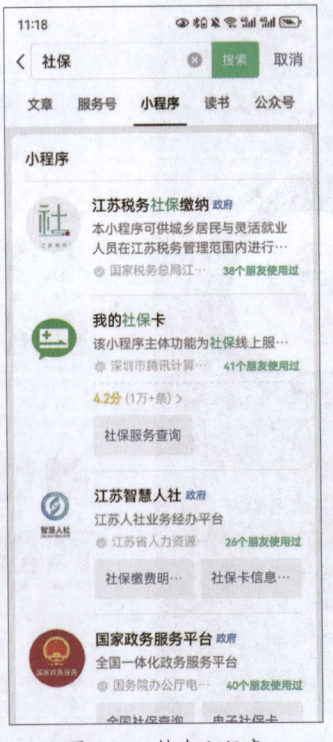

图 8-13　搜索小程序　　　　图 8-14　分享小程序

**5. 适用场景**

小程序适合用于快速服务、促销活动、信息查询等场景，通常是临时性或短期使用。App 适合需要长期使用、复杂交互或提供丰富内容的场景，如社交媒体、游戏、拍摄美化、办公软件等。

### 8.1.4 小程序UI界面的设计原则

小程序UI界面的设计原则主要围绕提升用户体验、确保操作便捷性和保持视觉一致性等方面展开。以下是小程序UI界面设计的一些核心原则。

- **简洁明了**：界面设计应避免复杂和冗余的元素，突出主要功能和信息。简洁的布局能够帮助用户快速理解操作流程，减轻认知负担，提高使用效率。
- **一致性**：保持视觉元素和交互方式的一致性，包括颜色、字体、按钮样式和图标等。这种一致性能够帮助用户建立熟悉感，减少学习成本，提升整体体验。
- **响应速度**：确保界面加载迅速，操作响应及时。用户对延迟非常敏感，快速的反馈能够增强用户的满意度，减少因等待而产生的挫败感。
- **易读性和易操作性**：选择合适的字体大小、行间距和颜色对比，以确保文本内容清晰易读。同时，操作按钮和交互元素应易于识别和使用，避免用户在操作时产生困惑。
- **适配性和兼容性**：界面设计应能够适应不同设备和屏幕尺寸，保证在各种使用环境中都能提供一致的用户体验。同时，考虑跨操作系统和浏览器的兼容性，确保小程序的稳定运行。
- **视觉层次感**：通过合理的布局和设计元素的运用，构建清晰的视觉层次感，帮助用户快速找到所需信息。利用色彩、对比度和留白等设计技巧，引导用户的视线，突出重要内容。
- **用户反馈**：在用户进行操作时，提供及时的反馈信息，如按钮点击效果、加载进度提示等。这种反馈能够增强用户的信心，让他们确认操作的结果。

## 8.2 小程序UI界面的基础元素

在小程序UI设计中，基础元素的合理运用十分重要。这些元素不仅影响用户的视觉体验，还直接关系到操作的便捷性和用户满意度。

### 8.2.1 图标设计

图标在小程序UI界面中扮演着关键的角色，它们不仅是视觉元素，更是功能性的引导，如图8-15所示。通过图标，用户可以快速识别并理解界面的功能布局，从而更高效地使用小程序。

图 8-15　图标设计

**1. 图标设计原则**

小程序UI界面的图标设计是一个复杂而精细的过程，需要遵循简洁性、一致性、易识别性和可访问性等设计原则。

- **简洁性**：图标应尽可能简化，只保留识别度高的特征，避免细节过多导致用户理解困难。
- **一致性**：不同功能的图标应保持一致的设计风格，如线条粗细、颜色使用等，以增强界面的整体感。
- **易识别性**：图标应具有明确的语义，使用户一眼就能理解其代表的功能或信息。
- **可访问性**：对于特殊用户群体（如色盲用户等），应考虑提供替代文本或增强图标的对比度，以提高其可访问性。

**2. 图标设计实践**

良好的图标设计能够提升用户体验，增强界面的可用性。以下是一些关键的图标设计实践，旨在帮助设计师创造出既美观又实用的图标。

- **网格系统**：图标在设计时可以使用网格系统来规范图标的尺寸和比例，确保其在视觉上保持协调和统一。
- **场景适应性**：图标设计应充分考虑其在不同场景下的应用效果。例如，在暗色模式下，应使用浅色系的图标以确保其可读性和清晰度；在亮色模式下，则可以使用深色系的图标来营造出更加鲜明的视觉效果。
- **细节处理**：尽管图标设计强调简洁性，但细节处理同样重要。通过精心设计的线条、阴影和渐变效果等细节元素，可以使图标看起来更加精致和立体。

## ■8.2.2　文字设计

文字是小程序UI界面中传递信息和引导用户操作的重要元素之一，如图8-16所示。通过精心设计的文字，可清晰地传达小程序的功能、内容和品牌信息，从而有助于用户的理解和提升使用体验。

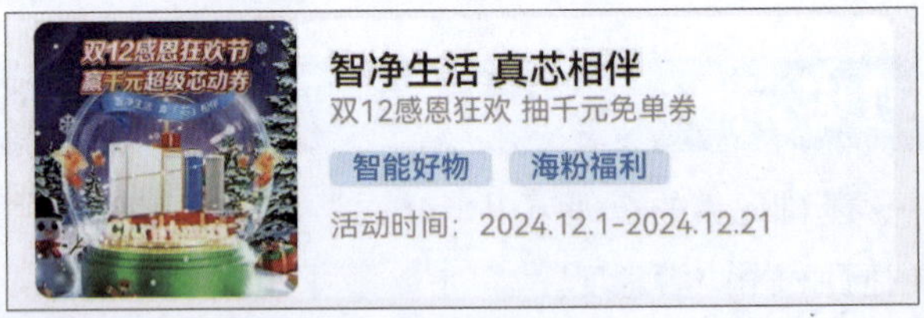

图 8-16　文字设计

**1. 文字设计原则**

遵循以下设计原则，不仅可以提升文字在界面中的可读性，还可以增强用户体验的一致性和舒适性，具体如下：

- **可读性**：文字应足够大且清晰，确保用户在不同设备和环境下都能轻松阅读。字体选择和颜色搭配应考虑对比度，避免使用过于暗淡或相似的颜色，以免影响阅读。
- **一致性**：字体风格、大小、颜色等应保持统一，以体现界面的整体感和协调性。遵循操作系统的默认字体规范，如iOS的苹方（PingFang）、Android的思源黑体、Harmony的HarmonyOS Sans，以提升用户熟悉度和使用体验。
- **简洁性**：避免使用过于复杂或冗长的文字描述，尽量简洁明了地传达信息。合理规划文字布局，避免过多文字堆砌，以提高界面的美观性和易读性。
- **可访问性**：对于特殊用户群体（如视力障碍者等），应考虑提供文字放大、颜色调整等辅助功能。确保文字描述准确，无误导性，避免用户产生困惑或误解。

#### 2. 文字设计实践

以下是对文字设计实践的进一步细化，旨在帮助设计师在实际工作中更好地应用这些原则。

(1) 字体选择

选择符合品牌形象和用户体验的字体。可以考虑使用系统默认字体或专业设计师推荐的字体。避免使用过于花哨或非主流的字体，以免影响阅读体验和品牌形象。

(2) 字号与行距

根据不同设备和屏幕尺寸，合理设置字号和行距。常用的移动终端中文字体大小为32 px、28 px和24 px，常用的英文字号为16 px。行距通常设置为字体大小的1.5到2倍，以提高阅读的舒适度和流畅性。

(3) 文字排版

文字排版应遵循用户的阅读习惯和视觉规律，合理规划文字在界面中的位置和布局。可以使用居中对齐、左对齐或右对齐等方式，根据界面布局和内容需求进行选择。避免使用过多的文字特效或动画效果，以免干扰用户的注意力。

(4) 文本风格

使用统一的文本风格，包括字体大小、字体重量、行高和字体颜色等。可以为不同的文本设置不同的属性，如标题、正文、提示信息等，以提高设计效率和界面的美观性。

### 8.2.3 色彩搭配

小程序UI界面的色彩搭配是设计中的重要组成部分，合理的色彩运用不仅能够提升界面的美观性，还能增强用户体验和品牌识别度，如图8-17所示。在色彩搭配中，应遵循以下原则。

图 8-17 色彩搭配

#### 1. 主色调明确

选择一个与品牌形象或小程序主题相契合的主色调作为界面设计的基调。主色调的确定有

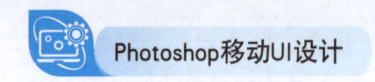

助于确保整体风格的统一性和辨识度，使小程序在众多应用中脱颖而出。

**2. 辅助色与点缀色**
- **辅助色**：利用辅助色构建界面的层次感，它们应与主色调相协调，支持主色调的同时增强视觉效果。辅助色可以用于导航栏、按钮、图标等元素中，以区分不同的功能区域。
- **点缀色**：点缀色用于强调特定的元素或功能，如促销信息、重要通知等，以吸引用户的注意力。在使用点缀色时，应控制其数量和频率，避免过多使用造成视觉上的混乱和分散用户注意力。

**3. 色彩对比度**

确保文本与背景之间有足够的对比度，通常建议对比度至少为4.5∶1，以提高可读性。对于文字内容，建议使用较高的对比度，以便用户在任何光照条件下都能轻松阅读。同时，不同功能区域之间也应保持适当的色彩对比度，以区分其重要程度。

**4. 色彩心理学**

考虑色彩对用户情绪的影响，选择能够传达积极、愉悦氛围的色彩搭配。例如，使用温暖的色调营造友好的氛围，或使用冷色调传达专业感。合理运用色彩心理学可以提升用户的使用体验和满意度。

## 8.3　小程序UI界面布局与导航

在小程序UI界面设计中，布局与导航是两个关键的组成部分。合理的布局设计和导航设计能够提升用户体验，使用户更容易找到所需的信息和功能。

### 8.3.1　界面结构设计

小程序的界面结构通常由多个设计区域组成，每个区域承担特定的功能和展示内容。以下是主要的设计区域及其功能描述。

**1. 导航区域**

导航区域是小程序界面结构中至关重要的部分，它为用户提供在小程序内快速定位和切换页面的能力。导航区域具体分为顶部导航和底部导航两部分。

- **顶部导航**：导航栏可分为导航区、标题区以及操作区三部分，其中导航区和标题区是可以自定义设计的，操作区是固定不可自定义的，如图8-18所示。

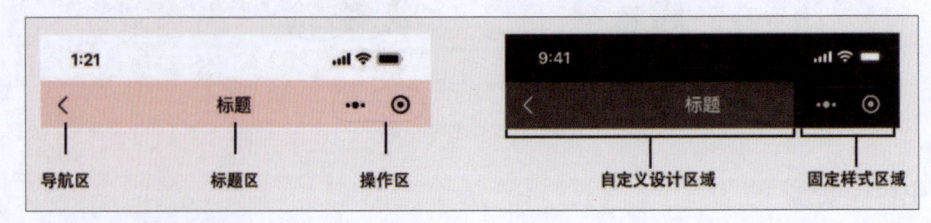

图8-18　顶部导航

- **底部导航**：底部标签栏提供了4种不同图形的设计规范，满足了圆形、方形、纵向矩形、横向矩形等基本形状。标签栏中的标签数量通常在2～5个之间，用于快速切换小程序内的不同页面或功能模块，如图8-19所示。

### 2. 内容区域

内容区域是微信小程序中用于展示主要内容和功能的区域。该区域的显示高度为设备屏幕高度减去顶部导航栏和底部标签栏的高度之和，如图8-20所示，从而确保内容的充分展示和良好的用户浏览体验。

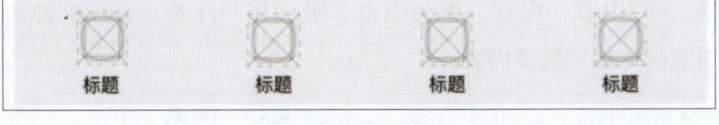

图 8-19　底部导航

图 8-20　内容区域

## 8.3.2　界面布局设计

小程序的界面布局设计是影响用户体验的关键要素之一，它决定了用户如何与小程序进行交互以及信息的展示方式。界面布局设计的要素如下：

### 1. 栅格系统

使用8列或12列栅格系统，确保布局的一致性和灵活性。栅格系统可以帮助设计师在不同屏幕尺寸上保持元素的对齐和比例，使界面更具美观性和可用性，如图8-21所示。

图 8-21　栅格系统

## 2. 信息展示

信息展示是界面布局设计的核心任务之一。它要求设计师以直观、易懂的方式呈现信息，确保用户能够快速获取所需内容。

- **视觉层级**：通过字号、颜色和排版来区分标题、副标题和正文，帮助用户快速识别重要信息。合理的视觉层级能够引导用户的注意力，提升信息的可读性。
- **合理留白**：在内容区域中适当留白，可以增强内容的可读性和视觉舒适度，避免信息拥挤。留白不仅有助于内容的分隔，也能提升整体美感。

## 3. 内容分区

合理划分内容区域，常见的分区方式如下：

- **卡片式布局**：将相关信息以卡片形式展示，这种布局方式适合展示多种内容，用户可以快速浏览和进行选择性阅读。卡片式布局使信息呈现更为直观，并且易于操作。
- **列表布局**：适合展示大量信息，如商品、文章等，用户可通过上下滑动的操作方式快速查找，如图8-22所示。列表布局简洁明了，便于用户快速获取信息。
- **网格布局**：适合展示图文结合的内容，视觉上更为丰富，吸引用户注意，如图8-23所示。网格布局能够有效利用空间，展示更多内容。

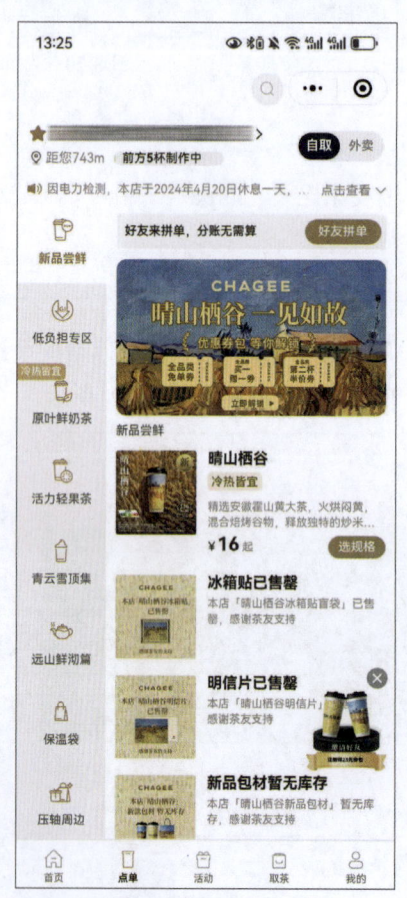

图 8-22　列表布局　　　　图 8-23　网格布局

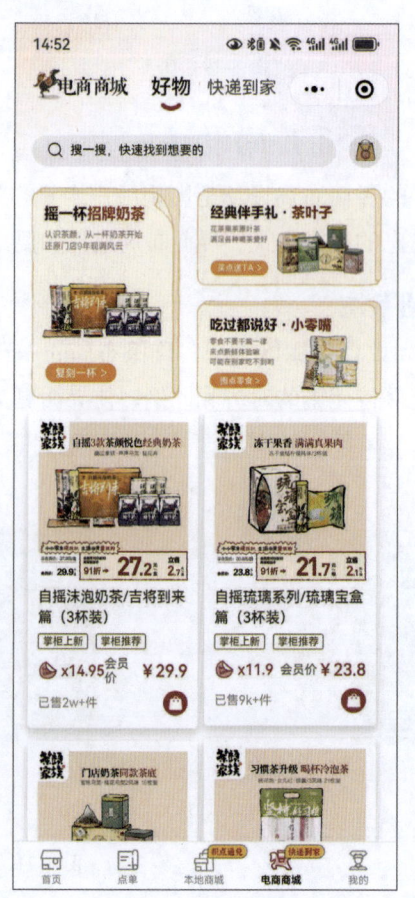

## 8.3.3 导航设计

小程序的导航设计是用户体验的关键组成部分，合理的导航设计可以帮助用户快速找到所需功能和信息。小程序常用的导航类型主要包括以下几种。

### 1. 标题导航栏

小程序标题导航栏通常位于页面的顶部，它扮演着至关重要的角色，用于显示当前页面的标题或名称，帮助用户快速了解当前所处的页面或功能区域，如图8-24所示。

在设计二级标题导航栏时，除了显示当前页面的标题外，还需要设计返回按钮，以便用户能够轻松返回到上一级页面。返回按钮通常采用直观的箭头图标或"返回"字样，确保用户能够快速识别其功能，如图8-25所示。

图 8-24　标题导航栏　　　　图 8-25　二级标题导航栏

### 2. 搜索框导航栏

搜索框导航栏通常用于需要搜索功能的小程序，如电商平台、内容平台等。它允许用户输入关键词快速查找所需内容，如图8-26所示。为了提升用户体验，搜索框应设计得足够醒目，方便用户快速找到并使用。

### 3. 标签导航栏

标签导航栏通过不同的标签来组织内容，用户可以通过点击标签快速切换到不同的页面或内容区域。标签数量应适中，避免标签过多导致用户混淆。同时，标签的排列应有序，方便用户快速找到所需功能，如图8-27所示。此外，标签的样式和颜色也应与小程序的整体风格相协调。

图 8-26　搜索框导航栏　　　　图 8-27　标签导航栏

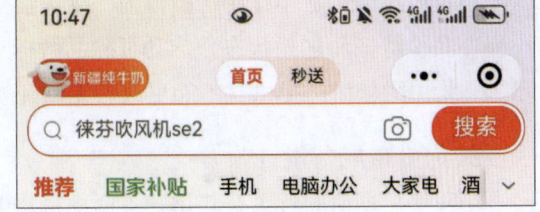

### 4. 底部导航栏

底部导航栏位于页面底部，通常包含3～5个功能标签，为用户提供小程序的核心功能模块或页面的快速访问，如图8-28所示。底部导航栏的标签应固定且直观，如"首页""分类""购物车""我的"等，以便用户轻松访问常用功能。

### 5. 自定义样式

开发者可根据小程序的整体风格和需求，对顶部导航栏的背景色、文字颜色、字体大小等

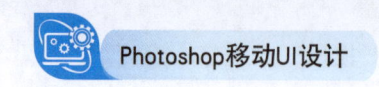

样式进行自定义设计，使其更加符合品牌形象和用户喜好。自定义样式不仅有助于提升小程序的美观度，还能增强用户对品牌的认同感，如图8-29所示。

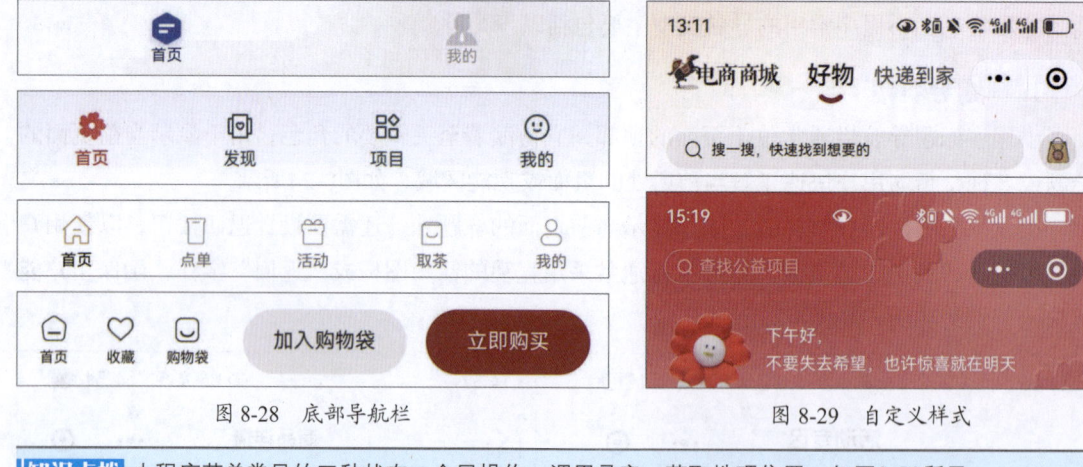

图 8-28　底部导航栏

图 8-29　自定义样式

**知识点拨**　小程序菜单常见的三种状态：全局操作、调用录音、获取地理位置，如图8-30所示。

图 8-30　小程序菜单常见的三种状态

## 8.3.4　内容区域设计

内容区域作为小程序UI界面的核心组成部分，承担着展示信息、引导用户操作以及提供交互体验的重要功能。以下是对内容区域的几个关键点进行详细介绍。

### 1. 启动加载界面

小程序启动页是小程序在微信内一定程度上展现品牌特征的页面之一。本页面将突出展示小程序品牌特征和加载状态。启动页除品牌标志展示外，页面上的其他所有元素如加载进度指示等，均由微信统一提供且不能更改，无须开发者开发，如图8-31所示。

### 2. 首页布局与设计

小程序启动后的首页是其用户界面中最重要的一部分，它不仅承担着吸引用户注意力、展示核心功能、引导用户操作等多重任务，还是用户对小程序第一印象的关键所在，如图8-32所示。以下是对首页布局与设计的分析。

- **搜索框**：根据小程序的类型和功能，决定是否在首页显示搜索框。对于商品较多或需要用户主动搜索的小程序，搜索框通常放置在首页顶部，方便用户快速找到所需商品。
- **轮播图**：轮播图是展示小程序特色内容或推广活动的一种重要方式。可以在首页适当位置设置一个或多个轮播图（一般建议不超过5张），以吸引用户注意力。轮播图的设计包括长宽比、停留时间和滑动时间等参数的设置。

- **公告栏**：用于向用户传达重要信息，如最新消息、优惠活动或重要通知等。公告内容应简明扼要，并定期更新，以保持用户对小程序的关注。
- **商品分类**：按照文字图片模式显示商品分类，每行显示3~5个分类比较合适。分类的显示模式、每行显示的分类和商品数量等，都可以根据实际需求进行调整。
- **其他元素**：如会员价显示、栏目添加等，也可以根据小程序的具体需求进行个性化设置。

图 8-31　启动加载页　　　　图 8-32　首页布局

> **知识点拨**　在设计细节上，品牌标识（Logo）的标准尺寸被设定为80 px×80 px。同时，为了保持界面的整洁与美观，Logo与品牌名称之间的间距应维持在16 px，而品牌名称与加载状态信息之间的间距则建议设置为48 px。

### 3. 列表页与详情页

列表页和详情页是小程序中常见的页面类型，它们各自承担着不同的功能和角色，共同为用户提供一个完整的信息展示和交互流程。

- **列表页**：列表页应清晰展示信息的标题、摘要、图片等关键信息，同时提供排序、筛选等功能，以便用户快速找到所需内容，如图8-33所示。
- **详情页**：详情页应深入展示单一信息的详细内容，包括文字、图片、视频等多种形式。同时，应提供点赞、评论、分享等互动功能，提升用户参与度和黏性，如图8-34所示。
- **页面跳转**：列表页与详情页之间的跳转应流畅自然，避免用户在使用过程中产生困惑或不适。

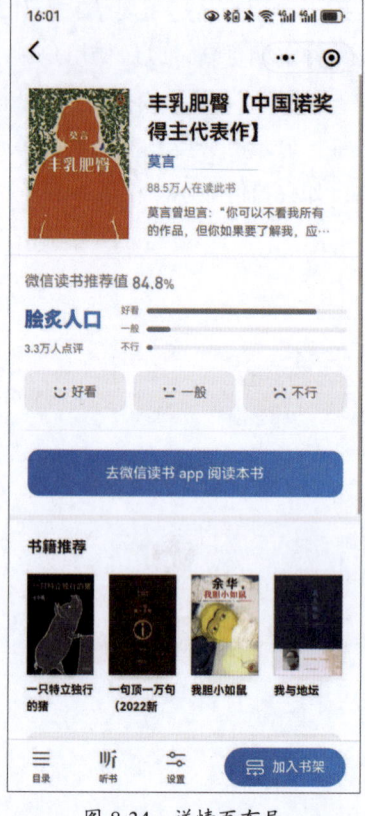

图 8-33　列表布局　　　　　图 8-34　详情页布局

**4. 交互元素与反馈**

交互元素与反馈机制是小程序中不可或缺的部分，它们共同构成了用户与小程序之间的互动桥梁。

- **交互元素**：常见的交互元素包括按钮、滑动条、开关等，它们应具备良好的响应性和可操作性，以便用户轻松完成各种操作。
- **反馈机制**：及时的反馈机制能够显著提升用户的使用体验。例如，当用户点击按钮时，应提供明确的视觉或听觉反馈；当加载完成时，应显示加载成功或失败的提示信息。
- **动画效果**：适当的动画效果能够增加小程序的趣味性和互动性，如页面切换时的过渡动画、按钮点击时的缩放效果等。但需注意避免过度使用动画效果，以免影响用户体验。

## 案例实操　个人中心页设计

本案例详细介绍了个人中心页三种状态的设计与制作过程。其中：第一种状态为未登录状态，该状态下用户还未进行身份验证，因此页面主要展示的是引导用户登录的信息；第二种为登录中的状态，当用户点击登录按钮后，弹出登录组件；第三种则为已登录状态，在该状态下，个人中心页会展示用户的个人信息，如头像、昵称、等级、积分等。通过简洁明了的界面设计和合理的功能布局，提升了用户的使用体验和满意度。下面对多个界面的制作进行讲解。

## 1. 未登录状态

本节将制作未登录状态的个人中心页。新建文档后，创建渐变背景，置入图标并调整显示，使用文字工具、椭圆工具以及矩形工具绘制该页面中所需的组件。

**步骤01** 启动Photoshop，单击"新建"按钮，在弹出的"新建文档"对话框中设置参数，如图8-35所示。

**步骤02** 单击"确定"按钮后新建文档，如图8-36所示。

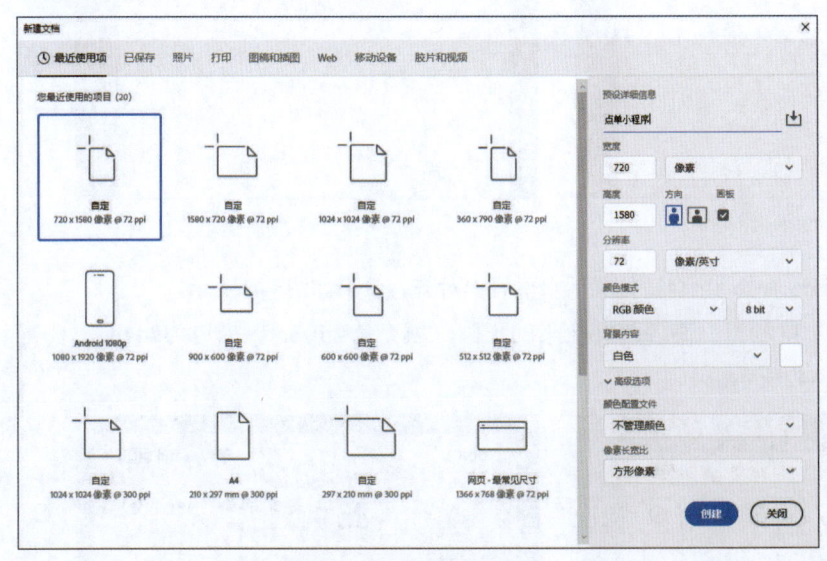

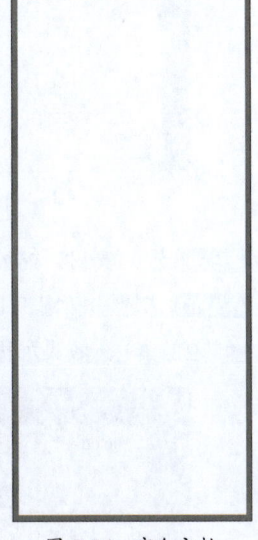

图 8-35 "新建文档"对话框　　　　图 8-36 空白文档

**步骤03** 选择"矩形工具"绘制和文档等大的矩形，在选项栏中设置渐变颜色（#f9eab9、#fefbf2），如图8-37所示。渐变效果如图8-38所示。

图 8-37 设置渐变　　　　图 8-38 渐变效果

步骤 04 置入素材，移动至最顶端，效果如图8-39所示。

步骤 05 置入素材，移动至合适位置，效果如图8-40所示。

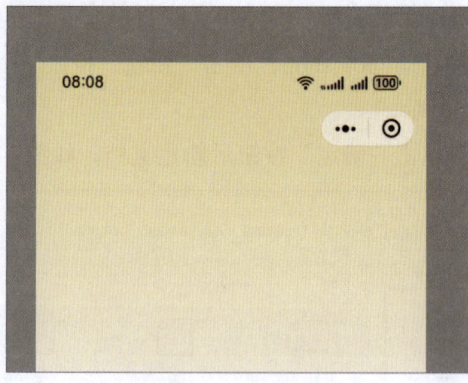

图 8-39　添加素材 1

图 8-40　添加素材 2

步骤 06 置入素材，缩放45%，移动至合适位置后水平居中对齐，效果如图8-41所示。

步骤 07 选择"椭圆工具"绘制宽、高各为86像素的正圆（填充为#fbfbef，描边为#d4d4c3，宽度为2像素），效果如图8-42所示。

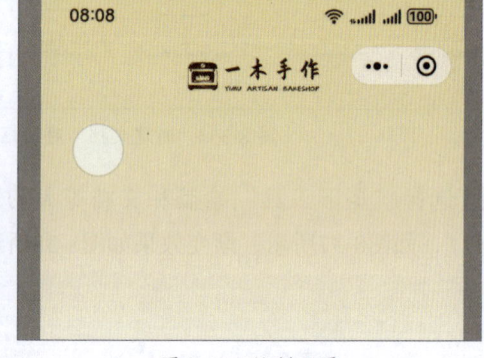

图 8-41　添加素材 3

图 8-42　绘制正圆

步骤 08 继续绘制宽、高各为26像素的正圆（填充为#cfcecc），效果如图8-43所示。

步骤 09 绘制椭圆形，效果如图8-44所示。

图 8-43　继续绘制正圆

图 8-44　绘制椭圆形

步骤⑩ 调整图层顺序，按Ctrl+Alt+G组合键创建剪贴蒙版，如图8-45所示。应用效果如图8-46所示。

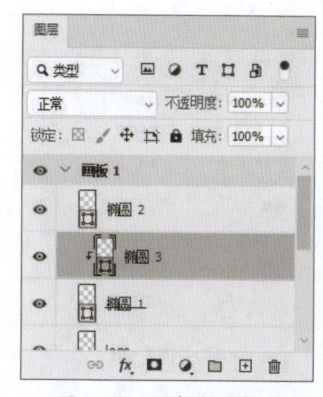

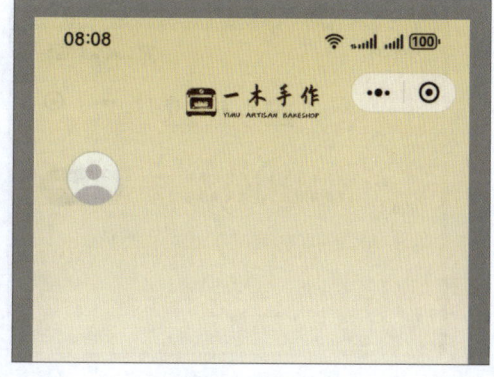

图 8-45　创建剪贴蒙版

图 8-46　应用效果

步骤⑪ 选择"横排文字工具"输入文字，在"字符"面板中设置参数（#4c260c），如图8-47所示。文字效果如图8-48所示。

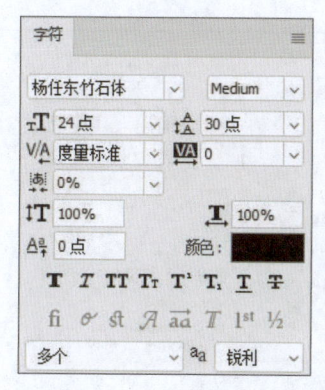

图 8-47　设置字符参数

图 8-48　文字效果

步骤⑫ 按Ctrl+R组合键显示标尺，创建参考线，如图8-49所示。

步骤⑬ 选择"矩形工具"绘制全圆角矩形（宽度为138像素，高度为62像素，填充为#4c260c），如图8-50所示。

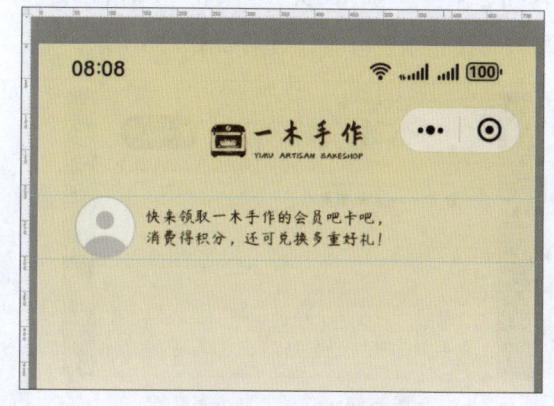

图 8-49　创建参考线

图 8-50　绘制全圆角矩形

**步骤 14** 使用"横排文字工具"输入文字,将字号更改为26点,效果如图8-51所示。

**步骤 15** 选择"矩形工具"绘制圆角矩形,在"属性"面板中设置参数,如图8-52所示。

图 8-51　输入文字内容　　　　　　　　图 8-52　设置参数

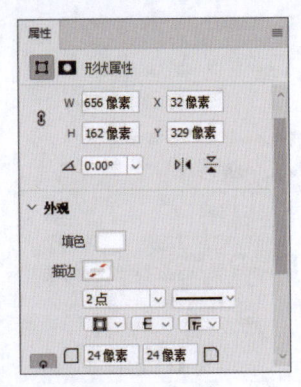

**步骤 16** 在选项栏中单击"水平居中对齐"按钮,效果如图8-53所示。

**步骤 17** 在"图层"面板中双击该图层,在弹出的"图层样式"对话框中勾选"投影"样式并设置参数,如图8-54所示。

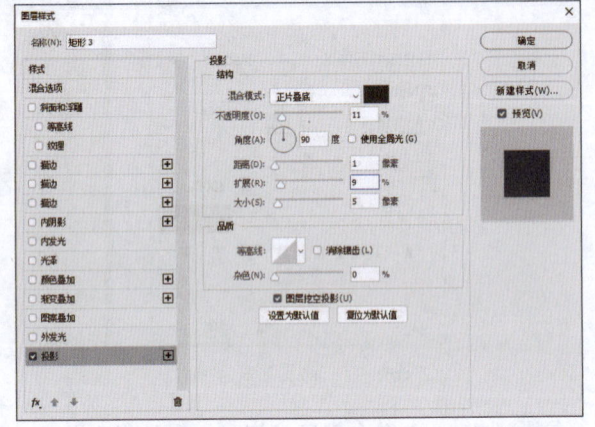

图 8-53　矩形效果　　　　　　　　图 8-54　添加投影样式

**步骤 18** 使用"横排文字工具"输入文字,将字号更改为32点,颜色更改为黑色,效果如图8-55所示。

**步骤 19** 选择"快来……多重好礼!",按住Alt键移动复制,更改文字内容为"0",更改字号为28点,按住Alt键移动复制2次,借助网格、对齐与分布按钮水平分布,效果如图8-56所示。

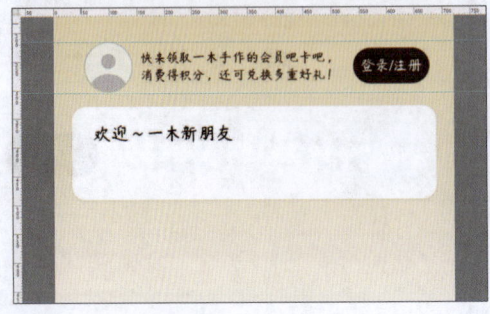

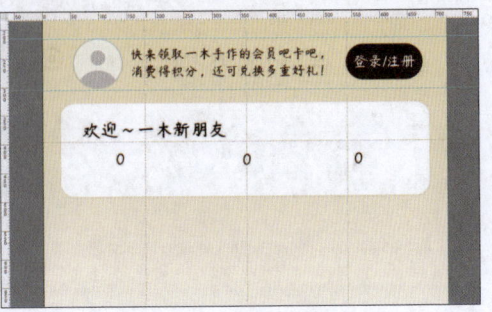

图 8-55　输入文字　　　　　　　　图 8-56　移动复制文字

步骤 20 选择"快来……多重好礼!",按住Alt键移动复制,更改文字内容(余额)和字体颜色(黑色),按住Alt键移动复制2次,借助对齐与分布按钮水平分布,效果如图8-57所示。

步骤 21 选择"欢迎……朋友",按住Alt键移动复制,设置字号为34点后更改文字内容(我的订单),效果如图8-58所示。

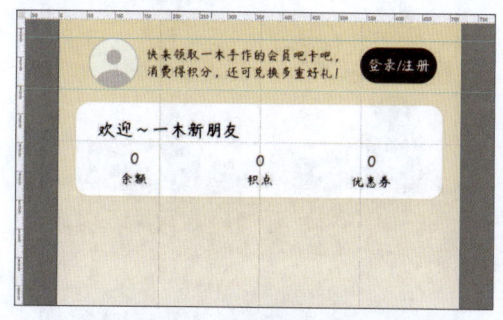

图 8-57 更改文字内容 1

图 8-58 更改文字内容 2

步骤 22 选择"优惠券",按住Alt键移动复制,设置字号为24点,更改文字颜色(#9d9d9d)以及文字内容(查看全部),效果如图8-59所示。

步骤 23 置入素材,缩放60%,移动至"查看全部"右侧,效果如图8-60所示。

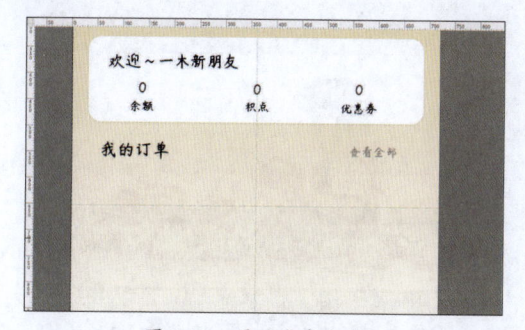

图 8-59 更改文字内容 3

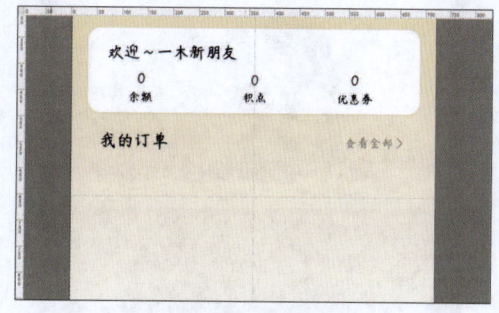

图 8-60 置入素材

步骤 24 选择白色矩形,按住Alt键移动复制,更改高度为264像素,效果如图8-61所示。

步骤 25 选择"矩形工具"拖动绘制矩形,在"属性"面板中设置参数(#fbf0cf),如图8-62所示。

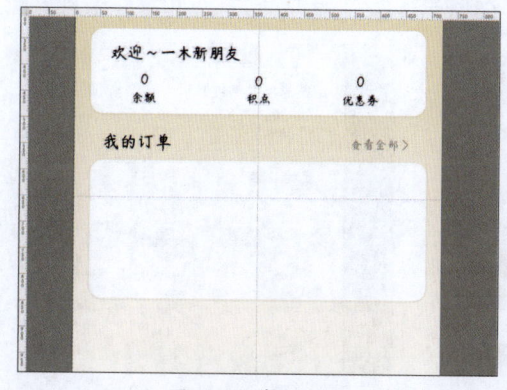

图 8-61 复制矩形

图 8-62 设置矩形参数

步骤26 水平居中对齐，效果如图8-63所示。

步骤27 在Midjourney平台中输入关键词（一个小女孩坐着吃面包，周围散落着面包屑，侧身，背景为白色，水彩画效果,- ar 16∶9）生成素材，如图8-64所示。

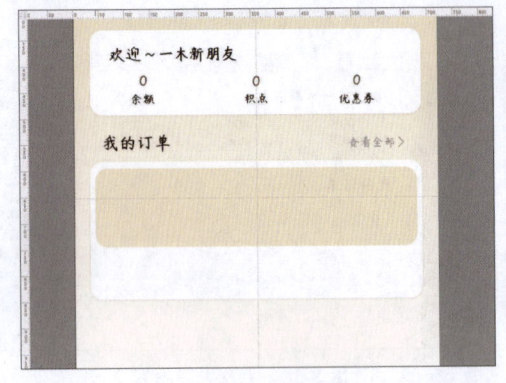

图 8-63　矩形效果　　　　　　　图 8-64　生成素材

步骤28 单击U2查看素材，效果如图8-65所示。

步骤29 保存后在Photoshop中打开，如图8-66所示。

图 8-65　查看素材　　　　　　　图 8-66　打开素材

步骤30 在"图层"面板中解锁图层，使用"魔棒工具"单击背景，按Delete键删除，按Ctrl+D组合键取消选区，效果如图8-67所示。使用"移动工具"将其移动至文档中，按Ctrl+T组合键调整其大小后水平居中对齐，效果如图8-68所示。

图 8-67　抠除背景　　　　　　　图 8-68　置入素材

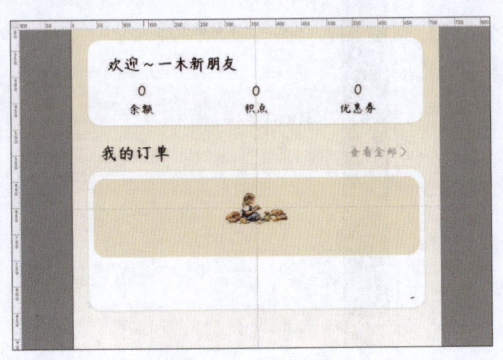

**步骤 31** 选择"横排文字工具"输入文字,在"字符"面板中设置参数(#4c260c),如图8-69所示。水平居中对齐,效果如图8-70所示。

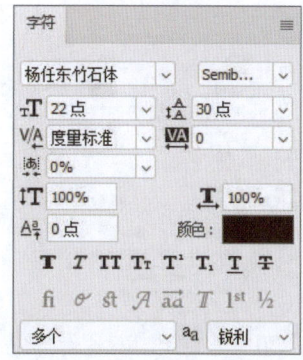

图 8-69　设置字符参数

图 8-70　水平居中对齐 1

**步骤 32** 选择"矩形工具"拖动绘制矩形,在"属性"面板中设置参数(#4c260c),如图8-71所示。水平居中对齐,效果如图8-72所示。

图 8-71　设置矩形参数

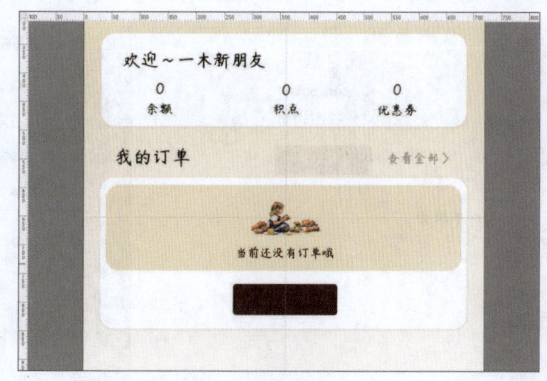

图 8-72　水平居中对齐 2

**步骤 33** 按住Alt键移动复制文字"登录/注册",移动至矩形图层上方,更该文字内容后居中对齐,效果如图8-73所示。按住Alt键向下移动复制文字"我的订单",更改文字内容为"我的服务",效果如图8-74所示。

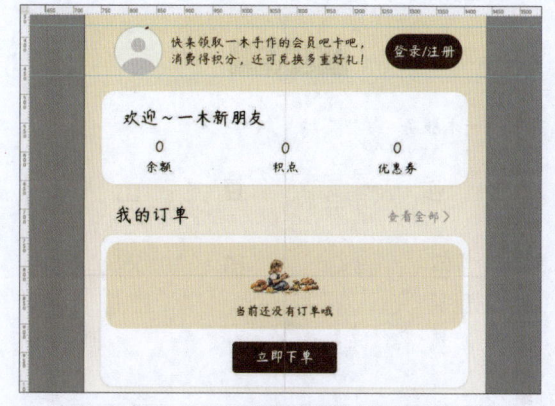

图 8-73　复制并更改文字内容 1

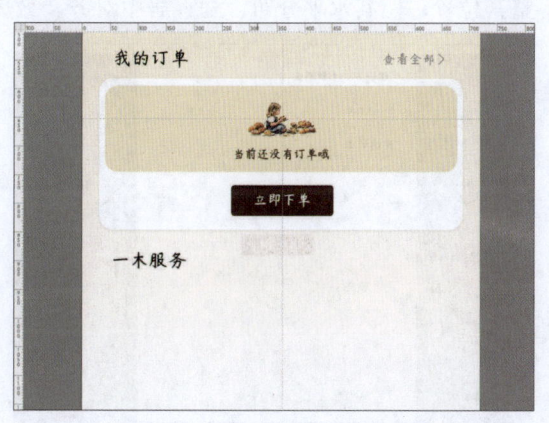

图 8-74　复制并更改文字内容 2

**步骤34** 按住Alt键移动复制白色矩形，如图8-75所示。由于背景的问题，矩形显示不明显。

**步骤35** 双击该图层，在弹出的"图层样式"对话框中更改投影参数（#433604），如图8-76所示。

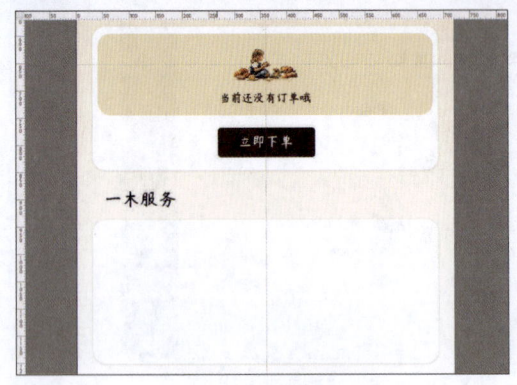

图 8-75　移动复制矩形　　　　　　　　图 8-76　更改投影参数

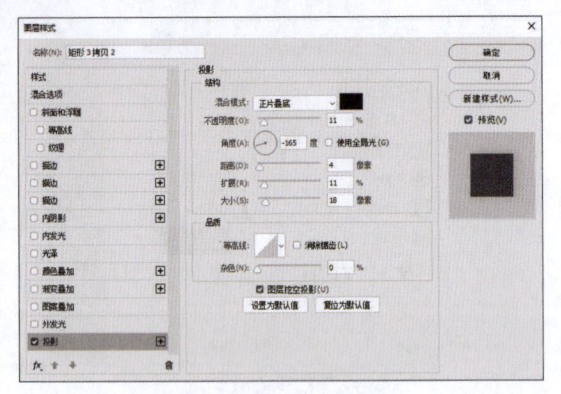

**步骤36** 单击"确定"按钮后应用投影样式，效果如图8-77所示。在"图层"面板中，右击鼠标，在弹出的快捷菜单中选择"拷贝图层样式"选项，如图8-78所示。

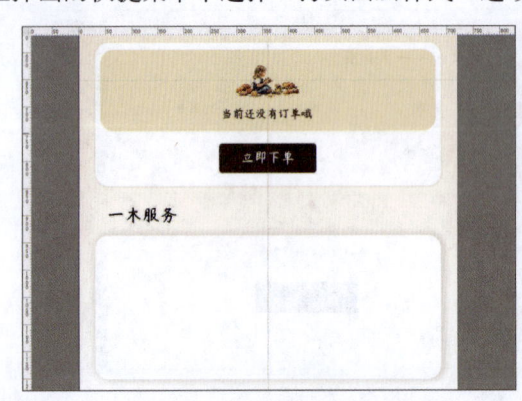

图 8-77　应用投影样式效果　　　　　　图 8-78　"拷贝图层样式"选项

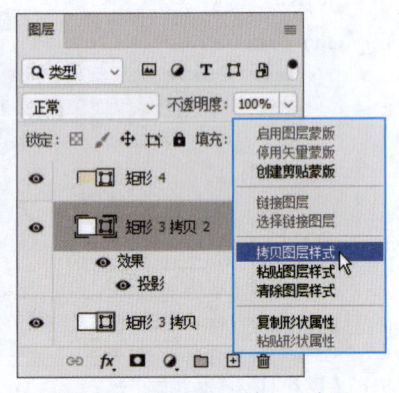

**步骤37** 按住Shift键选择"矩形3 拷贝"和"矩形3"，右击鼠标，在弹出的快捷菜单中选择"粘贴图层样式"选项，效果如图8-79所示。置入8个素材图标，缩放20%，借助对齐与分布功能调整其位置，使其水平分布、垂直居中对齐，效果如图8-80所示。

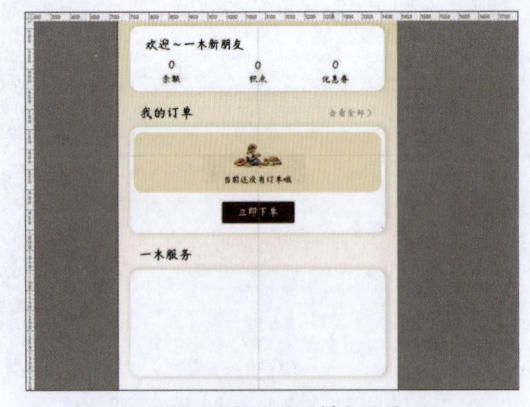

图 8-79　粘贴图层样式效果　　　　　　图 8-80　置入多个素材

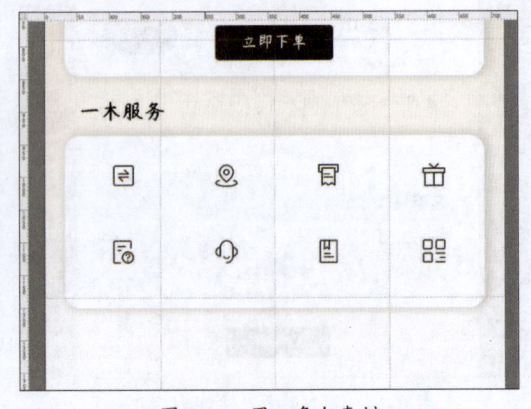

步骤 38 选择"横排文字工具"输入文字,在"字符"面板中设置参数,如图8-81所示。

步骤 39 与图标水平居中对齐,效果如图8-82所示。

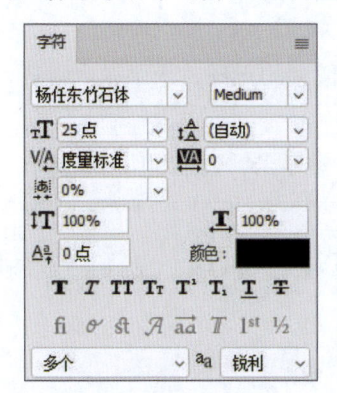

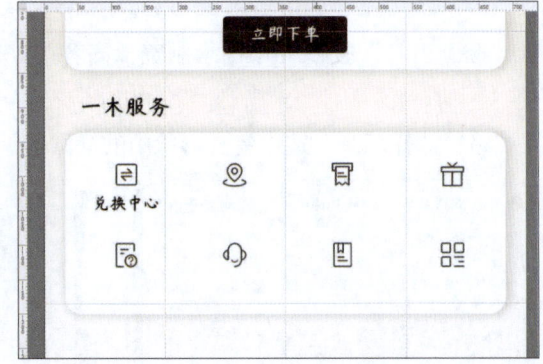

图 8-81 设置字符参数

图 8-82 应用字符效果

步骤 40 按住Alt键移动复制"兑换中心"多次,分别更改文字内容,并与图标水平居中对齐,效果如图8-83所示。

步骤 41 选择"矩形工具"拖动绘制矩形,在"属性"面板中设置参数,如图8-84所示。

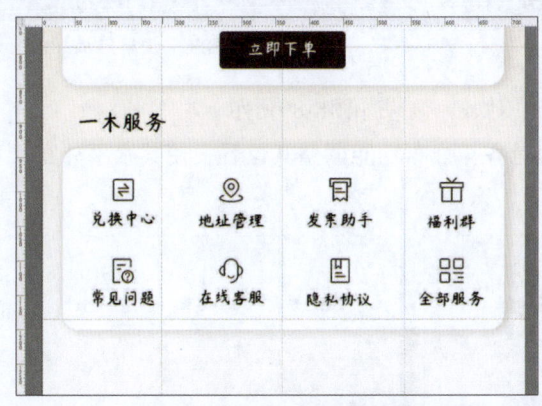

图 8-83 复制并更改文字内容

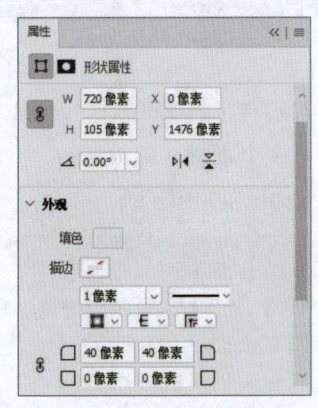

图 8-84 设置矩形参数

步骤 42 选择"椭圆工具"按住Shift键绘制正圆以生成复合形状,使用"路径选择工具"拉伸正圆,效果如图8-85所示。选择该形状图层,右击鼠标,在弹出的快捷菜单中选择"粘贴图层样式"选项,更改填充颜色为白色,效果如图8-86所示。

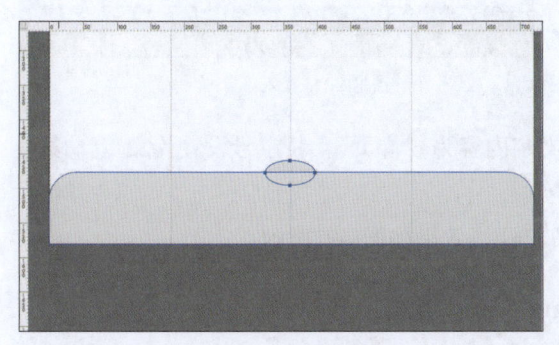

图 8-85 调整复合形状

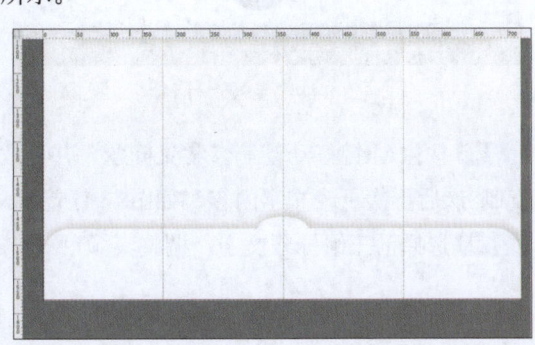

图 8-86 粘贴图层样式效果

> **提示**：前面步骤有"拷贝图层样式"的操作，这里只需要直接执行"粘贴图层样式"命令即可，不需再次重复操作。

**步骤 43** 选择"椭圆工具"按住Shift键绘制宽、高各为96像素的正圆，水平居中对齐，效果如图8-87所示。

**步骤 44** 使用"路径选择工具"选中复合形状中的椭圆并调整显示，效果如图8-88所示。

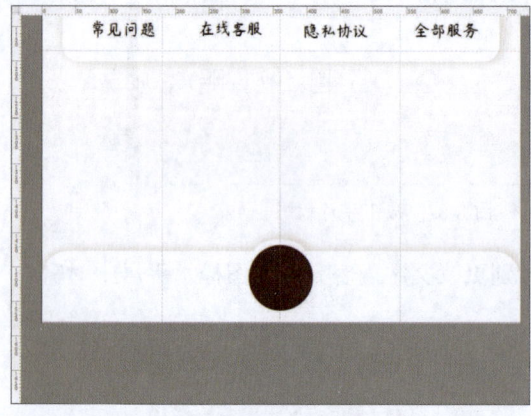

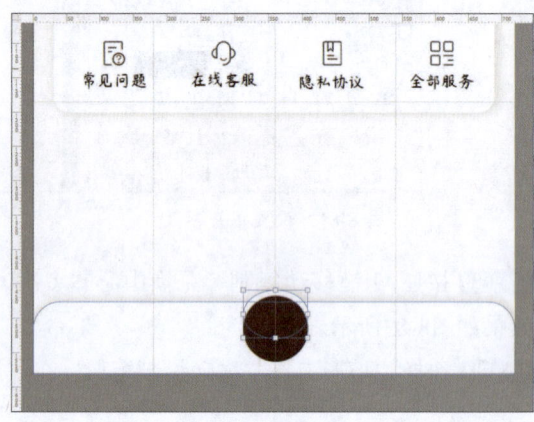

图 8-87 绘制正圆　　　　　　　　图 8-88 调整形状

**步骤 45** 置入素材，缩放30%，与正圆居中对齐，效果如图8-89所示。

**步骤 46** 置入多个素材，缩放10%，借助对齐与分布功能调整其位置，使其水平分布、垂直居中对齐，效果如图8-90所示。

图 8-89 置入素材　　　　　　　　图 8-90 置入多个素材

**步骤 47** 按住Alt键移动复制"常见问题"并更改文字内容为"首页"，将字号设置为22点，移动复制3次后再次更改文字内容，如图8-91所示。

**步骤 48** 选择前三组标签文字，调整其颜色（#7a7a7a），效果如图8-92所示。

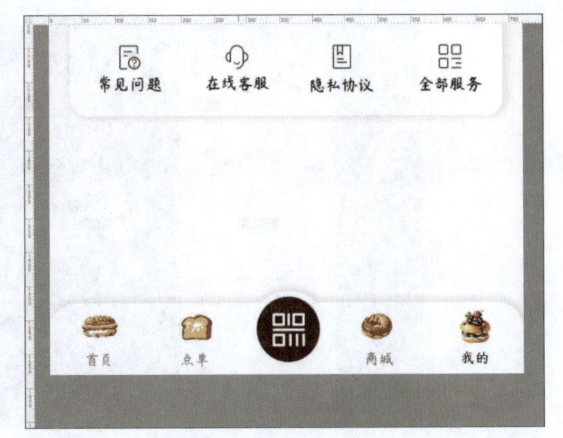

图 8-91 添加标签文字　　　　　　　　图 8-92 更改字体颜色

### 2. 登录中的状态

本节将制作登录中的状态页面。复制画板后，将其转换为智能对象图层，使用矩形工具、横排文字工具制作登录组件。

**步骤 01** 选择"画板工具"，按住Alt键的同时单击⊕按钮复制画板，效果如图8-93所示。

**步骤 02** 选中复制的画板中除"Title Bar"外的所有图层，右击鼠标，在弹出的菜单中选择"转换为智能对象"选项，效果如图8-94所示。

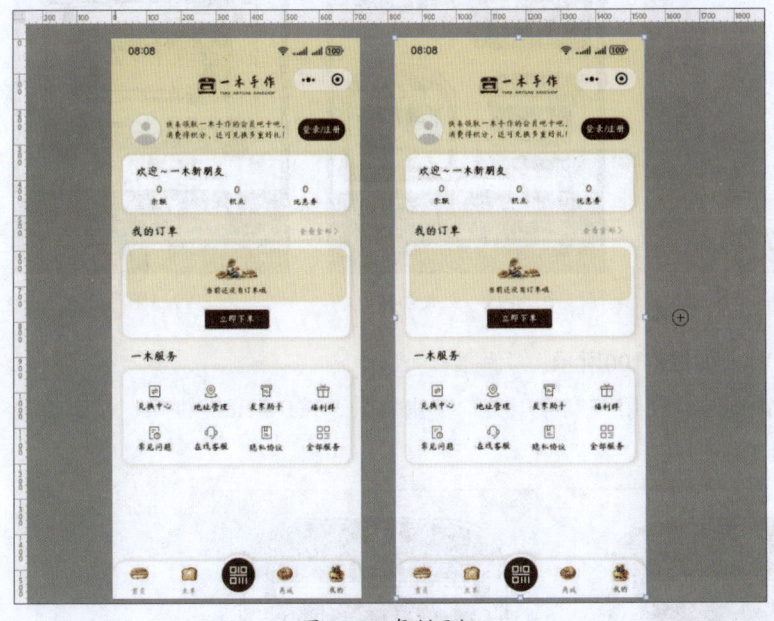

图 8-93 复制画板　　　　　　　　图 8-94 转换为智能对象

**步骤 03** 选择"矩形工具"绘制和画板等大的矩形，填充黑色后调整不透明度为40%，效果如图8-95所示。

**步骤 04** 选择"矩形工具"绘制矩形，在"属性"面板中设置参数，如图8-96所示。

239

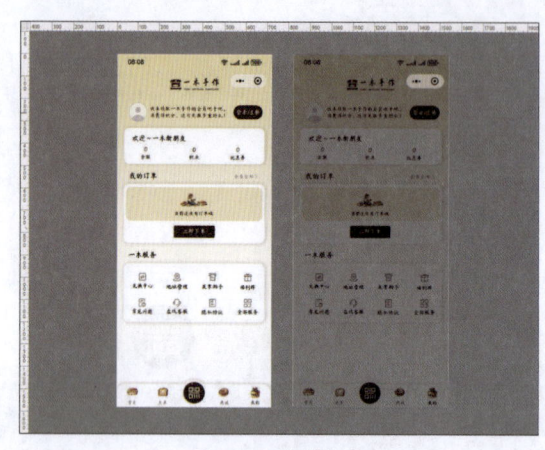

图 8-95 绘制矩形　　　　　图 8-96 设置参数

**步骤 05** 水平居中对齐，效果如图8-97所示。

**步骤 06** 在Midjourney平台中输入关键词（复古风格的烤箱，烤箱门微微打开，露出面包或蛋糕的一角，图标，主色为棕色，白色背景）生成素材，如图8-98所示。

**步骤 07** 单击U3查看素材并保存，效果如图8-99所示。

图 8-97 水平居中对齐　　　图 8-98 生成素材　　　图 8-99 保存素材

**步骤 08** 在Photoshop中打开素材，如图8-100所示。

**步骤 09** 在"图层"面板中解锁图层，使用"魔棒工具"单击背景，按Delete键删除，按Ctrl+D组合键取消选区，效果如图8-101所示。

图 8-100 打开素材　　　　图 8-101 抠除背景效果

步骤 10 使用"移动工具"将其移动至文档中,按Ctrl+T组合键缩放15%,水平居中对齐,效果如图8-102所示。置入素材,效果如图8-103所示。

图 8-102　移动置入素材　　　　　图 8-103　置入素材

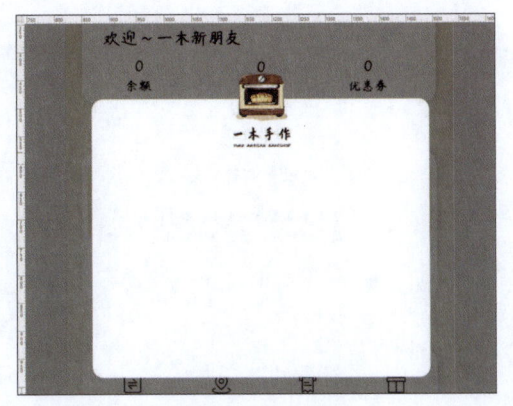

步骤 11 选择"横排文字工具"输入文字,在"字符"面板中设置参数,如图8-104所示。

步骤 12 水平居中对齐,效果如图8-105所示。

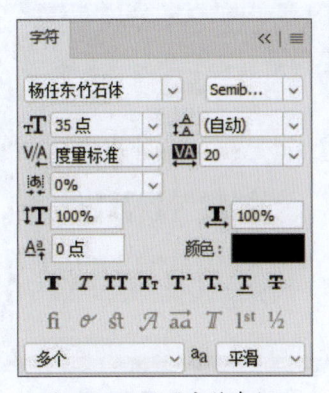

图 8-104　设置字符参数1　　　　图 8-105　应用字符效果1

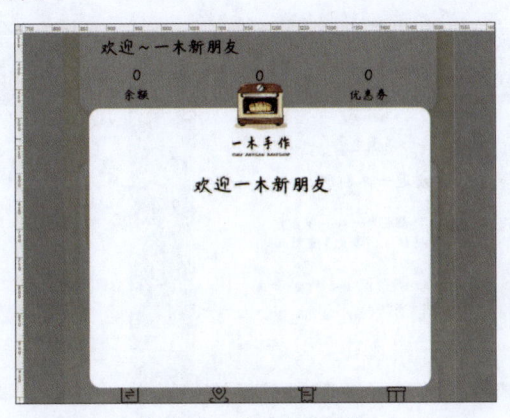

步骤 13 继续输入文字,在"字符"面板中设置参数,如图8-106所示。

步骤 14 水平居中对齐,效果如图8-107所示。

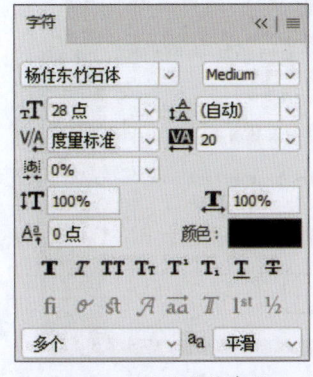

图 8-106　设置字符参数2　　　　图 8-107　应用字符效果2

步骤 15 选择"椭圆工具",按住Shift键绘制宽、高各为30像素的正圆(#4c260c),效果如图8-108所示。置入素材,缩放15%,效果如图8-109所示。

图 8-108　绘制正圆　　　　　图 8-109　置入素材

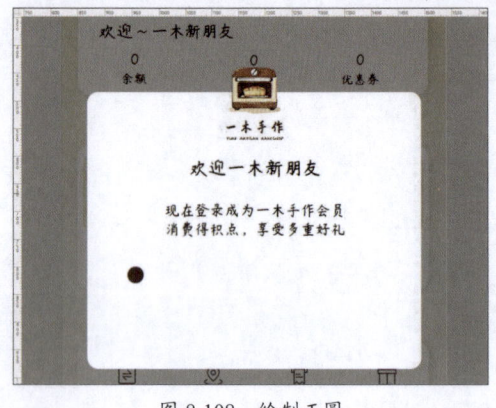

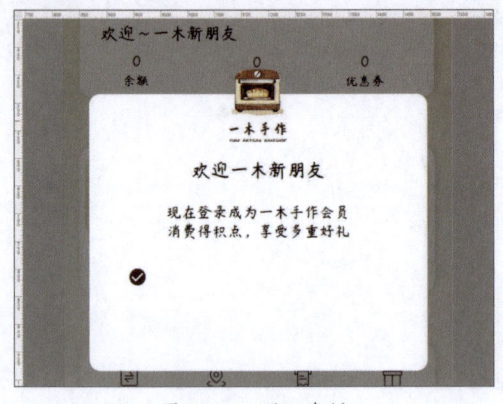

步骤 16 按住Alt键移动复制文字"现在……多重好礼",更改文字内容后,设置字号为22点,字间距为0,效果如图8-110所示。选择部分文字更改其颜色(#4c260c),效果如图8-111所示。

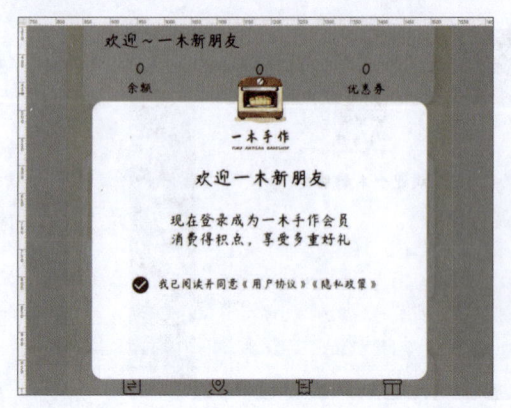

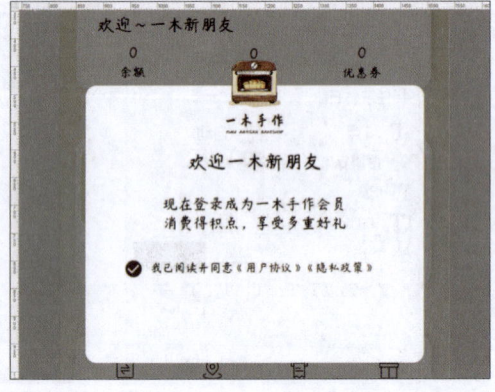

图 8-110　输入文字　　　　　图 8-111　更改字体颜色

步骤 17 选择"矩形工具"拖动绘制矩形,在如图8-112所示的"属性"面板中设置参数,效果如图8-113所示。

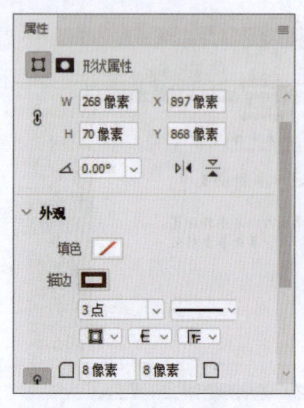

图 8-112　设置矩形参数　　　　　图 8-113　矩形效果

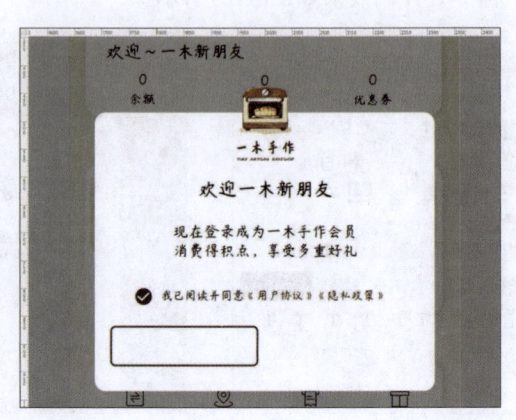

步骤 18 按住Alt键移动复制文字"现在……多重好礼"，更改文字内容后，设置字号为30点，颜色吸取矩形的颜色进行填充，效果如图8-114所示。框选矩形和文字，按住Alt键移动复制，互换填充和描边，更改文字内容后设置颜色为白色，效果如图8-115所示。

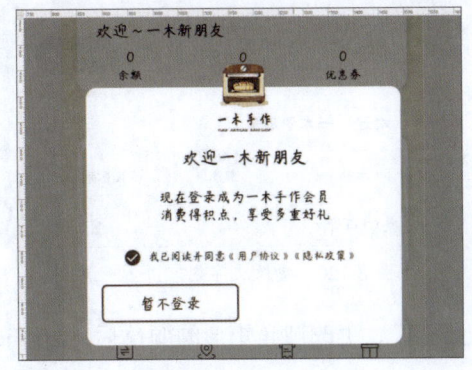

图8-114　输入文字

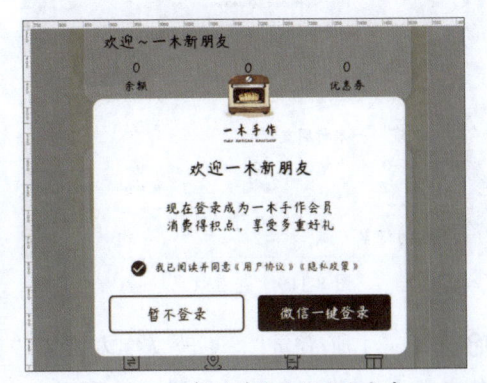

图8-115　复制并更改矩形和文字

### 3. 已登录页

本节制作已登录页。复制画板后，使用横排文字工具更改文字内容，对部分素材进行置换。

步骤 01 选择"画板工具" ，按住Alt键的同时单击 按钮复制"画板1"，效果如图8-116所示。

步骤 02 删除头像框中的正圆和椭圆，将描边设置为无，效果如图8-117所示。

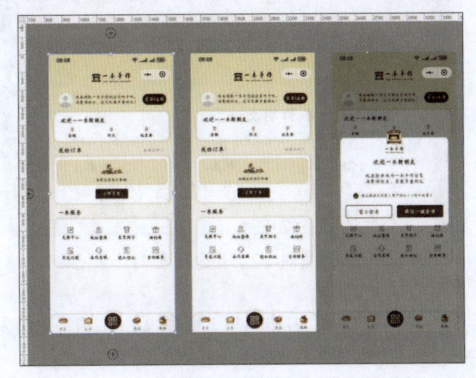

图8-116　复制画板

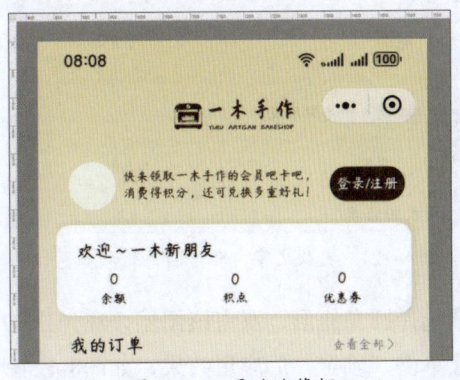

图8-117　更改头像框

步骤 03 置入素材并调整显示，效果如图8-118所示。

步骤 04 更改文字内容，效果如图8-119所示。

步骤 05 继续输入文字内容（字间距为20，#7a7a7a），置入素材并缩放10%，效果如图8-120所示。

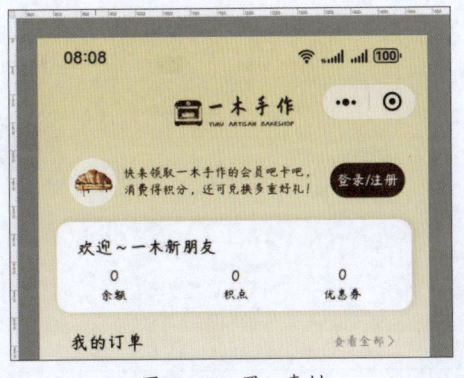

图8-118　置入素材

243

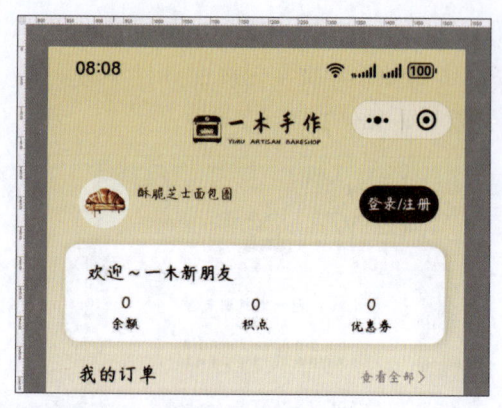

图 8-119　查看效果　　　　　　　　图 8-120　更改文字内容并置入素材

**步骤 06** 选择"注册/登录",更改文字内容为"会员码",更改圆角矩形的颜色后(#fbfbef),调整其宽度为152像素,效果如图8-121所示。

**步骤 07** 置入素材后缩放15%,双击该图层,添加"颜色叠加"效果(#4c260c),如图8-122所示。

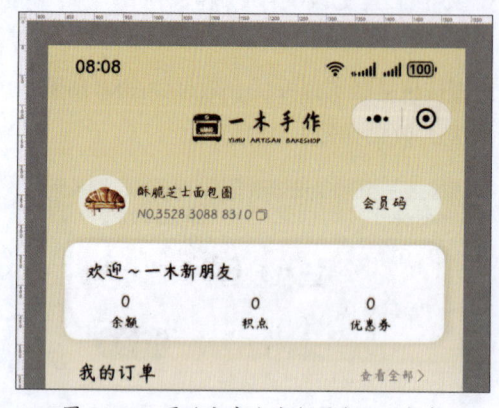

图 8-121　更改文字内容与圆角矩形颜色　　　　图 8-122　置入素材

**步骤 08** 选择圆角矩形,双击该图层,在弹出的"图层样式"对话框中设置参数,如图8-123所示。
**步骤 09** 单击"确定"后应用效果,如图8-124所示。

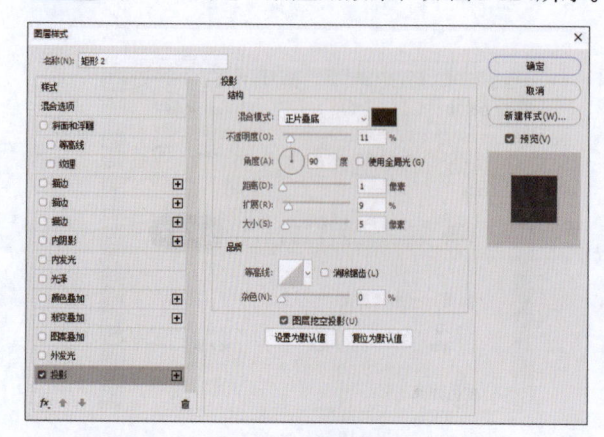

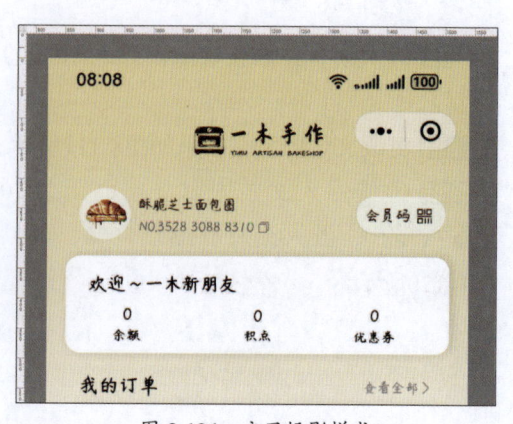

图 8-123　设置参数　　　　　　　　图 8-124　应用投影样式

**步骤 10** 使用"横排文字工具"更改文字内容，效果如图8-125所示。

**步骤 11** 框选"我的订单"和"一木服务"所在组的内容，整体向下移动，效果如图8-126所示。

图 8-125　更改文字内容

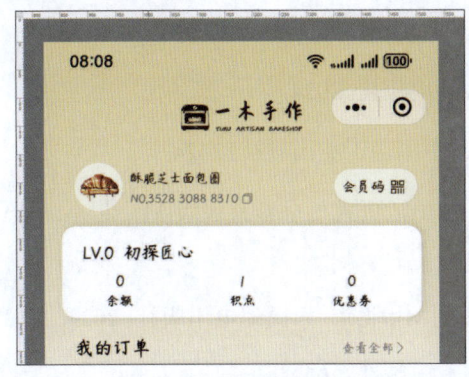

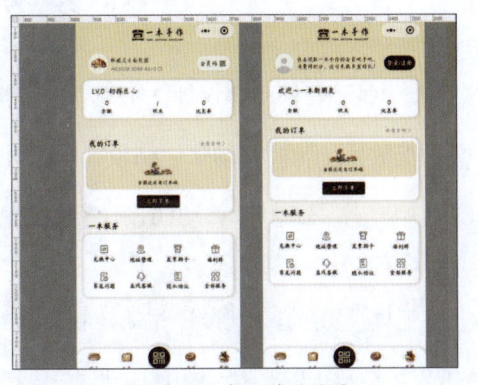

图 8-126　向下移动效果

**步骤 12** 按住Alt键移动复制"矩形 3"，向下移动后调整其顺序，更改填充颜色（#fbfbef），效果如图8-127所示。按住Alt键移动复制"酥脆……面包圈"，更改文字内容后，调整字号为22点，效果如图8-128所示。

图 8-127　移动部分内容

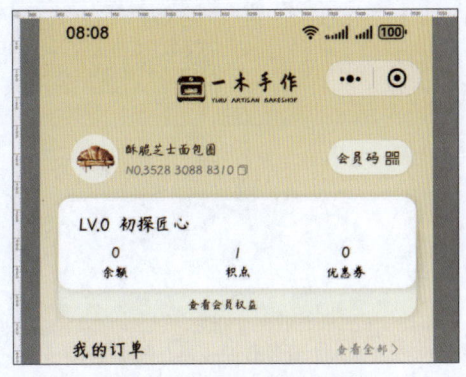

图 8-128　更改文字内容

**步骤 13** 按住Alt键移动复制"查看全部"右侧的图标，向上移动后添加"颜色叠加"效果（#4c260c），加选文字后居中放置，效果如图8-129所示。最终效果如图8-130所示。至此，就完成了个人中心页中未登录、登录以及登录后的制作。

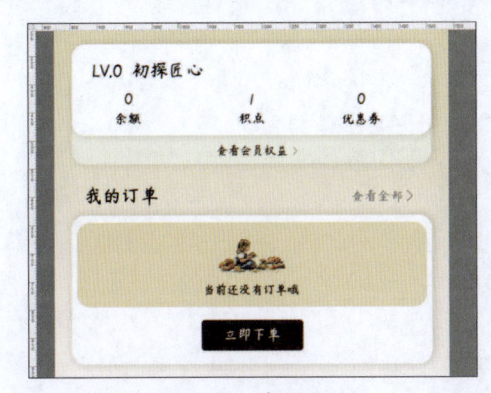

图 8-129　复制图标

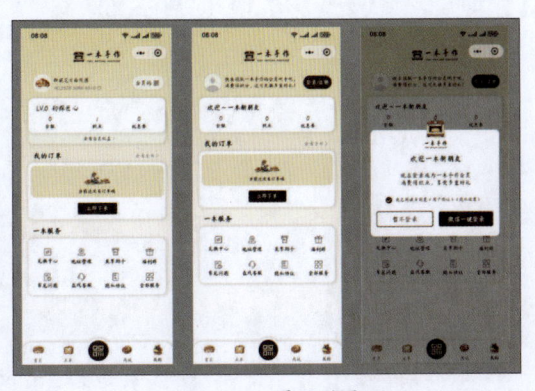

图 8-130　最终效果

# 参 考 文 献

[1] 张美枝, 刘晓清. 移动UI设计[M]. 北京: 清华大学出版社, 2024.

[2] 沈涵, 祝敏娇, 辛姝. 移动软件UI设计[M]. 北京: 中国轻工业出版社, 2024.

[3] 王俏, 辛丹丹, 王晓卉. 移动UI设计案例教程: 电子活页式: 全彩慕课版[M]. 北京: 人民邮电出版社, 2024.

[4] 刘伦, 王璞. 移动UI交互设计与动效制作: 微课版[M]. 北京: 人民邮电出版社, 2023.

[5] 李万军. 移动UI设计: 微课版[M]. 北京: 人民邮电出版社, 2022.

[6] 齐岷. Photoshop移动UI创意设计[M]. 北京: 清华大学出版社, 2022.